개념을 다지고
실력을 키우는

왕수학

기본편

대한민국 수학학력평가의 새로운 기준!!

KMA
한국수학학력평가

| 시험일자 **상반기 |** 매년 6월 셋째주
하반기 | 매년 11월 셋째주

| 응시대상 **초등 1년 ~ 중등 3년** (미취학생 및 상급학년 응시 가능)

| 응시방법 **KMA 홈페이지 접수 또는 각 지역별 학원접수처 방문 접수**
성적우수자 특전 및 시상 내역 등 기타 자세한 사항은 KMA 홈페이지를 참조하세요.

홈페이지 바로가기
(www.kma-e.com)

▶ 본 평가는 100% 오프라인 평가입니다.

주최 | 한국수학학력평가연구원   **주관 |** (주)에듀왕

왕수학

기본편

5·2

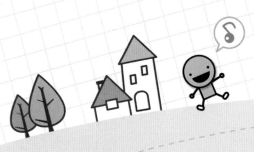

기초부터 차근차근 다져서 실력 UP!

구성과 특징

❶ 개념탄탄

교과서 개념과 원리를 각 주제별로 익히고 개념 확인 문제를 풀어 보면서 개념을 이해합니다.

❷ 핵심쏙쏙

개념을 공부한 다음 교과서와 익힘책 수준의 문제를 풀어 보면서 개념을 다집니다.

❸ 유형콕콕

학교 시험에 나올 수 있는 문제를 유형별로 풀어 보면서 문제 해결 능력을 키웁니다.

❹ 실력팍팍

기본 유형 문제보다 좀 더 수준 높은 문제를 풀며 실력을 키웁니다.

⑤ 서술 유형 익히기

서술형 문제를 주어진 풀이 과정을 완성하여 해
결하고 유사 문제를 통해 스스로 연습합니다.

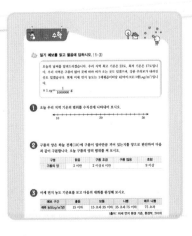

⑥ 단원평가

단원별 대표 문제를 풀어서 자신의 실력을 확인
해 보고 학교 시험에 대비합니다.

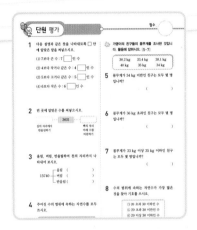

⑦ 탐구수학 / 문제해결

단원의 주제와 관련된 탐구 활동과 문제 해결력
을 기르는 문제를 제시하여 학습한 내용을 좀
더 다양하고 깊게 생각해 볼 수 있게 합니다.

⑧ 생활 속의 수학

생활 주변의 현상이나 동화 등을 통해 자연스럽
게 수학적 개념과 원리를 찾고 터득합니다.

차례

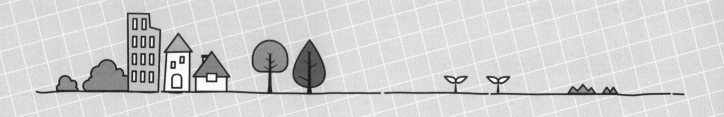

1 수의 범위와 어림하기

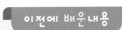

개념 탄탄

1. 이상과 이하 알아보기

교과서 개념을 이해하고 확인 문제를 통해 익혀요.

⤷ 이상

20, 21, 22 등과 같이 20보다 크거나 같은 수를 20 이상인 수라고 합니다.
→20을 포함합니다.
20 이상인 수는 수직선에 다음과 같이 나타냅니다.

```
←——————————————●————————————→
   17    18    19    20    21    22    23
```

⤷ 이하

20, 19, 18 등과 같이 20보다 작거나 같은 수를 20 이하인 수라고 합니다..
→20을 포함합니다.
20 이하인 수는 수직선에 다음과 같이 나타냅니다.

```
←—————————————●——————————————→
   17    18    19    20    21    22    23
```

개념잡기

⤷ ▲ 이상인 수
➡ ▲보다 크거나 같은 수

⤷ ♥ 이하인 수
➡ ♥보다 작거나 같은 수

개념확인 1

이상과 이하 알아보기(1)

솔별이네 반 학생들의 수학 성적입니다. □ 안에 알맞게 써넣으시오.

학생들의 수학 성적

이름	솔별	한별	한초	웅이	지혜	신영
점수(점)	87	52	88	75	87	90

(1) 솔별이와 점수가 같은 사람은 □ 입니다.

(2) 솔별이보다 점수가 높은 사람은 □ , □ 입니다.

(3) 솔별이보다 점수가 높거나 같은 사람은 □ , □ , □ 입니다.

(4) 솔별이보다 점수가 낮은 사람은 □ , □ 입니다.

(5) 솔별이보다 점수가 낮거나 같은 사람은 □ , □ , □ 입니다.

개념확인 2

이상과 이하 알아보기(2)

수를 보고 □ 안에 알맞게 써넣으시오.

```
  1   2   3   4   5   6   7   8   9   10
```

(1) 7보다 크거나 같은 수는 □ , □ , □ , □ 이고 7 □ 인 수라고 합니다.

(2) 3보다 작거나 같은 수는 □ , □ , □ 이고 3 □ 인 수라고 합니다.

1 45 이상인 수를 모두 찾아 ○표 하시오.

| 23 | 8 | 45 | 39 | 16 | 40 | 90 |

2 80 이하인 수를 모두 찾아 ○표 하시오.

| 1 | 20 | 100 | 81 | 80 | 87 |

 수를 보고 물음에 답하시오. [3~5]

| 9 | 12 | 5.5 | 9.7 | 17 | 15.2 |

3 9 이상인 수를 모두 찾아 쓰시오.

( )

4 15 이하인 수를 모두 찾아 쓰시오.

( )

5 9 이상이고 15 이하인 수를 모두 찾아 쓰시오.

( )

 영수네 모둠 학생들이 어제 하루 동안 책을 읽은 시간을 조사하여 나타낸 표입니다. 물음에 답하시오. [6~7]

책을 읽은 시간

이름	시간(분)	이름	시간(분)	이름	시간(분)
영수	40	규형	31	솔별	16
가영	10	지혜	35	웅이	20
신영	37	동민	49	효근	24

6 책을 읽은 시간이 40분 이상인 학생을 모두 찾아 쓰시오.

( )

7 책을 읽은 시간이 20분 이하인 학생을 모두 찾아 쓰시오.

( )

 8 가영이와 친구들의 칭찬 붙임 딱지의 수를 조사하여 나타낸 표입니다. 선생님께서 칭찬 붙임 딱지가 10개 이상인 학생에게 선물을 주기로 하셨습니다. 선물을 받을 수 있는 학생을 모두 찾아 쓰시오.

칭찬 붙임 딱지의 수

이름	수(개)	이름	수(개)
가영	11	예슬	9
상연	5	한초	10
한별	7	지혜	3

( )

초과

21, 22.5, 23 등과 같이 20보다 큰 수를 <u>20 초과인 수</u>라고 합니다. →20을 포함하지 않습니다.

20 초과인 수는 수직선에 다음과 같이 나타냅니다.

```
←——┼———┼———┼———○———┼———┼———┼——→
   17   18   19   20   21   22   23
```

미만

19, 18.5, 17 등과 같이 20보다 작은 수를 <u>20 미만인 수</u>라고 합니다. →20을 포함하지 않습니다.

20 미만인 수는 수직선에 다음과 같이 나타냅니다.

```
←——┼———┼———┼———○———┼———┼———┼——→
   17   18   19   20   21   22   23
```

개념잡기

- ■ 초과인 수
  ➡ ■보다 큰 수

- ● 미만인 수
  ➡ ●보다 작은 수

개념확인 1

초과와 미만 알아보기(1)

영수네 반 학생들의 몸무게를 나타낸 표입니다. □ 안에 알맞게 써넣으시오.

학생들의 몸무게

이름	몸무게(kg)	이름	몸무게(kg)	이름	몸무게(kg)
영수	35	가영	37	한초	35
상연	40	한별	29	효근	31
석기	38	웅이	35	예슬	25

(1) 영수의 몸무게는 ☐ kg입니다.

(2) 영수보다 몸무게가 많이 나가는 사람은 ☐, ☐, ☐ 입니다.

(3) 영수보다 몸무게가 적게 나가는 사람은 ☐, ☐, ☐ 입니다.

개념확인 2

초과와 미만 알아보기(2)

수를 보고 □ 안에 알맞게 써넣으시오.

```
  1   2   3   4   5   6   7   8   9   10
```

(1) 5보다 큰 수는 ☐, ☐, ☐, ☐, ☐ 이고 5 ☐ 인 수라고 합니다.

(2) 5보다 작은 수는 ☐, ☐, ☐, ☐ 이고 5 ☐ 인 수라고 합니다.

1 16 초과인 수를 모두 찾아 ○표 하시오.

| 10 | 17 | 29 | 8 | 16 | 15 |

2 13 미만인 수를 모두 찾아 ○표 하시오.

| 13 | 16 | 2 | 51 | 15 | 10 |

 수를 보고 물음에 답하시오. [3~5]

| 37.4 | 28 | 83 | 54.1 | 35 | 62 |

3 37 초과인 수를 모두 찾아 쓰시오.

(   )

4 62 미만인 수를 모두 찾아 쓰시오.

(   )

5 37 초과이고 62 미만인 수를 모두 찾아 쓰시오.

(   )

 동민이네 모둠 학생들이 1분 동안 윗몸일으키기를 한 횟수를 조사하여 나타낸 표입니다. 물음에 답하시오. [6~7]

윗몸일으키기 횟수

이름	횟수(회)	이름	횟수(회)	이름	횟수(회)
동민	10	가영	20	솔별	30
웅이	32	한초	13	영수	21
효근	19	예슬	25	석기	40

6 윗몸일으키기를 한 횟수가 30회 초과인 학생을 모두 찾아 쓰시오.

(   )

7 윗몸일으키기를 한 횟수가 20회 미만인 학생을 모두 찾아 쓰시오.

(   )

8 어떤 놀이기구는 몸무게가 30 kg 초과인 사람은 탈 수 없다고 합니다. 놀이기구에 탈 수 없는 학생을 모두 찾아 쓰시오.

학생들의 몸무게

이름	몸무게(kg)	이름	몸무게(kg)
지혜	27	한별	39
한초	33	웅이	30
영수	25	효근	29

(   )

수의 범위를 수직선에 나타내기

① '~ 이상', '~ 이하'인 수는 ●을 사용합니다.
② '~ 초과', '~ 미만'인 수는 ○을 사용합니다.

●은 속이 꽉 찼으니깐
들어가는 거~
○은 속이 텅텅 비었으니깐
안 들어가는 거!!

개념잡기

○ 이상 : ●——▶
➡ 기준이 되는 수를 ●으로 표시하고 오른쪽으로 선을 긋습니다.

○ 이하 : ◀——●
➡ 기준이 되는 수를 ●으로 표시하고 왼쪽으로 선을 긋습니다.

○ 초과 : ○——▶
➡ 기준이 되는 수를 ○으로 표시하고 오른쪽으로 선을 긋습니다.

○ 미만 : ◀——○
➡ 기준이 되는 수를 ○으로 표시하고 왼쪽으로 선을 긋습니다.

• 5 이상인 수

• 5 초과인 수
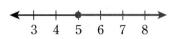

┌▶5보다 크거나 같고 7보다 작거나 같은 수
• 5 이상 7 이하인 수

┌▶5보다 크고 7보다 작거나 같은 수
• 5 초과 7 이하인 수

• 5 이하인 수
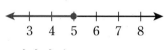

• 5 미만인 수
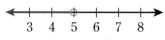

┌▶5보다 크거나 같고 7보다 작은 수
• 5 이상 7 미만인 수
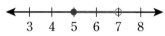

┌▶5보다 크고 7보다 작은 수
• 5 초과 7 미만인 수
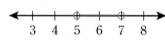

개념확인 1

수의 범위를 활용하여 문제 해결하기

몸무게가 47 kg인 석기가 씨름 대회에 참가하려고 합니다. 물음에 답하시오.

몸무게별 체급(초등학생용)

몸무게(kg)	체급
40 이하	경장급
40 초과 45 이하	소장급
45 초과 50 이하	청장급
50 초과 55 이하	용장급
55 초과 60 이하	용사급
60 초과 70 이하	역사급
70 초과	장사급

(1) 석기가 속한 체급은 [   ]급입니다.

(2) 석기가 속한 체급의 몸무게 범위를 써 보시오.

[   ] kg 초과 [   ] kg 이하

(3) 석기가 속한 체급의 몸무게 범위를 수직선에 나타내어 보시오.

◀———————————————————▶
40 45 50 55 60 65 70 75 80 85 90

기본 문제를 통해 교과서 개념을 다져요.

수의 범위에 알맞은 수를 모두 찾아 ○표 하시오. [1~2]

1 8 이상 16 미만인 수

17	5	8	11
16	3.5	61	24

2 23 초과 49 이하인 수

14	45	54	49.5
49	23	38.7	2.9

3 수직선에 나타낸 수의 범위를 보고 □ 안에 알맞은 말을 써넣으시오.

(1)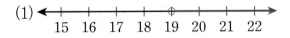

19 □ 인 수

(2)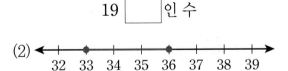

33 □ 36 □ 인 수

(3)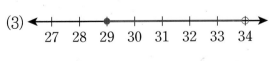

29 □ 34 □ 인 수

4 수의 범위를 수직선에 나타내어 보시오.

(1) 45 이하인 수

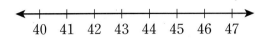

(2) 27 이상 31 미만인 수

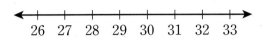

(3) 15 초과 18 이하인 수

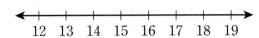

5 수직선에 나타낸 수의 범위를 쓰시오.

(1)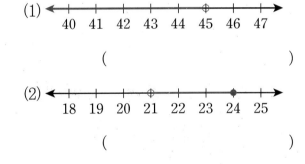

(   )

(2)

(   )

6 태권도 경기에서 초등부의 웰터급은 몸무게가 44 kg 초과 47 kg 이하입니다. 웰터급에 속하는 학생을 모두 찾아 쓰시오.

학생들의 몸무게

이름	몸무게(kg)	이름	몸무게(kg)	이름	몸무게(kg)
웅이	48.2	한초	44	석기	46.5
동민	47	효근	42.9	영수	53.8

(   )

1

단원

유형 ① 이상과 이하 알아보기

• 이상
　　　　　　　　　　　　→ 예 17, 18.7, $19\frac{1}{3}$, ‥‥‥
예 17 이상인 수 : 17보다 크거나 같은 수

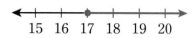

15　16　17　18　19　20

• 이하
　　　　　　　　　　　　→ 예 20, 18.5, $17\frac{1}{2}$, ‥‥‥
예 20 이하인 수 : 20보다 작거나 같은 수

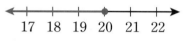

17　18　19　20　21　22

1-1 □ 안에 알맞은 말을 써넣으시오.

34보다 크거나 같은 수를 34 □ 인 수
라고 합니다.

1-2 28 이상인 수를 모두 고르시오.

（　　　　　）

① 15　　　　② 2.8　　　　③ 27.9
④ 28　　　　⑤ 100

대표유형

1-3 수를 보고 물음에 답하시오.

47　38　40　30　27　25

(1) 40 이상인 수를 모두 찾아 쓰시오.
（　　　　　　　　　　）

(2) 30 이하인 수를 모두 찾아 쓰시오.
（　　　　　　　　　　）

1-4 52 이하인 수는 모두 몇 개입니까?

48　57　50　52　56.4　62　52.1

（　　　　　　　　　　）

1-5 14 이상인 수에 ○표, 13 이하인 수에 △표
하시오.

10　11　12　13　14　15　16　17

시험에 잘 나와요

1-6 가영이와 친구들의 100 m 달리기 기록을 조
사하여 나타낸 표입니다. 물음에 답하시오.

100 m 달리기 기록

이름	기록(초)	이름	기록(초)
가영	22	한초	20.5
상연	17.5	효근	18
한별	19	웅이	20

(1) 100 m 달리기 기록이 20초 이상인 사
람을 모두 찾아 쓰시오.
（　　　　　　　　　　）

(2) 100 m 달리기 기록이 20초 이하인 사
람을 모두 찾아 쓰시오.
（　　　　　　　　　　）

1-7 어린이 대공원에 있는 다람쥐통은 키가 140 cm 이상인 사람만 탈 수 있습니다. 다람쥐통을 탈 수 있는 키를 모두 찾아 ○표 하시오.

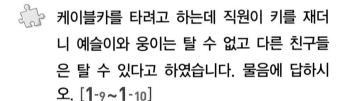

139.5 cm, 143 cm, 134 cm, 138 cm
140 cm, 125 cm, 140.2 cm, 163 cm

⊗ 잘 틀려요

1-8 15세 이상 관람가 영화를 보려고 합니다. 7명의 나이가 다음과 같을 때 영화를 볼 수 <u>없는</u> 사람은 모두 몇 명입니까?

8세, 15세, 10세, 17세, 21세, 14세, 19세

( )

케이블카를 타려고 하는데 직원이 키를 재더니 예슬이와 웅이는 탈 수 없고 다른 친구들은 탈 수 있다고 하였습니다. 물음에 답하시오. [1-9 ~ 1-10]

이름	키	이름	키
예슬	1 m 31 cm	지혜	1 m 36 cm
웅이	1 m 35 cm	영수	1 m 38 cm
석기	1 m 37 cm	효근	1 m 40 cm

1-9 케이블카를 타려면 키가 얼마 이상이 되어야 합니까?

( )

1-10 한별이의 키는 1 m 39 cm입니다. 한별이는 이 케이블카를 탈 수 있습니까?

( )

유형 ② 초과와 미만 알아보기

• 초과
  ⟶ 예 35.4, 36, 37$\frac{3}{4}$, ……
  예 35 초과인 수 : 35보다 큰 수

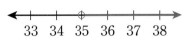

33 34 35 36 37 38

• 미만
  ⟶ 예 24.9, 23$\frac{1}{5}$, 10, ……
  예 25 미만인 수 : 25보다 작은 수

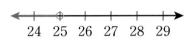

24 25 26 27 28 29

대표유형

2-1 수의 범위에 알맞은 수를 찾아 쓰시오.

23   25   31.1   20   30

(1) 31 초과인 수 ➡ ( )

(2) 23 미만인 수 ➡ ( )

2-2 35 초과이고 40 미만인 수를 모두 찾아 쓰시오.

29 35 37 39 43 31 40 36

( )

2-3 9 미만인 자연수는 모두 몇 개입니까?

( )

2-4 5 초과인 자연수 중에서 가장 작은 수를 구하시오.

( )

2-5 12명이 정원인 승강기에 다음과 같이 사람들이 타려고 합니다. 정원을 초과하게 되는 승강기를 찾아 기호를 쓰시오.

가	나	다	라
9명	13명	12명	10명

(   )

시험에 잘 나와요
2-6 수학 시험을 본 후에 성적이 65점 미만인 학생은 남아서 더 공부하기로 하였습니다. 남아서 공부를 더 해야 하는 학생은 모두 몇 명입니까?

이름	상연	석기	지혜	가영	예슬
점수(점)	72	85	64	65	59

(   )

잘 틀려요
2-7 가, 나, 다, 라, 마, 바 6대의 차가 육교를 통과하려고 합니다. 가, 다는 육교를 통과할 수 없습니다. 육교를 통과하려면 차의 높이가 몇 cm 미만이어야 합니까?

차의 높이

가	310 cm	나	299 cm
다	300 cm	라	280 cm
마	250 cm	바	284 cm

(   )

유형 3 수의 범위를 활용하여 문제 해결하기

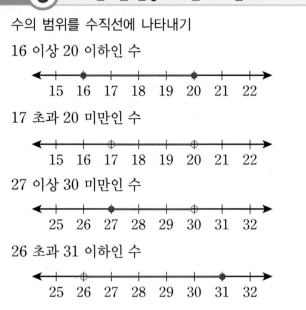

수의 범위를 수직선에 나타내기
16 이상 20 이하인 수

17 초과 20 미만인 수

27 이상 30 미만인 수

26 초과 31 이하인 수

3-1 13 이상 17 미만인 수를 모두 찾아 쓰시오.

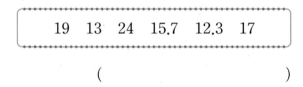

| 19 | 13 | 24 | 15.7 | 12.3 | 17 |

(   )

대표유형
3-2 34 초과 39 이하인 수를 수직선에 바르게 나타낸 것을 찾아 기호를 쓰시오.

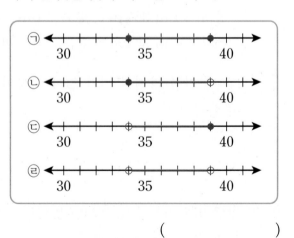

(   )

3-3 다음 수들의 범위를 나타내려고 합니다. □ 안에 알맞은 말을 써넣으시오.

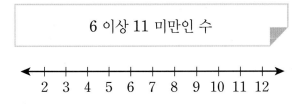

5 6 7 8 9 10 11 12

5 [ ] 13 [ ] 인 자연수

3-4 수의 범위를 수직선에 나타내어 보시오.

> 6 이상 11 미만인 수

```
├──┼──┼──┼──┼──┼──┼──┼──┼──┼──┼→
2   3   4   5   6   7   8   9  10  11  12
```

3-5 수직선에 나타낸 수의 범위를 쓰시오.

```
├──┼──┼──⊕──┼──┼──┼──┼──⊕──┼──┼──┼
21  22  23  24  25  26  27  28  29  30  31
```

( )

3-6 수직선에 나타낸 수의 범위에 속하는 자연수를 모두 쓰시오.

```
├──┼──●──┼──┼──┼──┼──┼──┼──⊕──┼──┼
11  12  13  14  15  16  17  18  19  20  21
```

( )

동민이네 학교 씨름 선수들의 몸무게와 몸무게에 따른 선수들의 체급을 나타낸 표입니다. 물음에 답하시오. [3-7~3-9]

씨름 선수들의 몸무게

이름	몸무게(kg)	이름	몸무게(kg)
동민	54	한별	51
상연	63	영수	71
석기	42	웅이	40
한초	60	한솔	58

몸무게별 체급(초등학생용)

몸무게(kg)	체급
40 이하	경장급
40 초과 45 이하	소장급
45 초과 50 이하	청장급
50 초과 55 이하	용장급
55 초과 60 이하	용사급
60 초과 70 이하	역사급
70 초과	장사급

3-7 한초가 속한 체급의 몸무게 범위를 써 보시오.

( )

3-8 한초가 속한 체급은 무엇입니까?

( )

3-9 동민이네 학교 씨름 선수들에서 없는 체급은 무엇입니까?

( )

교과서 개념을 이해하고 확인 문제를 통해 익혀요.

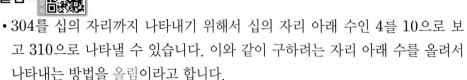

올림

- 304를 십의 자리까지 나타내기 위해서 십의 자리 아래 수인 4를 10으로 보고 310으로 나타낼 수 있습니다. 이와 같이 구하려는 자리 아래 수를 올려서 나타내는 방법을 올림이라고 합니다.
- 304는 십의 자리 아래 수를 올림하면 310, 백의 자리 아래 수를 올림하면 400이 됩니다.

개·념·잡·기

참고 어떤 수를 올림하여 나타내려면 구하려는 자리의 아래 수가 0이 아니면 구하려는 자리의 수에 1을 더하고 그 아래 수를 모두 0으로 나타냅니다.

개념확인 1

올림 알아보기(1)

지혜네 학교 5학년 학생은 모두 187명입니다. 지우개를 묶음으로 산 후 5학년 학생들에게 모두 한 개씩 나눠 주려고 합니다. 물음에 답하시오.

(1) 지우개를 10개씩 묶음으로 산다면 적어도 몇 개의 지우개를 사야 하는지 알아보시오.

> 10개씩 묶음으로 산다면 낱개를 살 수 없으므로 부족하지 않게 [   ]개를 사야 합니다.

(2) 지우개를 100개씩 묶음으로 산다면 적어도 몇 개의 지우개를 사야 하는지 알아보시오.

> 100개씩 묶음으로 산다면 100개, 200개, 300개를 살 수 있으므로 부족하지 않게 [   ]개를 사야 합니다.

개념확인 2

올림 알아보기(2)

235명의 학생들에게 공책을 한 권씩 나눠 주려고 합니다. 문구점에서는 공책을 1권씩 팔고, 마트에서는 공책을 10권씩 묶음으로만 팔고, 공장에서는 공책을 100권씩 묶음으로만 판다고 합니다. 물음에 답하시오.

(1) 문구점에서 공책을 사려면 적어도 몇 권을 사야 합니까?

(   )

(2) 마트에서 공책을 사려면 적어도 몇 권을 사야 합니까?

(   )

(3) 공장에서 공책을 사려면 적어도 몇 권을 사야 합니까?

(   )

1 ☐ 안에 알맞은 수를 써넣으시오.

2458

(1) 십의 자리 아래 수를 올림하면 ☐ 입니다.

(2) 백의 자리 아래 수를 올림하면 ☐ 입니다.

(3) 천의 자리 아래 수를 올림하면 ☐ 입니다.

2 수를 올림하여 천의 자리까지 나타내어 보시오.

(1) 14852 ➡ (　　　　　　)

(2) 25698 ➡ (　　　　　　)

(3) 63234 ➡ (　　　　　　)

(4) 28035 ➡ (　　　　　　)

3 수를 올림하여 빈칸에 써넣으시오.

수	십의 자리까지	백의 자리까지	천의 자리까지
53698			
69852			
20352			
45403			

4 보기 와 같이 소수를 올림하여 보시오.

보기
3.842의 소수 둘째 자리 아래 수를 올림하면 3.85입니다.

(1) 2.765의 소수 첫째 자리 아래 수를 올림하면 얼마입니까?

(　　　　　　)

(2) 4.021의 소수 둘째 자리 아래 수를 올림하면 얼마입니까?

(　　　　　　)

5 287개의 사과를 한 상자에 10개씩 모두 담으려고 할 때 필요한 상자 수를 구하려고 합니다. 물음에 답하시오.

(1) 사과를 모두 담았을 때 사과를 10개씩 담은 상자는 몇 개입니까?

(　　　　　　)

(2) 10개씩 담고 남은 사과는 몇 개입니까?

(　　　　　　)

(3) 사과를 모두 담으려면 상자는 적어도 몇 개 필요합니까?

(　　　　　　)

6 선물 가게에서 포장용 리본을 100 cm 단위로만 판다고 합니다. 선물 상자를 포장하는 데 리본이 325 cm 필요하다고 할 때 리본은 적어도 몇 cm를 사야 합니까?

(　　　　　　)

↻ 버림

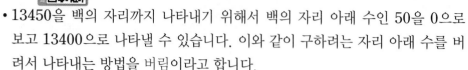

- 13450을 백의 자리까지 나타내기 위해서 백의 자리 아래 수인 50을 0으로 보고 13400으로 나타낼 수 있습니다. 이와 같이 구하려는 자리 아래 수를 버려서 나타내는 방법을 버림이라고 합니다.

- 13450은 백의 자리 아래 수를 버림하면 13400, 천의 자리 아래 수를 버림하면 13000이 됩니다.

개·념·잡·기

참고 어떤 수를 버림하여 나타내려면 구하려는 자리의 아래 수를 모두 0으로 나타냅니다.

개념확인 1

버림 알아보기(1)

공책 36권을 10권씩 상자에 담을 때 상자에 담을 수 있는 공책은 모두 몇 권인지 구하려고 합니다. 물음에 답하시오.

(1) 공책을 10권씩 묶어 보시오.

(2) 10권씩 몇 상자까지 담을 수 있습니까?

(   )

(3) 상자에 담을 수 있는 공책은 모두 몇 권입니까?

(   )

개념확인 2

버림 알아보기(2)

상자를 포장하려고 합니다. 상자 1개를 포장하는 데 1 m의 끈이 필요합니다. 끈 315 cm로는 상자를 몇 개까지 포장할 수 있는지 구하려고 합니다. 물음에 답하시오.

(1) 315 cm를 1 m씩 자르면 몇 도막이 되고, 몇 cm가 남습니까?

(,   )

(2) 1 m씩 자르고 남은 끈으로는 상자를 포장할 수 있습니까, 없습니까?

(   )

(3) 상자를 몇 개까지 포장할 수 있습니까?

(   )

핵심 쏙쏙

기본 문제를 통해 교과서 개념을 다져요.

1 □ 안에 알맞은 수를 써넣으시오.

6852

(1) 십의 자리 아래 수를 버림하면 [   ] 입니다.

(2) 백의 자리 아래 수를 버림하면 [   ] 입니다.

(3) 천의 자리 아래 수를 버림하면 [   ] 입니다.

2 수를 버림하여 천의 자리까지 나타내어 보시오.

(1) 63581 ➡ (   )

(2) 58987 ➡ (   )

(3) 19852 ➡ (   )

(4) 28000 ➡ (   )

3 수를 버림하여 빈칸에 써넣으시오.

수	십의 자리까지	백의 자리까지	천의 자리까지
13579			
36845			
45089			
96853			

4 보기 와 같이 소수를 버림하여 보시오.

보기
2.843의 소수 첫째 자리 아래 수를 버림하면 2.8입니다.

(1) 6.879의 소수 첫째 자리 아래 수를 버림하면 얼마입니까?

(   )

(2) 4.156의 소수 둘째 자리 아래 수를 버림하면 얼마입니까?

(   )

5 지혜가 돼지 저금통에 저금한 돈을 세어 보았더니 10원짜리 동전만 234개였습니다. □ 안에 알맞은 수를 써넣으시오.

(1) 저금한 돈은 모두 [   ] 원입니다.

(2) 저금한 돈을 100원짜리 동전으로 바꾼다면 [   ] 원까지 바꿀 수 있습니다.

(3) 저금한 돈을 1000원짜리 지폐로 바꾼다면 [   ] 원까지 바꿀 수 있습니다.

6 설탕 671 g이 있습니다. 한 봉지에 100 g씩 담아서 팔려고 합니다. 모두 몇 봉지를 팔 수 있습니까?

(   )

⟳ 반올림

• 구하려는 자리 바로 아래 자리의 숫자가 0, 1, 2, 3, 4이면 버리고, 5, 6, 7, 8, 9 이면 올리는 방법을 반올림이라고 합니다. ┌→5보다 작은 숫자 5보다 크거나 같은 숫자←┘

• 827을 일의 자리에서 반올림하면 830, 십의 자리에서 반올림하면 800이 됩니다.

개·념·잡·기

⟳ 구하려는 자리의 한 자리 아래 숫자가 0, 1, 2, 3, 4이면 버림 하고 5, 6, 7, 8, 9이면 올림하 여 나타냅니다.

개념확인 1

반올림 알아보기(1)

가영이네 학교 학생 수는 382명입니다. 물음에 답하시오.

(1) 학생 수를 다음 수직선에 ↓으로 나타내어 보시오.

```
←─┼───┼───┼───┼───┼───┼───┼───┼───┼───┼───┼─→
  380  381  382  383  384  385  386  387  388  389  390
```

(2) 학생 수는 380명과 390명 중에서 어느 쪽에 더 가깝습니까?

(   )

(3) 학생 수는 약 몇십 명이라고 할 수 있습니까?

(   )

(4) 학생 수를 다음 수직선에 ↓으로 나타내어 보시오.

```
←─┼───┼───┼───┼───┼───┼───┼───┼───┼───┼───┼─→
  300  310  320  330  340  350  360  370  380  390  400
```

(5) 학생 수는 300명과 400명 중에서 어느 쪽에 더 가깝습니까?

(   )

(6) 학생 수는 약 몇백 명이라고 할 수 있습니까?

(   )

개념확인 2

반올림 알아보기(2)

175를 여러 가지 방법으로 어림하려고 합니다. 물음에 답하시오.

(1) 일의 자리에서 반올림하여 나타내어 보시오.

(   )

(2) 반올림하여 십의 자리까지 나타내어 보시오.

(   )

(3) 일의 자리에서 반올림하여 나타내는 것과 반올림하여 십의 자리까지 나타내는 것은 서로 같습니까?

(   )

Step 2 핵심 쏙쏙

기본 문제를 통해 교과서 개념을 다져요.

1 구슬이 84개 있습니다. 물음에 답하시오.

(1) 구슬의 수를 수직선에 ↓로 나타내어 보시오.

```
←――――――――――――――――――→
  80        85        90
```

(2) 84는 80과 90 중에서 어느 쪽에 더 가깝습니까?

(   )

(3) 구슬의 수는 약 몇십 개라고 할 수 있습니까?

(   )

2 □ 안에 알맞은 수를 써넣으시오.

┌──────────────┐
│   1458   │
└──────────────┘

(1) 반올림하여 십의 자리까지 나타낸 수는 ☐ 입니다.

(2) 반올림하여 백의 자리까지 나타낸 수는 ☐ 입니다.

(3) 반올림하여 천의 자리까지 나타낸 수는 ☐ 입니다.

3 수를 반올림하여 천의 자리까지 나타내어 보시오.

(1) 14589 ➡ (   )

(2) 65097 ➡ (   )

(3) 53475 ➡ (   )

(4) 78912 ➡ (   )

4 수를 반올림하여 빈칸에 써넣으시오.

수	십의 자리까지	백의 자리까지	천의 자리까지
65897			
23159			
41506			
66381			

5 와 같이 소수를 반올림하여 보시오.

┌─ 보기 ────────────────────┐
│ 3.428을 소수 둘째 자리에서 반올림하면 │
│ 3.4입니다.   │
└───────────────────────────┘

(1) 6.872를 소수 둘째 자리에서 반올림하면 얼마입니까?

(   )

(2) 3.084를 소수 셋째 자리에서 반올림하면 얼마입니까?

(   )

6 연필의 길이를 재어 보았더니 9.8 cm였습니다. 이것을 1 cm 단위로 나타내면 약 몇 cm라고 할 수 있습니까?

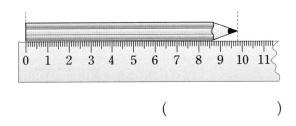

(   )

교과서 개념을 이해하고 확인 문제를 통해 익혀요.

❂ 생활 속에서 올림, 버림, 반올림을 사용하는 경우

올림	• 물건을 모두 담는 데 필요한 상자 수 • 모든 사람을 태울 때 필요한 버스의 대수 • 학생들에게 나눠 줄 때 필요한 공책의 묶음 수
버림	• 상자에 담을 수 있는 물건의 수 • 지폐로 바꿀 수 있는 동전의 수
반올림	• 연필의 길이는 약 몇 cm인지 구할 때 • 몸무게가 약 몇 kg인지 구할 때 • 박물관에 입장한 사람 수는 약 몇 천명인지 구할 때

개·념·잡·기

(보충) 일상생활 속에서 올림, 버림, 반올림 중 어떤 방법으로 어림하면 좋을지 생각해 보고, 어림해 보는 활동을 통해 문제 해결 및 추론 능력을 기를 수 있습니다.

개념확인 1

올림을 활용하여 문제 해결하기

등산객 158명이 전망대에 오르기 위해 줄을 서 있습니다. 케이블카 한 대에 탈 수 있는 정원이 10명일 때 케이블카는 적어도 몇 번 운행해야 하는지 알아보시오.

(1) 올림, 버림, 반올림 중에서 어떤 방법으로 어림해야 좋은지 이야기해 보시오.

> 등산객 158명이 케이블카를 타고 전망대에 오르려고 할 때, 케이블카는 한 번에 최대 ☐ 명까지 탈 수 있기 때문에 158명을 ☐ 명이라고 생각하고 ☐ 을 해야 합니다.

(2) 등산객 158명이 전망대에 오르려면 케이블카는 적어도 몇 번 운행해야 하는지 구하시오.

(   )

개념확인 2

버림을 활용하여 문제 해결하기

발표회 때 나눠 줄 상품 한 개를 포장하는 데 끈 1 m가 필요합니다. 끈 825 cm로 상품을 모두 몇 개 포장할 수 있는지 알아보시오.

(1) 올림, 버림, 반올림 중에서 어떤 방법으로 어림해야 좋은지 이야기해 보시오.

> 상품을 포장할 때 1 m보다 짧은 끈은 사용할 수 없으므로 ☐ 을 해야 합니다.

(2) 끈 825 cm로 포장할 수 있는 상품은 모두 몇 개인지 구하시오.

(   )

(3) 상품을 포장하는 데 사용한 끈의 길이를 구하시오.

(   )

1 ☐ 안에 알맞은 수를 써넣으시오.

> 24658

(1) 천의 자리 아래 수를 올림하면

☐ 입니다.

(2) 천의 자리 아래 수를 버림하면

☐ 입니다.

(3) 천의 자리에서 반올림하면

☐ 입니다.

2 수를 올림, 버림, 반올림하여 빈칸에 써넣으시오.

수	1458	6892
백의 자리 아래 수를 올림		
십의 자리 아래 수를 버림		
일의 자리에서 반올림		

3 석기네 모둠 친구들의 키를 나타낸 것입니다. 소수 첫째 자리에서 반올림해 보시오.

이름	키(cm)	반올림한 키(cm)
석기	145.3	
영수	142.8	
예슬	150.7	
신영	149.4	

4 구슬 782개를 100개씩 담을 수 있는 상자에 담으려고 합니다. 구슬을 모두 담으려면 상자는 적어도 몇 개 필요한지 알아보시오.

(1) 올림, 버림, 반올림 중에서 어떤 방법으로 어림해야 합니까?

( )

(2) 구슬을 모두 담으려면 상자는 적어도 몇 개 필요합니까?

( )

5 장난감 자동차 1개를 만드는 데 필요한 나사는 10개입니다. 852개의 나사로는 장난감 자동차를 몇 개까지 만들 수 있는지 알아보시오.

(1) 올림, 버림, 반올림 중에서 어떤 방법으로 어림해야 합니까?

( )

(2) 장난감 자동차를 몇 개까지 만들 수 있습니까?

( )

6 어느 날 야구장 관중 수는 남자가 6750명, 여자가 4125명이었습니다. 관중 수를 어림해 보시오.

(1) 남자 관중 수는 약 몇백 명이라고 할 수 있습니까?

( )

(2) 여자 관중 수는 약 몇천 명이라고 할 수 있습니까?

( )

(3) 전체 관중 수는 약 몇천 명이라고 할 수 있습니까?

( )

유형 **4** 올림 알아보기

구하려는 자리 아래 수를 올려서 나타내는 방법을 올림이라고 합니다.

4-1 백의 자리 아래 수를 올림하여 보시오.

(1) 219 ➡ (   )

(2) 1780 ➡ (   )

대표유형

4-2 수를 올림하여 빈칸에 써넣으시오.

수	천의 자리까지	만의 자리까지
15109		
34682		

4-3 올림하여 백의 자리까지 나타낼 때 나타낸 수가 <u>다른</u> 하나를 찾아 기호를 쓰시오.

㉠ 7500	㉡ 7504	㉢ 7600

(   )

4-4 올림하여 천의 자리까지 나타낸 수가 가장 큰 것은 어느 것입니까? (   )

① 3564   ② 3000   ③ 3700

④ 4000   ⑤ 4001

⊗잘 틀려요

4-5 올림하여 십의 자리까지 나타낸 수가 20이 되는 자연수는 모두 몇 개입니까?

(   )

4-6 가영이네 학교 5학년 학생 258명이 버스를 타고 소풍을 가려고 합니다. 버스 1대에 학생 45명이 탈 수 있다면 버스는 적어도 몇 대가 있어야 모두 탈 수 있는지 알아보시오.

(1) 가영이네 학교 5학년 학생이 정원을 채워 버스를 타면 모두 몇 대에 탈 수 있고, 몇 명이 타지 못합니까?

(,   )

(2) 버스는 적어도 몇 대가 있어야 5학년 학생이 모두 탈 수 있습니까?

(   )

4-7 가게에서 콩을 100 g 단위로만 팔고 100 g에 900원이라고 합니다. 두부를 만드는 데 콩이 327 g 필요하다면 콩은 몇 g 사야 하고, 콩 가격은 얼마입니까?

(,   )

4-8 실생활에서 올림을 사용하는 경우를 찾아보시오.

_____

_____

유형 5 버림 알아보기

구하려는 자리 아래 수를 버려서 나타내는 방법을 버림이라고 합니다.

5-1 만의 자리 아래 수를 버림하여 보시오.

26549

( )

5-2 버림하여 [ ] 안의 자리까지 나타내어 보시오.

(1) 7518 [백의 자리]

➡ ( )

(2) 16072 [만의 자리]

➡ ( )

대표유형

5-3 수를 버림하여 빈칸에 써넣으시오.

수	천의 자리까지	만의 자리까지
64657		
58072		

5-4 버림하여 천의 자리까지 나타낼 때 27000이 되는 수를 모두 고르시오. ( )

① 26941   ② 27000   ③ 27001
④ 28000   ⑤ 28453

시험에 잘 나와요

5-5 20940을 버림하여 주어진 자리까지 나타내려고 합니다. 버림하여 나타낸 수가 가장 큰 것을 찾아 기호를 쓰시오.

ㄱ 십의 자리까지   ㄴ 백의 자리까지
ㄷ 천의 자리까지   ㄹ 만의 자리까지

( )

5-6 버림하여 십의 자리까지 나타낸 수가 50이 되는 자연수는 모두 몇 개입니까?

( )

5-7 올해 지혜네 논의 쌀 생산량은 270 kg입니다. 이 쌀을 20 kg씩 포대에 담아 팔려고 한다면 지혜네 집에서 팔 수 있는 쌀은 몇 포대입니까?

( )

5-8 실생활에서 버림을 사용하는 경우를 찾아 보시오.

_____

_____

1단원

유형 6 반올림 알아보기

구하려는 자리 바로 아래 자리의 숫자가 0, 1, 2, 3, 4이면 버리고, 5, 6, 7, 8, 9이면 올리는 방법을 반올림이라고 합니다.

6-1 2614를 주어진 자리에서 반올림하여 나타내어 보시오.

(1) 일의 자리 ➡ (   )

(2) 백의 자리 ➡ (   )

6-2 수를 반올림하여 빈칸에 써넣으시오.

수	천의 자리까지	천의 자리에서
10936		
46003		

6-3 65108을 반올림하여 나타낸 수가 <u>아닌</u> 것은 어느 것입니까? (   )

① 70000   ② 65000   ③ 65200

④ 65100   ⑤ 65110

6-4 수를 반올림하여 십의 자리까지 나타내었을 때 80이 되는 수를 모두 찾아 쓰시오.

70	75	83	71	80	87

(   )

6-5 다음 수를 어느 자리에서 반올림해야 52000이 됩니까?

52164

(   )

6-6 십의 자리에서 반올림하여 300이 되는 수의 범위를 수직선에 나타내고, 가장 큰 자연수와 가장 작은 자연수를 구하시오.

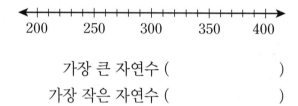

가장 큰 자연수 (   )

가장 작은 자연수 (   )

6-7 어느 학교의 학년별 학생 수를 나타낸 표입니다. 학생 수가 가장 많은 학년의 학생 수를 반올림하여 백의 자리까지 나타내어 보시오.

학년별 학생 수

학년	학생 수(명)	학년	학생 수(명)
1학년	175	4학년	210
2학년	251	5학년	268
3학년	283	6학년	245

(   )

6-8 동민이가 키를 재어 보았더니 123.8 cm였습니다. 1 cm 단위로 된 자로 키를 잰다면 동민이의 키는 약 몇 cm입니까?

(   )

유형 7 올림, 버림, 반올림을 활용하여 문제 해결하기

생활 속에서 올림, 버림, 반올림을 사용하는 경우

올림	• 물건을 모두 담는 데 필요한 상자 수 • 학생들에게 나눠 줄 때 필요한 사탕의 묶음 수
버림	• 상자에 담을 수 있는 물건의 수 • 지폐로 바꿀 수 있는 동전의 수
반올림	• 지우개의 길이는 약 몇 cm인지 구할 때 • 운동 경기장에 입장한 사람 수는 약 몇 천 명인지 구할 때

7-1 수를 보고 물음에 답하시오.

64258

(1) 백의 자리 아래 수를 올림하면 얼마입니까?

(   )

(2) 천의 자리 아래 수를 버림하면 얼마입니까?

(   )

(3) 십의 자리에서 반올림하면 얼마입니까?

(   )

(4) 반올림하여 만의 자리까지 나타내면 얼마입니까?

(   )

7-2 수를 올림, 버림, 반올림하여 빈칸에 써넣으시오.

수	24630	35791
천의 자리 아래 수를 올림		
백의 자리 아래 수를 버림		
십의 자리에서 반올림		

7-3 코끼리 열차는 한 번에 10명씩 탈 수 있습니다. 영수네 학교 학생 125명이 모두 타려면 코끼리 열차는 적어도 몇 번 운행해야 하는지 알아보시오.

(1) 올림, 버림, 반올림 중에서 어떤 방법으로 어림해야 합니까?

(   )

(2) 코끼리 열차는 적어도 몇 번 운행해야 합니까?

(   )

7-4 사과 526개를 한 상자에 10개씩 담아 팔려고 합니다. 상자에 담아 팔 수 있는 사과의 수는 몇 개인지 알아보시오.

(1) 올림, 버림, 반올림 중에서 어떤 방법으로 어림해야 합니까?

(   )

(2) 팔 수 있는 사과 상자는 몇 개입니까?

(   )

(3) 상자에 담아 팔 수 있는 사과는 몇 개입니까?

(   )

시험에 잘 나와요

7-5 어느 해 우리나라의 인구는 45958602명이었습니다. 이 해의 우리나라의 인구는 약 몇만 명입니까?

(   )

1 영수가 5일 동안 한 윗몸일으키기 횟수를 나타낸 것입니다. 윗몸일으키기 횟수가 25번 이상인 날은 모두 며칠입니까?

| 19번 | 28번 | 24번 | 30번 | 25번 |

(   )

2 2018년 평창 동계올림픽에서 획득한 국가별 메달 수입니다. 물음에 답하시오.

국가별 메달 수

나라	메달 수(개)	나라	메달 수(개)
대한민국	17	영국	5
미국	23	노르웨이	39
중국	9	일본	13
프랑스	15	독일	31

(1) 금메달을 20개 이상 획득한 나라를 모두 찾아 쓰시오.

(   )

(2) 금메달을 10개 이상 20개 이하 획득한 나라를 모두 찾아 쓰시오.

(   )

3 52 초과인 수의 범위를 수직선에 나타내고 나타낸 수의 범위에 속하는 수 중에서 가장 작은 자연수를 구하시오.

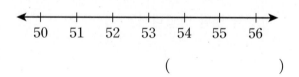

(   )

4 수직선에 나타낸 수의 범위를 찾아 선으로 이어 보시오.

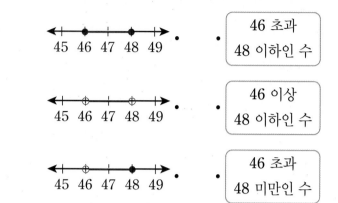

5 우리 나라 여러 도시의 10월 기온을 조사하여 나타낸 표입니다. ㉠에 들어갈 수 있는 도시를 모두 써 보시오.

10월 기온

도시	기온($^\circ$C)	도시	기온($^\circ$C)
서울	15.4	대전	14.4
부산	17.2	춘천	12.5
광주	16.0	제주	19.3

기온($^\circ$C)	도시
15 이하	
15 초과 17 이하	㉠
17 초과 19 이하	
19 초과	

(   )

6 대한민국에서 투표할 수 있는 나이는 만 19세 이상입니다. 우리 가족 중에서 투표할 수 있는 사람을 모두 써 보시오.

가족의 만 나이

가족	아버지	어머니	형	누나	나
나이(세)	48	45	18	19	12

( )

편지의 무게별 요금을 나타낸 표입니다. 물음에 답하시오. [7~8]

편지의 무게별 요금

편지 무게(g)	우편요금(원)
5 이하	270
5 초과 25 이하	300
25 초과 50 이하	320

7 웅이가 쓴 편지의 무게를 재어 보니 17 g 이었습니다. 웅이가 내야 하는 우편요금은 얼마입니까?

( )

8 지혜가 편지를 보내는 데 320원을 냈습니다. 지혜의 편지 무게의 범위를 수직선에 나타내어 보시오.

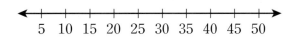

9 ㉠과 ㉡을 모두 만족하는 자연수는 모두 몇 개입니까?

㉠ 25 이상 31 미만인 수
㉡ 27 초과 35 이하인 수

( )

10 다음 조건에 알맞게 만들 수 있는 소수 한 자리 수는 모두 몇 개입니까?

• 6 이상 8 미만인 수입니다.
• 소수 첫째 자리 숫자가 2 이상 4 미만인 수입니다.

( )

新 경향문제

11 예슬이네 가족은 12세인 예슬, 15세인 오빠, 46세인 아버지, 42세인 어머니, 75세인 할아버지로 모두 5명입니다. 예슬이네 가족이 모두 박물관에 입장하려면 입장료는 얼마를 내야 합니까?

박물관 입장료

구분	어린이	청소년	성인
요금(원)	1000	1500	2000

어린이 : 8세 이상 13세 이하
청소년 : 13세 초과 20세 미만
성인 : 20세 이상 65세 미만
8세 미만과 65세 이상은 무료

( )

1. 수의 범위와 어림하기 **29**

12 수를 올림하여 천의 자리까지 나타냈습니다. 잘못 나타낸 사람은 누구입니까?

> 영수 : 35001 ➡ 36000
> 석기 : 48100 ➡ 48000
> 한별 : 39250 ➡ 40000

( )

13 주어진 수를 천의 자리 아래 수를 올림하여 나타낸 수와 십의 자리 아래 수를 올림하여 나타낸 수의 차는 얼마입니까?

> 3845

( )

14 십의 자리 아래 수를 버림하여 나타냈을 때 270이 되는 자연수 중에서 275보다 큰 수를 모두 쓰시오.

( )

15 지혜가 처음에 생각한 자연수는 무엇입니까?

> 지혜 : 내가 생각한 자연수에 8을 곱한 후 십의 자리 아래 수를 버림하면 70이야.

( )

16 다음 수를 반올림하여 나타내었더니 44000이 되었습니다. 어느 자리에서 반올림 한 것입니까?

> 43651

( )

17 숫자 카드 4장을 모두 사용하여 가장 큰 네 자리 수를 만들고, 만든 네 자리 수를 반올림하여 백의 자리까지 나타내어 보시오.

> 2   4   8   7

( )

18 어떤 자연수를 일의 자리에서 반올림했더니 750이 되었습니다. 어떤 자연수가 될 수 있는 수의 범위를 이상과 미만을 사용하여 나타내어 보시오.

( )

19 영화관에 온 사람 수를 반올림하여 십의 자리까지 나타내면 360명입니다. 이 사람들에게 기념품을 2개씩 나눠 주려면 기념품을 적어도 몇 개 준비해야 합니까?

( )

도별 감자 생산량을 조사하여 나타낸 표입니다. 물음에 답하시오. [20~21]

도별 감자 생산량

도	경기	충청	전라	경상	강원
생산량(톤)	12425	9765	21311	13128	40327

20 생산량을 반올림하여 천의 자리까지 나타내시오.

도별 감자 생산량

도	반올림한 생산량(톤)
경기	
충청	
전라	
경상	
강원	

21 위 **20**의 표를 보고 그림그래프로 나타내시오.

도별 감자 생산량

🍊 : 만 톤
🍊 : 천 톤

22 어림하는 방법이 다른 사람을 찾아 이름을 써 보시오.

영수 : 과수원에서 사과 1275개를 수확했어. 100개씩 상자에 담아 포장한다면 사과를 몇 개까지 포장할 수 있을까?

상연 : 저금통에 동전을 38500원 모았어. 이 동전을 1000원짜리 지폐로 바꾼다면 얼마까지 바꿀 수 있을까?

가영 : 저울의 눈금을 읽었더니 몸무게가 35.7 kg이야. 1 kg 단위로 가까운 곳의 눈금을 읽으면 몇 kg일까?

(   )

23 친구들의 선물을 사기 위해 필요한 돈을 어림했습니다. 세 학생이 어림한 방법을 보고 누구의 어림 방법이 가장 적절한지 알아보시오.

선물	운동화	티셔츠	동화책
가격(원)	12900	9800	4400

지혜 : 나는 12000원, 9000원, 4000원으로 어림했어. 25000원이면 살 수 있지 않을까?

석기 : 나는 13000원, 10000원, 5000원으로 어림했어. 28000원이면 충분하지 않을까?

한별 : 나는 13000원, 10000원, 4000원으로 어림했어. 27000원으로 선물을 사 봐야지.

(   )

1 어느 버스 회사에서는 만 6세 미만 어린이의 요금을 받지 않습니다. 다음 중 버스 요금을 내지 않아도 되는 어린이는 누구인지 풀이 과정을 쓰고 답을 구하시오.

가영	한별	상연	석기
만 8세	만 6세	만 4세	만 7세

풀이 만 6세 미만은 만 6세보다 (많은, 적은) 나이입니다.

따라서 버스 요금을 내지 않아도 되는 어린이는 만 ☐ 세인 ☐ 입니다.

답 _____ ☐

2 25 초과 30 이하인 자연수는 모두 몇 개인지 풀이 과정을 쓰고 답을 구하시오.

풀이 25 초과 30 이하인 자연수는 ☐ 보다 크고 ☐ 과 같거나 작은 자연수이므로 26, 27, ☐, ☐, ☐ 입니다.

따라서 25 초과 30 이하인 자연수는 모두 ☐ 개입니다.

답 _____ ☐ 개

1-1 쪽지 시험을 본 후 85점 이상인 학생에게 붙임 딱지를 주려고 합니다. 붙임 딱지를 받을 수 있는 학생은 누구인지 풀이 과정을 쓰고 답을 구하시오.

지혜	영수	효근	웅이	한솔
91점	82점	79점	85점	75점

풀이 따라하기 _____

_____

_____

_____

답 _____

2-1 47 이상 54 미만인 자연수는 모두 몇 개인지 풀이 과정을 쓰고 답을 구하시오.

풀이 따라하기 _____

_____

_____

_____

_____

답 _____

③ 13579를 백의 자리에서 반올림하여 나타낸 수와 반올림하여 백의 자리까지 나타낸 수 중 더 큰 수는 얼마인지 풀이 과정을 쓰고 답을 구하시오.

풀이 13579를 백의 자리에서 반올림하여 나타낸 수는 [   ]이고, 반올림하여 백의 자리까지 나타낸 수는 [   ]입니다.

따라서 더 큰 수는 13579를 백의 자리에서 반올림하여 나타낸 수인 [   ]입니다.

답 _____

④ 배추 한 접은 100포기입니다. 밭에서 배추 3580포기를 뽑아 한 접씩 팔려고 합니다. 팔 수 있는 배추는 모두 몇 접이 되는지 알아보기 위해 올림, 버림, 반올림 중 어떤 방법을 사용해야 하는지 풀이 과정을 쓰고 답을 구하시오.

풀이 3580÷100＝[   ]…[   ]이므로

[   ]접을 팔 수 있고, 나머지 [   ]포기는 한 접이 되지 않으므로 팔 수 없습니다.

따라서 사용해야 하는 방법은 [   ]입니다.

답 _____

③-1 32568을 천의 자리에서 반올림하여 나타낸 수와 반올림하여 천의 자리까지 나타낸 수 중 더 큰 수는 얼마인지 풀이 과정을 쓰고 답을 구하시오.

풀이 따라하기 _____

_____

_____

_____

답 _____

④-1 어느 제과점에서 빵 한 개를 만드는 데 밀가루 70 g이 사용된다고 합니다. 이 제과점에서 1210 g의 밀가루로는 몇 개의 빵을 만들 수 있는지 알아보기 위해 올림, 버림, 반올림 중 어떤 방법을 사용해야 하는지 풀이 과정을 쓰고 답을 구하시오.

풀이 따라하기 _____

_____

_____

_____

답 _____

1
단원

1 다음 설명과 같은 뜻을 나타내도록 □ 안에 알맞은 말을 써넣으시오.

(1) 7보다 큰 수 : 7 □ 인 수

(2) 4보다 작거나 같은 수 : 4 □ 인 수

(3) 5보다 크거나 같은 수 : 5 □ 인 수

(4) 6보다 작은 수 : 6 □ 인 수

2 빈 곳에 알맞은 수를 써넣으시오.

	3631	
십의 자리에서 반올림하기		백의 자리 아래 수를 버림하기

3 올림, 버림, 반올림하여 천의 자리까지 나타내어 보시오.

올림 ( )
15740 ─ 버림 ( )
반올림 ( )

4 주어진 수의 범위에 속하는 자연수를 모두 쓰시오.

53 이상 57 미만인 수

( )

가영이의 친구들의 몸무게를 조사한 것입니다. 물음에 답하시오. [5~7]

30.2 kg	33.4 kg	38.1 kg
40 kg	35 kg	34 kg

5 몸무게가 34 kg 미만인 친구는 모두 몇 명입니까?

( )

6 몸무게가 36 kg 초과인 친구는 모두 몇 명입니까?

( )

7 몸무게가 33 kg 이상 35 kg 이하인 친구는 모두 몇 명입니까?

( )

8 수의 범위에 속하는 자연수가 가장 많은 것을 찾아 기호를 쓰시오.

㉠ 20 초과 30 이하인 수
㉡ 20 초과 30 미만인 수
㉢ 20 이상 30 이하인 수
㉣ 20 이상 30 미만인 수

( )

9 수의 범위를 수직선에 나타내어 보시오.

30 이상 34 미만인 수

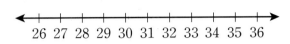

26 27 28 29 30 31 32 33 34 35 36

10 수직선에 나타낸 수의 범위를 쓰시오.

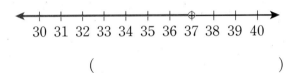

30 31 32 33 34 35 36 37 38 39 40

(   )

11 올림하여 백의 자리까지 나타낼 때 2000
이 되는 수를 모두 고르시오. (   )

① 1800   ② 1980   ③ 2020
④ 1099   ⑤ 1908

12 26 초과 30 이하인 수 중 가장 큰 자연수
와 가장 작은 자연수의 합은 얼마입니까?

(   )

① 56   ② 57   ③ 58
④ 59   ⑤ 60

어느 터미널의 고속버스 요금을 나타낸 것입
니다. 물음에 답하시오. [13~15]

고속버스 요금

출발	도착	요금(원)
서울	대전	14600
서울	대구	24400
서울	부산	33200
서울	광주	27000
서울	강릉	20600
서울	전주	19900

13 서울에서 강릉까지 고속버스를 이용할 때
필요한 요금을 반올림하여 천의 자리까지
나타내어 보시오.

(   )

14 서울에서 전주까지의 요금은 약 몇만 원입
니까?

(   )

15 서울에서 출발할 때 요금이 가장 많은 지
역과 가장 적은 지역의 요금의 차를 반올
림하여 천의 자리까지 나타내어 보시오.

(   )

16 일의 자리에서 반올림하여 50이 되는 수의 범위를 수직선에 나타내어 보시오.

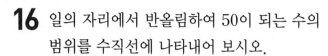

17 어떤 놀이기구는 몸무게가 70 kg 초과인 사람은 탈 수 없다고 합니다. 이 놀이기구에 탈 수 없는 사람의 몸무게의 범위를 수직선에 나타내어 보시오.

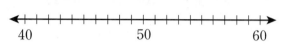

18 사탕 2710개를 한 봉지에 100개씩 넣어 팔려고 합니다. 팔 수 있는 사탕은 모두 몇 개입니까?

( )

19 동민이가 모은 동전의 금액은 모두 78900원입니다. 이 돈을 은행에 가서 10000원짜리 지폐로 바꾸려고 합니다. 바꿀 수 있는 돈은 모두 얼마입니까?

( )

20 씨름 경기에서 청장급의 몸무게는 45 kg 초과 50 kg 이하입니다. 청장급에 속하는 학생은 누구인지 쓰시오.

학생들의 몸무게

이름	영수	한별	동민	석기	솔별
몸무게	45 kg	50 kg	44.3 kg	43 kg	52 kg

( )

21 지하철에서는 18.0 ℃ 이하일 때 난방기가 자동으로 작동됩니다. 어느 날 하루의 기온을 1시간 간격으로 조사한 것이 다음과 같을 때 난방기가 작동된 시각을 모두 쓰시오.

1시	2시	3시	4시	5시	6시
20.4℃	18.9℃	18.1℃	17.9℃	18.℃	18.2℃

( )

서술형

22 15 이상 20 이하인 자연수는 모두 몇 개인지 풀이 과정을 쓰고 답을 구하시오.

풀이

답

23 붕어빵 한 개의 가격은 300원입니다. 2500원으로 붕어빵을 몇 개까지 살 수 있는지 풀이 과정을 쓰고 답을 구하시오.

풀이

답

24 어느 날 축구장에 입장한 관중의 수는 7159명이었습니다. 이 날의 관중 수는 약 몇천 명인지 풀이 과정을 쓰고 답을 구하시오.

풀이

답

25 주어진 수를 반올림하여 천의 자리까지 나타낸 수와 반올림하여 백의 자리까지 나타낸 수의 차는 얼마인지 풀이 과정을 쓰고 답을 구하시오.

> 9647

풀이

답

 일기 예보를 읽고 물음에 답하시오. [1~3]

> 오늘의 날씨를 알려드리겠습니다. 우리 지역 최고 기온은 23도, 최저 기온은 17도입니다. 우리 지역은 구름이 많아 곳에 따라 비가 오는 곳도 있겠으며, 강풍 주의보가 내려진 곳도 있겠습니다. 현재 미세 먼지 농도는 1세제곱미터당 42마이크로그램($\mu g/m^3$)입니다.
>
> ※ $1 \, \mu g = \dfrac{1}{1000000} \, g$

1 오늘 우리 지역 기온의 범위를 수직선에 나타내어 보시오.

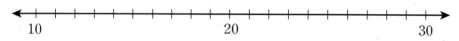

2 구름의 양은 하늘 전체(10)에 구름이 얼마만큼 끼어 있는지를 양으로 판단하여 다음과 같이 구분합니다. 오늘 구름의 양의 범위를 써 보시오.

구분	맑음	구름 조금	구름 많음	흐림
구름의 양	2 미만	2 이상 6 미만		9 이상

3 미세 먼지 농도 기준표를 보고 다음의 대화를 완성해 보시오.

예보 구간	좋음	보통	나쁨	매우 나쁨
예측 농도($\mu g/m^3$당)	15 이하	15 초과 35 이하	35 초과 75 이하	75 초과

(출처 : 미세 먼지 환경 기준, 환경부, 2018)

가영 : 오늘은 미세 먼지 농도가 [   ]($\mu g/m^3$)이니까 예보 구간이 [   ]이구나.

한솔 : 이럴 땐 실외 활동을 자제하는 것이 좋아.

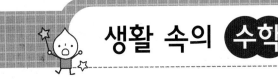

생활 속의 수학

더 많으면 안 돼요

소풍 날을 기다리던 우리들은 선생님의 한 마디에 기대가 와르르 무너졌어요.

우리 1반과 2반이 같은 버스를 타야 한다고 하셔서요.

우리 1반은 23명, 2반은 24명. 그리고 선생님 두 분까지 모두 49명인데 버스에는 45명의 승객만 탈 수 있기 때문에 4명이 탈 수 없대요.

그래서 우리 반 친구 중 4명은 다른 버스를 타야 한다고 하시는데 우리는 모두 울상이 되었지요.

　"누구 누구 4명이요?"

　"제비 뽑기를 할까, 아니면 다른 버스를 타고 싶은 사람은 손을 들까?"

웅성웅성하던 친구들이

　"선생님, 6명이 가면 안 되나요?"

하는 철이의 말에 조용해졌어요.

　"우리 조 모두 가고 싶어서요."

하는 철이의 말에 철이네 조 아이들은 고개를 끄덕였어요.

　"너희들 6명이 가면 43명이니까 정원 미만이라서 괜찮은데 다른 반 버스가 어떨지 모르겠구나."

선생님이 다른 반 선생님들과 의논하러 가신 틈에

　"미만? 미만이 뭐야?"

궁금한 걸 못 견디는 희순이가 묻자

　"정원 미만이라고 하셨으니까 45명 미만. 그러니까 45명보다 적다는 게 아닐까?"

하고 철이가 대답해 주었어요.

　"6명이 가도 되겠어. 3반은 26명이니까 너희들 6명이 가도 32명 밖에 안 돼서 괜찮다는구나."

　"선생님, 43명이 45명보다 적으니까 정원 미만이라고 하신 거죠?"

철이가 자기의 말을 확인하려는 듯 선생님께 여쭈어 보았어요.

선생님은 하하 웃으시면서 철이 생각이 옳다고 하셨어요.

옆 반과 버스를 같이 타는 바람에 초과는 많은 것, 미만은 적은 것이라는 것을 알게 되었네요.

점심 시간에 우리 반은 다른 날보다 더 시끌시끌했어요.

　"국이 초과되었어!"

국을 싫어하는 영이가 배식하는 친구에게 이렇게 말하자 모두들 까르르 웃은 거죠.

　"난 김치를 초과해서 줘."

김치를 좋아하는 미순이도 질세라 이렇게 말했어요.

"선생님. 밥이 미만되었어요!"

밥통에 밥이 모자라자 배식하던 철이가 소리쳤어요.

"밥이 미만되었는데 왜 선생님한테 소리를 지르니? 급식실에 가서 더 달라고 하면 되지."

미영이가 점잖게 말하더니

"얘들아, 내가 급식실에 가서 밥을 초과하게 가져올게."

라고 하면서 뛰어갔어요.

"그래. 밥도 초과하게 가져오고, 오징어무침도 초과하게 더 가져 와!"

"콩나물도 초과하게 가져 와!"

"탕수육은 초과하게 안 주시겠지?"

아이들은 서로 초과와 미만을 써서 말을
하려고 온갖 반찬을 다 들먹였어요.
난 매일 밥을 초과해 먹어서 배가 부르다
는 등. 맨 마지막으로 급식을 받아서 국
이 모자라서 미만으로 먹었다는 등. 정태
가 탕수육을 너무 초과해서 다른 아이들
이 미만이 되었다는 등.

우리들이 웅성대는 소리를 가만히 들으
시던 선생님의 얼굴빛이 달라지셨어요. 우리가 정말 대견해서 칭찬해 주실 줄 알았는데 뭔
가 걱정스러운 일이 있으신가봐요. 조용히 급식하라고 일렀는데 너무 시끄러웠으니 실망
하실 만도 해요.

아이들이 밥을 먹느라 교실이 조용해지자 선생님께서 말씀하셨어요.

"얘들아, 초과와 미만은 많다, 적다라는 뜻이기는 하지만 너희들처럼 그런 때 쓰는 말은
아니야. 그럴 때는 남는다, 모자란다라는 말을 쓰는 것이 맞단다. 수학 시간에 초과와
미만에 대해서 배우게 될 거야. 오늘은 여기까지만 알아두기!"

우리 선생님께서는 조금씩 조금씩 우리가 알아들을 만큼만 가르쳐 주셔서 참 좋아요.

그런데 초과와 미만은 언제 사용해야 하는 걸까요?

 철이네 학교 5학년 학생과 선생님 모두 합해 185명이 버스를 타고 소풍을 가려고
합니다. 버스 한 대에 승객 45명이 탈 수 있다면 버스는 적어도 몇 대가 있어야 모
두 탈 수 있습니까?

② 분수의 곱셈

○ (단위분수)×(자연수)

$$\frac{1}{4} \times 3 = \frac{1}{4} + \frac{1}{4} + \frac{1}{4} = \frac{1 \times 3}{4} = \frac{3}{4}$$

➡ 단위분수의 분자와 자연수를 곱하여 계산합니다.

○ (진분수)×(자연수)

• 곱을 구한 다음 약분하여 계산하기

$$\frac{3}{4} \times 6 = \frac{3 \times 6}{4} = \frac{\overset{9}{18}}{\underset{2}{4}} = \frac{9}{2} = 4\frac{1}{2}$$

• 주어진 곱셈에서 바로 약분하여 계산하기

$$\frac{3}{\underset{2}{4}} \times \overset{3}{6} = \frac{9}{2} = 4\frac{1}{2}$$

개념잡기

○ $\frac{●}{■} \times ★$은 $\frac{●}{■}$를 ★번 더한 것과 같습니다.

$$\frac{●}{■} \times ★ = \overbrace{\frac{●}{■} + \cdots\cdots + \frac{●}{■}}^{★번}$$
$$= \frac{● \times ★}{■}$$

개념확인 1

(단위분수)×(자연수) 알아보기

그림을 보고 ☐ 안에 알맞은 수를 써넣으시오.

    ➡

$$\frac{1}{3} \times 4 = \frac{1}{3} + \frac{1}{3} + \frac{1}{3} + \frac{1}{3} = \frac{1 \times \Box}{3} = \frac{\Box}{3} = \Box\frac{\Box}{\Box}$$

개념확인 2

(진분수)×(자연수) 알아보기

$\frac{5}{6} \times 8$을 계산하려고 합니다. ☐ 안에 알맞은 수를 써넣으시오.

(1) 곱을 구한 다음 약분하여 계산하기

$$\frac{5}{6} \times 8 = \frac{5 \times 8}{6} = \frac{40}{\underset{\Box}{6}} = \frac{\Box}{3} = \Box\frac{\Box}{\Box}$$

(2) 주어진 곱셈에서 바로 약분하여 계산하기

$$\frac{5}{\underset{\Box}{6}} \times \overset{\Box}{8} = \frac{\Box}{3} = \Box\frac{\Box}{\Box}$$

기본 문제를 통해 교과서 개념을 다져요.

1 그림을 보고 □ 안에 알맞은 수를 써넣으시오.

$$\frac{3}{5} \times 3 = \frac{3 \times \boxed{}}{5} = \frac{\boxed{}}{5} = \boxed{}\frac{\boxed{}}{\boxed{}}$$

2 $\frac{5}{8} \times 4$를 계산하려고 합니다. □ 안에 알맞은 수를 써넣으시오.

(1) $\frac{5}{8} \times 4 = \frac{5 \times \boxed{}}{8} = \frac{\boxed{}}{8} = \frac{\boxed{}}{2}$

$= \boxed{}\frac{\boxed{}}{\boxed{}}$

(2) $\frac{5}{8} \times 4 = \frac{5 \times \overset{\boxed{}}{4}}{\underset{\boxed{}}{8}} = \frac{\boxed{}}{2} = \boxed{}\frac{\boxed{}}{\boxed{}}$

(3) $\frac{5}{8} \times \overset{\boxed{}}{4} = \frac{\boxed{}}{2} = \boxed{}\frac{\boxed{}}{\boxed{}}$

3 보기 와 같이 계산하시오.

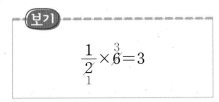

보기

$$\frac{1}{\underset{1}{2}} \times \overset{3}{6} = 3$$

(1) $\frac{1}{4} \times 10$

(2) $\frac{2}{3} \times 9$

4 계산을 하시오.

(1) $\frac{1}{7} \times 5$ (2) $\frac{1}{9} \times 4$

(3) $\frac{5}{12} \times 8$ (4) $\frac{7}{8} \times 10$

5 빈 곳에 알맞은 수를 써넣으시오.

(1)

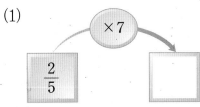

(2)

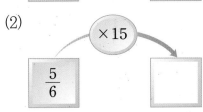

6 빈칸에 알맞은 수를 써넣으시오.

×	4	12
$\frac{7}{10}$		

7 우유가 $\frac{3}{5}$ L씩 들어 있는 컵이 14개 있습니다. 우유는 모두 몇 L입니까?

(   )

Step 1 개념 탄탄   2. (대분수)×(자연수) 알아보기

교과서 개념을 이해하고 확인 문제를 통해 익혀요.

⊙ (대분수)×(자연수)

- 대분수를 자연수 부분과 분수 부분으로 나누어 각각 자연수를 곱해 서로 더합니다.

$$1\frac{1}{4}\times 2=(1+\frac{1}{4})\times 2=(1\times 2)+(\frac{1}{4}\times 2)=2+\frac{\overset{1}{2}}{\underset{2}{4}}=2\frac{1}{2}$$

- 대분수를 가분수로 고친 후 분수의 분자와 자연수를 곱합니다.

$$1\frac{1}{4}\times 2=\frac{5}{\underset{2}{4}}\times \overset{1}{2}=\frac{5}{2}=2\frac{1}{2}$$

개 · 념 · 잡 · 기

⊙ 대분수와 자연수의 곱셈

- $\bullet\frac{\blacktriangle}{\blacksquare}\times\bigstar$

$=(\bullet\times\bigstar)+(\frac{\blacktriangle}{\blacksquare}\times\bigstar)$

- $\bullet\frac{\blacktriangle}{\blacksquare}\times\bigstar$

$=\frac{(\bullet\times\blacksquare+\blacktriangle)\times\bigstar}{\blacksquare}$

개념확인 1

(대분수)×(자연수) 알아보기(1)

그림을 보고 ☐ 안에 알맞은 수를 써넣으시오.

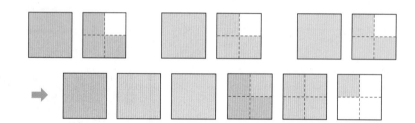

$$1\frac{3}{4}\times 3=1\frac{3}{4}+1\frac{3}{4}+1\frac{3}{4}=(1\times\boxed{})+(\frac{3}{4}\times\boxed{})=\boxed{}+\frac{\boxed{}}{4}$$

$$=\boxed{}+\boxed{}\frac{\boxed{}}{4}=\boxed{}\frac{\boxed{}}{\boxed{}}$$

개념확인 2

(대분수)×(자연수) 알아보기(2)

$2\frac{1}{6}\times 4$를 계산하려고 합니다. ☐ 안에 알맞은 수를 써넣으시오.

(1) 대분수를 자연수 부분과 분수 부분으로 나누어 계산하기

$$2\frac{1}{6}\times 4=(2+\frac{1}{6})\times\boxed{}=(2\times\boxed{})+(\frac{1}{6}\times\overset{}{4})=\boxed{}+\frac{\boxed{}}{3}=\boxed{}\frac{\boxed{}}{\boxed{}}$$

(2) 대분수를 가분수로 고쳐서 계산하기

$$2\frac{1}{6}\times 4=\frac{\boxed{}}{\underset{\boxed{}}{6}}\times\overset{}{4}=\frac{\boxed{}}{3}=\boxed{}\frac{\boxed{}}{\boxed{}}$$

1 그림을 보고 □ 안에 알맞은 수를 써넣으시오.

$$2\frac{2}{3} \times 2 = 2\frac{2}{3} + 2\frac{2}{3}$$

$$= (2 \times \boxed{}) + (\frac{2}{3} \times \boxed{})$$

$$= \boxed{} + \frac{\boxed{}}{3} = \boxed{} + \boxed{}\frac{\boxed{}}{3}$$

$$= \boxed{}\frac{\boxed{}}{\boxed{}}$$

2 $1\frac{1}{4} \times 5$를 계산하려고 합니다. □ 안에 알맞은 수를 써넣으시오.

(1) $1\frac{1}{4} \times 5 = (1 + \frac{\boxed{}}{4}) \times 5$

$$= (1 \times \boxed{}) + (\frac{\boxed{}}{4} \times 5)$$

$$= \boxed{} + \frac{\boxed{}}{4}$$

$$= \boxed{} + \boxed{}\frac{\boxed{}}{4} = \boxed{}\frac{\boxed{}}{\boxed{}}$$

(2) $1\frac{1}{4} \times 5 = \frac{\boxed{}}{4} \times 5 = \frac{\boxed{}}{4}$

$$= \boxed{}\frac{\boxed{}}{\boxed{}}$$

3 보기와 같이 계산하시오.

보기

$$3\frac{1}{4} \times 6 = \frac{13}{\underset{2}{4}} \times \overset{3}{6} = \frac{39}{2} = 19\frac{1}{2}$$

(1) $3\frac{5}{6} \times 9$

(2) $2\frac{7}{12} \times 4$

4 계산을 하시오.

(1) $1\frac{4}{7} \times 3$ (2) $4\frac{3}{10} \times 8$

5 빈칸에 알맞은 수를 써넣으시오.

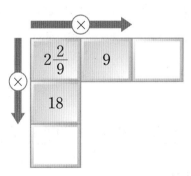

6 배가 들어 있는 상자 한 개의 무게는 $7\frac{1}{2}$ kg 입니다. 배가 들어 있는 상자 10개의 무게는 몇 kg입니까?

(   )

3. (자연수)×(진분수) 알아보기

교과서 개념을 이해하고 확인 문제를 통해 익혀요.

⊙ (자연수)×(진분수)

- 곱을 구한 다음 약분하여 계산하기

$$12 \times \frac{2}{9} = \frac{12 \times 2}{9} = \frac{\overset{8}{24}}{\underset{3}{9}} = \frac{8}{3} = 2\frac{2}{3}$$

- 주어진 곱셈에서 바로 약분하여 계산하기

$$\overset{4}{12} \times \frac{2}{\underset{3}{9}} = \frac{8}{3} = 2\frac{2}{3}$$

개·념·잡·기

⊙ 자연수와 진분수의 곱셈

$$\bigstar \times \frac{\bullet}{\blacksquare} = \frac{\bigstar \times \bullet}{\blacksquare}$$

⊙ 자연수와 진분수의 곱셈에서 곱은 자연수보다 항상 작습니다.

$$\bigstar \times \frac{\bullet}{\blacksquare} < \bigstar$$

개념확인 1

(자연수)×(진분수) 알아보기(1)

그림을 보고 □ 안에 알맞은 수를 써넣으시오.

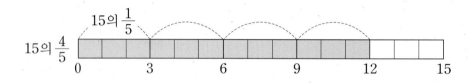

$$15 \times \frac{4}{5} = \left(15 \times \frac{1}{5}\right) \times \square = \frac{15}{5} \times \square = \frac{15 \times \square}{5} = \frac{\square}{5} = \square$$

개념확인 2

(자연수)×(진분수) 알아보기(2)

$2 \times \dfrac{3}{4}$ 을 계산하려고 합니다. □ 안에 알맞은 수를 써넣으시오.

(1) 곱을 구한 다음 약분하여 계산하기

$$2 \times \frac{3}{4} = \frac{2 \times 3}{4} = \frac{\overset{\square}{6}}{\underset{}{4}} = \frac{\square}{2} = \square\frac{\square}{\square}$$

(2) 곱을 구하는 과정에서 약분하여 계산하기

$$2 \times \frac{3}{4} = \frac{\overset{\square}{2 \times 3}}{\underset{\square}{4}} = \frac{\square}{2} = \square\frac{\square}{\square}$$

(3) 주어진 곱셈에서 바로 약분하여 계산하기

$$\overset{}{2} \times \frac{3}{\underset{\square}{4}} = \frac{\square}{2} = \square\frac{\square}{\square}$$

1 수직선을 보고 □ 안에 알맞은 수를 써넣으시오.

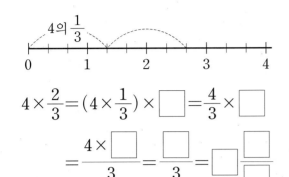

$$4 \times \frac{2}{3} = \left(4 \times \frac{1}{3}\right) \times \boxed{} = \frac{4}{3} \times \boxed{}$$

$$= \frac{4 \times \boxed{}}{3} = \frac{\boxed{}}{3} = \boxed{} \frac{\boxed{}}{\boxed{}}$$

2 $9 \times \frac{5}{6}$ 를 계산하려고 합니다. □ 안에 알맞은 수를 써넣으시오.

(1) $9 \times \frac{5}{6} = \frac{9 \times \boxed{}}{6} = \frac{45}{\underset{\boxed{}}{6}} = \frac{\boxed{}}{2}$

$= \boxed{} \frac{\boxed{}}{\boxed{}}$

(2) $9 \times \frac{5}{6} = \frac{9 \times 5}{\underset{\boxed{}}{6}} = \frac{\boxed{}}{2} = \boxed{} \frac{\boxed{}}{\boxed{}}$

(3) $\overset{\boxed{}}{9} \times \frac{5}{\underset{\boxed{}}{6}} = \frac{\boxed{}}{2} = \boxed{} \frac{\boxed{}}{\boxed{}}$

3 보기 와 같이 계산하시오.

보기

$$\overset{3}{6} \times \frac{3}{\underset{2}{4}} = \frac{9}{2} = 4\frac{1}{2}$$

(1) $12 \times \frac{4}{9}$

(2) $20 \times \frac{3}{5}$

4 계산을 하시오.

(1) $27 \times \frac{2}{9}$ (2) $33 \times \frac{7}{11}$

(3) $16 \times \frac{3}{10}$ (4) $45 \times \frac{5}{36}$

5 □ 안에 알맞은 수를 써넣으시오.

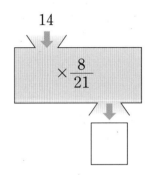

6 ○ 안에 >, <를 알맞게 써넣으시오.

(1) $24 \times \frac{7}{18}$ ○ 24

(2) 25 ○ $25 \times \frac{9}{10}$

7 지혜는 색종이를 36장 가지고 있었습니다. 이 중에서 미술 시간에 종이접기로 전체의 $\frac{5}{9}$ 를 사용했습니다. 지혜가 사용한 색종이는 몇 장입니까?

(   )

○ (자연수)×(대분수)

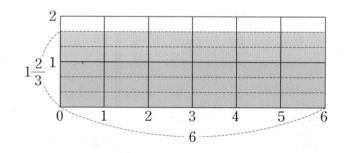

• 대분수를 자연수 부분과 분수 부분으로 나누어 각각 자연수와 곱해 서로 더합니다.

$$8 \times 1\frac{7}{10} = 8 \times (1+\frac{7}{10}) = (8 \times 1) + (\overset{4}{8} \times \frac{7}{\underset{5}{10}})$$

$$= 8 + \frac{28}{5} = 8 + 5\frac{3}{5} = 13\frac{3}{5}$$

• 대분수를 가분수로 고친 후 자연수와 분수를 곱합니다.

$$8 \times 1\frac{7}{10} = \overset{4}{8} \times \frac{17}{\underset{5}{10}} = \frac{68}{5} = 13\frac{3}{5}$$

개념 잡기

○ 자연수와 대분수의 곱셈

$$• \, \bigstar \times \bullet\frac{\blacktriangle}{\blacksquare}$$
$$= (\bigstar \times \bullet) + (\bigstar \times \frac{\blacktriangle}{\blacksquare})$$

$$• \, \bigstar \times \bullet\frac{\blacktriangle}{\blacksquare}$$
$$= \frac{\bigstar \times (\bullet \times \blacksquare + \blacktriangle)}{\blacksquare}$$

개념확인 1

(자연수)×(대분수) 알아보기(1)

그림을 보고 ☐ 안에 알맞은 수를 써넣으시오.

$$6 \times 1\frac{2}{3} = (6 \times \boxed{}) + (\overset{\boxed{}}{6} \times \frac{\boxed{}}{\underset{\boxed{}}{3}}) = \boxed{} + \boxed{} = \boxed{}$$

초록색 부분의 넓이 　　노란색 부분의 넓이

개념확인 2

(자연수)×(대분수) 알아보기(2)

$4 \times 2\frac{1}{6}$ 을 계산하려고 합니다. ☐ 안에 알맞은 수를 써넣으시오.

(1) 대분수를 자연수 부분과 분수 부분으로 나누어 계산하기

$$4 \times 2\frac{1}{6} = 4 \times (2 + \frac{\boxed{}}{6}) = (4 \times \boxed{}) + (\overset{\boxed{}}{4} \times \frac{\boxed{}}{\underset{\boxed{}}{6}}) = \boxed{} + \frac{\boxed{}}{3} = \boxed{}\frac{\boxed{}}{\boxed{}}$$

(2) 대분수를 가분수로 고쳐서 계산하기

$$4 \times 2\frac{1}{6} = 4 \times \frac{\boxed{}}{\underset{\boxed{}}{6}} = \frac{\boxed{}}{3} = \boxed{}\frac{\boxed{}}{\boxed{}}$$

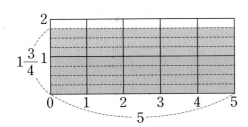

핵심 쏙쏙

기본 문제를 통해 교과서 개념을 다져요.

1 그림을 보고 □ 안에 알맞은 수를 써넣으시오.

$$5 \times 1\frac{3}{4} = \left(5 \times \boxed{}\right) + \left(5 \times \frac{\boxed{}}{4}\right)$$

$$= \boxed{} + \frac{\boxed{}}{4}$$

$$= \boxed{} + \boxed{}\frac{\boxed{}}{4} = \boxed{}\frac{\boxed{}}{\boxed{}}$$

2 $8 \times 2\frac{5}{6}$를 계산하려고 합니다. □ 안에 알맞은 수를 써넣으시오.

(1) $8 \times 2\frac{5}{6} = \left(8 \times \boxed{}\right) + \left(8 \times \frac{\boxed{}}{6}\right)$

$$= \boxed{} + \frac{\boxed{}}{3}$$

$$= \boxed{} + \boxed{}\frac{\boxed{}}{3}$$

$$= \boxed{}\frac{\boxed{}}{\boxed{}}$$

(2) $8 \times 2\frac{5}{6} = 8 \times \frac{\boxed{}}{6} = \frac{\boxed{}}{3}$

$$= \boxed{}\frac{\boxed{}}{\boxed{}}$$

3 보기 와 같이 계산하시오.

보기

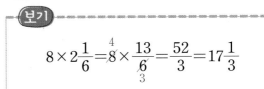

$$8 \times 2\frac{1}{6} = \overset{4}{8} \times \frac{13}{\underset{3}{6}} = \frac{52}{3} = 17\frac{1}{3}$$

(1) $6 \times 3\frac{1}{4}$

(2) $15 \times 2\frac{7}{9}$

4 계산을 하시오.

(1) $5 \times 1\frac{3}{10}$　　　(2) $9 \times 2\frac{1}{12}$

5 관계있는 것끼리 선으로 이으시오.

$12 \times 1\frac{3}{4}$ ·　　· 34

$10 \times 3\frac{2}{5}$ ·　　· 21

$15 \times 2\frac{1}{3}$ ·　　· 35

6 예슬이의 몸무게는 36 kg이고 어머니의 몸무게는 예슬이 몸무게의 $1\frac{5}{8}$배입니다. 어머니의 몸무게는 몇 kg입니까?

(　　　　　　)

유형 ① (진분수)×(자연수) 알아보기

분수의 분자와 자연수를 곱하여 계산합니다.

$$\frac{2}{5} \times 3 = \frac{2 \times 3}{5} = \frac{6}{5} = 1\frac{1}{5}$$

대표유형

1-1 계산을 하시오.

(1) $\frac{3}{8} \times 10$ (2) $\frac{5}{9} \times 12$

(3) $\frac{7}{10} \times 6$ (4) $\frac{13}{21} \times 14$

1-2 빈 곳에 두 수의 곱을 써넣으시오.

1-3 빈칸에 알맞은 수를 써넣으시오.

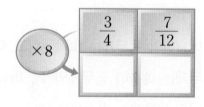

1-4 계산 결과를 비교하여 ○ 안에 >, =, < 를 알맞게 써넣으시오.

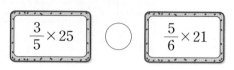

$$\frac{3}{5} \times 25 \qquad \bigcirc \qquad \frac{5}{6} \times 21$$

시험에 잘 나와요

1-5 계산 결과가 자연수가 아닌 것을 모두 고르시오. (   )

① $\frac{4}{7} \times 28$ ② $\frac{2}{9} \times 12$

③ $\frac{3}{10} \times 15$ ④ $\frac{7}{8} \times 24$

⑤ $\frac{5}{12} \times 36$

1-6 꿀벌 한 마리는 하루에 $\frac{3}{8}$ g의 꿀을 얻을 수 있다고 합니다. 꿀벌 18마리가 하루에 얻을 수 있는 꿀은 몇 g입니까?

(   )

잘 틀려요

1-7 정오각형의 한 변은 $\frac{9}{10}$ cm입니다. 이 정오각형의 둘레는 몇 cm입니까?

(   )

2-4 □ 안에 들어갈 수 있는 자연수 중에서 가장 작은 수를 구하시오.

$$1\frac{5}{6}\times3<□$$

(   )

유형 **2** (대분수)×(자연수) 알아보기

- 대분수를 자연수 부분과 분수 부분으로 나누어 각각 자연수를 곱해 서로 더합니다.
- 대분수를 가분수로 고친 후 분수와 자연수를 곱합니다.

대표유형

2-1 계산을 하시오.

(1) $1\frac{1}{2}\times4$ (2) $2\frac{3}{4}\times6$

(3) $2\frac{5}{8}\times10$ (4) $3\frac{2}{9}\times12$

2-5 1분에 $2\frac{3}{10}$ L씩 물이 나오는 수도관이 있습니다. 8분 동안 나오는 물은 몇 L입니까?

(   )

2-6 가영이는 다음 3장의 숫자 카드를 사용하여 가장 큰 대분수를 만들었습니다. 가영이가 만든 대분수의 4배인 수를 구하시오.

(   )

2-2 관계있는 것끼리 선으로 이으시오.

$2\frac{3}{8}\times2$ •   • $12\frac{1}{4}$

$3\frac{1}{16}\times4$ •   • $4\frac{3}{4}$

$1\frac{5}{12}\times9$ •   • $12\frac{3}{4}$

2-7 하루에 $4\frac{2}{3}$분씩 빨리 가는 시계가 있습니다. 이 시계를 오늘 오전 10시에 정확하게 맞추어 놓고 6일 후 오전 10시에 본다면 이 시계가 나타내는 시각은 몇 시 몇 분이겠습니까?

(   )

2-3 계산 결과가 더 큰 것을 찾아 기호를 쓰시오.

㉠ $1\frac{3}{4}\times10$ ㉡ $2\frac{7}{9}\times6$

(   )

유형 **3** (자연수)×(진분수) 알아보기

자연수와 분수의 분자를 곱하여 계산합니다.

$$8 \times \frac{3}{5} = \frac{8 \times 3}{5} = \frac{24}{5} = 4\frac{4}{5}$$

대표유형

3-1 빈 곳에 알맞은 수를 써넣으시오.

(1)
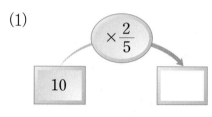

(2)
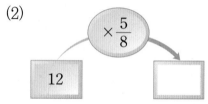

3-2 다음이 나타내는 수를 구하시오.

$$18의 \frac{5}{6}$$

(   )

3-3 빈 곳에 알맞은 수를 써넣으시오.

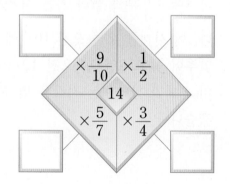

3-4 계산 결과가 가장 큰 것에 ○표 하시오.

| $12 \times \frac{2}{3}$ | $15 \times \frac{4}{9}$ | $20 \times \frac{7}{12}$ |

(   )   (   )   (   )

시험에 잘 나와요

3-5 가영이는 3시간 동안 공부를 하였습니다. 그중에서 수학 문제를 푸는 데 걸린 시간이 전체의 $\frac{1}{6}$이라면 가영이가 수학 문제를 푼 시간은 몇 시간입니까?

(   )

3-6 한별이는 딱지를 54장 가지고 있었습니다. 그중에서 한초에게 $\frac{5}{9}$를 주었습니다. 한별이에게 남은 딱지는 몇 장입니까?

(   )

잘 틀려요

3-7 색칠한 부분의 넓이는 몇 cm^2입니까?

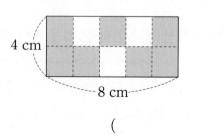

(   )

유형 ④ (자연수)×(대분수) 알아보기

- 대분수를 자연수 부분과 분수 부분으로 나누어 각각 자연수에 곱해 서로 더합니다.
- 대분수를 가분수로 고친 후 자연수와 분수를 곱합니다.

대표유형

4-1 빈칸에 알맞은 수를 써넣으시오.

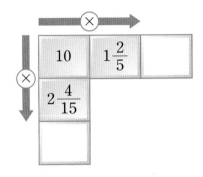

10	$1\frac{2}{5}$	
$2\frac{4}{15}$		

4-2 빈 곳에 알맞은 수를 써넣으시오.

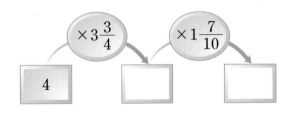

4-3 계산 결과를 비교하여 ○ 안에 >, =, < 를 알맞게 써넣으시오.

$$24의 \frac{9}{10} \bigcirc 10의 2\frac{1}{8}$$

4-4 □ 안에 들어갈 수 있는 자연수를 모두 구하시오.

$$7 \times 1\frac{11}{14} < \square < 8 \times 1\frac{5}{6}$$

(   )

4-5 꽃집에 국화가 36송이 있고 장미가 국화의 $2\frac{3}{4}$배만큼 있습니다. 꽃집에 있는 장미는 몇 송이입니까?

(   )

시험에 잘 나와요

4-6 한 시간에 84 km를 달리는 자동차가 있습니다. 같은 빠르기로 1시간 20분 동안 달린다면 몇 km를 달릴 수 있습니까?

(   )

잘 틀려요

4-7 어떤 수는 32의 $\frac{3}{8}$입니다. 어떤 수의 $1\frac{4}{9}$배는 얼마입니까?

(   )

개념 탄탄   **5. (단위분수)×(단위분수), (진분수)×(단위분수) 알아보기**

교과서 개념을 이해하고 확인 문제를 통해 익혀요.

☞ (단위분수)×(단위분수)

• 분자는 분자끼리, 분모는 분모끼리 곱합니다.

$$\frac{1}{3} \times \frac{1}{2} = \frac{1 \times 1}{3 \times 2} = \frac{1}{6}$$

• 분자는 그대로 두고 분모끼리 곱합니다.

$$\frac{1}{3} \times \frac{1}{2} = \frac{1}{3 \times 2} = \frac{1}{6}$$

☞ (진분수)×(단위분수)

• 분자는 분자끼리, 분모는 분모끼리 곱합니다.

$$\frac{2}{3} \times \frac{1}{5} = \frac{2 \times 1}{3 \times 5} = \frac{2}{15}$$

개·념·잡·기

☞ 단위분수와 단위분수의 곱셈

$$\frac{1}{\bullet} \times \frac{1}{\blacksquare} = \frac{1}{\bullet \times \blacksquare}$$

☞ 단위분수끼리의 곱셈에서 곱은 곱하기 전의 단위분수보다 항상 작습니다.

$$\frac{1}{\bullet} \times \frac{1}{\blacksquare} < \frac{1}{\bullet}$$

$$\frac{1}{\bullet} \times \frac{1}{\blacksquare} < \frac{1}{\blacksquare}$$

개념확인 1

(단위분수)×(단위분수) 알아보기

그림을 보고 ☐ 안에 알맞은 수를 써넣으시오.

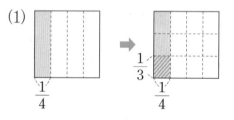

(1)

$$\frac{1}{4} \times \frac{1}{3} = \frac{1}{4 \times \boxed{}} = \frac{1}{\boxed{}}$$

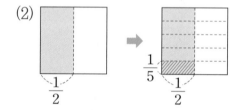

(2)

$$\frac{1}{2} \times \frac{1}{5} = \frac{1}{\boxed{} \times \boxed{}} = \frac{1}{\boxed{}}$$

개념확인 2

(진분수)×(단위분수) 알아보기

그림을 보고 ☐ 안에 알맞은 수를 써넣으시오.

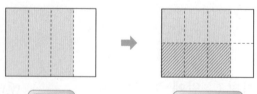

$$\frac{3}{4}$$ $$\frac{3}{4} \times \frac{1}{2}$$

$$\frac{3}{4} \times \frac{1}{2} = \frac{3 \times \boxed{}}{4 \times \boxed{}} = \frac{\boxed{}}{\boxed{}}$$

1 그림을 보고 □ 안에 알맞은 수를 써넣으시오.

(1)

$$\frac{1}{3} \times \frac{1}{7} = \frac{1}{3 \times \boxed{}} = \frac{1}{\boxed{}}$$

(2)

$$\frac{5}{6} \times \frac{1}{4} = \frac{5}{\boxed{} \times \boxed{}} = \frac{5}{\boxed{}}$$

2 □ 안에 알맞은 수를 써넣으시오.

(1) $\dfrac{1}{4} \times \dfrac{1}{9} = \dfrac{1 \times \boxed{}}{\boxed{} \times \boxed{}} = \dfrac{\boxed{}}{\boxed{}}$

(2) $\dfrac{5}{8} \times \dfrac{1}{6} = \dfrac{5 \times \boxed{}}{\boxed{} \times \boxed{}} = \dfrac{\boxed{}}{\boxed{}}$

(3) $\dfrac{1}{7} \times \dfrac{1}{8} = \dfrac{1}{\boxed{} \times \boxed{}} = \dfrac{\boxed{}}{\boxed{}}$

(4) $\dfrac{7}{10} \times \dfrac{1}{5} = \dfrac{7}{\boxed{} \times \boxed{}} = \dfrac{\boxed{}}{\boxed{}}$

3 계산을 하시오.

(1) $\dfrac{1}{9} \times \dfrac{1}{7}$ (2) $\dfrac{1}{6} \times \dfrac{1}{16}$

(3) $\dfrac{3}{11} \times \dfrac{1}{8}$ (4) $\dfrac{5}{12} \times \dfrac{1}{12}$

4 빈 곳에 알맞은 수를 써넣으시오.

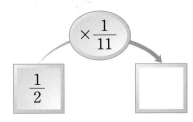

5 빈칸에 알맞은 수를 써넣으시오.

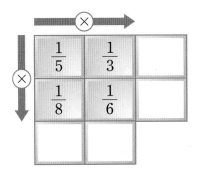

6 ○ 안에 >, <를 알맞게 써넣으시오.

(1) $\dfrac{1}{7} \times \dfrac{1}{6}$ ◯ $\dfrac{1}{6}$

(2) $\dfrac{7}{20}$ ◯ $\dfrac{7}{20} \times \dfrac{1}{9}$

7 우유병에 우유가 $\dfrac{1}{4}$ L 들어 있었습니다. 예슬이가 이 우유의 $\dfrac{1}{2}$ 을 마셨다면 마신 우유는 몇 L입니까?

(   )

교과서 개념을 이해하고 확인 문제를 통해 익혀요.

◐ (진분수)×(진분수)

• 곱을 구한 다음 약분하여 계산하기

$$\frac{3}{10}\times\frac{5}{8}=\frac{3\times5}{10\times8}=\frac{\overset{3}{15}}{\underset{16}{80}}=\frac{3}{16}$$

• 주어진 곱셈에서 바로 약분하여 계산하기

$$\frac{3}{\underset{2}{10}}\times\frac{\overset{1}{5}}{8}=\frac{3}{16}$$

◐ 세 분수의 곱셈

• 곱을 구한 다음 약분하여 계산하기

$$\frac{2}{3}\times\frac{1}{4}\times\frac{5}{7}=\frac{2\times1\times5}{3\times4\times7}=\frac{\overset{5}{10}}{\underset{42}{84}}=\frac{5}{42}$$

• 주어진 곱셈에서 바로 약분하여 계산하기

$$\frac{\overset{1}{2}}{3}\times\frac{1}{\underset{2}{4}}\times\frac{5}{7}=\frac{5}{42}$$

개·념·잡·기

◐ 진분수와 진분수의 곱셈

$$\frac{\bullet}{\blacksquare}\times\frac{\bigstar}{\blacktriangle}=\frac{\bullet\times\bigstar}{\blacksquare\times\blacktriangle}$$

◐ 진분수끼리의 곱셈에서 곱은 곱하기 전의 진분수보다 항상 작습니다.

$$\frac{\bullet}{\blacksquare}\times\frac{\bigstar}{\blacktriangle}<\frac{\bullet}{\blacksquare}$$

$$\frac{\bullet}{\blacksquare}\times\frac{\bigstar}{\blacktriangle}<\frac{\bigstar}{\blacktriangle}$$

개념확인 1

(진분수)×(진분수) 알아보기

그림을 보고 ☐ 안에 알맞은 수를 써넣으시오.

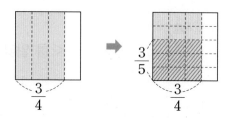

$$\frac{3}{4}\times\frac{3}{5}=\frac{3\times\boxed{}}{4\times5}=\frac{\boxed{}}{\boxed{}}$$

개념확인 2

세 분수의 곱셈

그림을 보고 ☐ 안에 알맞은 수를 써넣으시오.

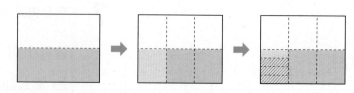

$$\frac{1}{2}\times\frac{1}{3}\times\frac{3}{4}=\frac{1\times1\times\boxed{}}{2\times\boxed{}\times\boxed{}}=\frac{\boxed{}}{24}=\frac{\boxed{}}{8}$$

Step 2 핵심 쏙쏙

기본 문제를 통해 교과서 개념을 다져요.

1 그림을 보고 □ 안에 알맞은 수를 써넣으시오.

$$\frac{4}{5} \times \frac{2}{3} = \frac{\boxed{} \times 2}{5 \times \boxed{}} = \frac{\boxed{}}{\boxed{}}$$

2 $\frac{3}{8} \times \frac{4}{7}$ 를 계산하려고 합니다. □ 안에 알맞은 수를 써넣으시오.

(1) $\frac{3}{8} \times \frac{4}{7} = \frac{3 \times 4}{8 \times 7} = \frac{\boxed{}}{56} = \frac{\boxed{}}{\boxed{}}$

(2) $\frac{3}{8} \times \frac{4}{7} = \frac{3 \times \cancel{4}}{\cancel{8} \times 7} = \frac{\boxed{}}{\boxed{}}$

(3) $\frac{3}{8} \times \frac{\cancel{4}}{7} = \frac{\boxed{}}{\boxed{}}$

3 보기 와 같이 계산하시오.

보기
$$\frac{\cancel{2}^{1}}{5} \times \frac{3}{\cancel{8}_{4}} = \frac{3}{20}$$

(1) $\frac{5}{6} \times \frac{3}{10}$

(2) $\frac{4}{11} \times \frac{7}{20}$

4 계산을 하시오.

(1) $\frac{3}{4} \times \frac{3}{5}$ (2) $\frac{9}{10} \times \frac{7}{8}$

(3) $\frac{5}{8} \times \frac{14}{15}$ (4) $\frac{18}{35} \times \frac{5}{24}$

5 계산을 하시오.

$$\frac{2}{7} \times \frac{3}{4} \times \frac{1}{2}$$

(   )

6 빈 곳에 알맞은 수를 써넣으시오.

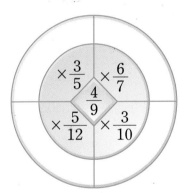

7 색 테이프 $\frac{7}{8}$ m의 $\frac{4}{5}$ 를 가지고 선물을 포장하였습니다. 선물을 포장하는 데 사용한 색 테이프는 몇 m입니까?

(   )

Step 1 · 개념 탄탄 · 7. (대분수)×(대분수) 알아보기

교과서 개념을 이해하고 확인 문제를 통해 익혀요.

⟳ (대분수)×(대분수)

대분수를 가분수로 고친 후 분모는 분모끼리, 분자는 분자끼리 곱합니다.

$$2\frac{1}{4} \times 1\frac{2}{3} = \frac{9}{4} \times \frac{\overset{3}{\cancel{5}}}{\underset{1}{\cancel{3}}} = \frac{15}{4} = 3\frac{3}{4}$$

개·념·잡·기

⟳ 계산 결과가 약분이 되면 약분하여 기약분수로 나타내고 가분수이면 대분수로 고칩니다.

개념확인 1

(대분수)×(대분수) 계산하기(1)

오른쪽 그림을 보고 물음에 답하시오.

(1) 실선으로 둘러싸인 큰 모눈 한 칸이 1일 때 점선으로 둘러싸인 작은 모눈 한 칸은 얼마입니까?

(   )

(2) 색칠한 부분은 작은 모눈으로 모두 몇 칸입니까?

(   )

(3) 색칠한 부분을 기약분수로 나타내시오.

(   )

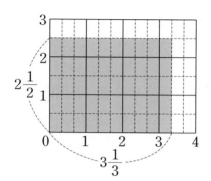

(4) ☐ 안에 알맞은 수를 써넣으시오.

$$3\frac{1}{3} \times 2\frac{1}{2} = \frac{\Box}{3} \times \frac{\Box}{2} = \frac{\Box}{6} = \frac{\Box}{3} = \Box\frac{\Box}{\Box}$$

개념확인 2

(대분수)×(대분수) 계산하기(2)

$4\frac{2}{3} \times 2\frac{3}{4}$ 을 계산하려고 합니다. ☐ 안에 알맞은 수를 써넣으시오.

(1) 가분수로 고쳐서 계산한 후 약분하기

$$4\frac{2}{3} \times 2\frac{3}{4} = \frac{\Box}{3} \times \frac{\Box}{4} = \frac{\Box \times \Box}{3 \times 4} = \frac{\Box}{12} = \frac{\Box}{6} = \Box\frac{\Box}{\Box}$$

(2) 가분수로 고쳐서 약분한 후 계산하기

$$4\frac{2}{3} \times 2\frac{3}{4} = \frac{14}{3} \times \frac{\Box}{\underset{\Box}{\cancel{4}}} = \frac{\Box}{6} = \Box\frac{\Box}{\Box}$$

Step 2 핵심 쏙쏙

기본 문제를 통해 교과서 개념을 다져요.

1 그림을 보고 ☐ 안에 알맞은 수를 써넣으시오.

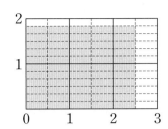

$$2\frac{1}{2} \times 1\frac{5}{6} = \frac{\boxed{}}{2} \times \frac{\boxed{}}{6} = \frac{\boxed{} \times \boxed{}}{2 \times 6}$$

$$= \frac{\boxed{}}{12} = \boxed{}\frac{\boxed{}}{\boxed{}}$$

2 ☐ 안에 알맞은 수를 써넣으시오.

(1) $1\frac{2}{3} \times 3\frac{3}{4} = \frac{\boxed{}}{\underset{3}{\cancel{\boxed{}}}} \times \frac{\overset{\boxed{}}{\cancel{15}}}{\boxed{}}$

$$= \frac{\boxed{}}{4} = \boxed{}\frac{\boxed{}}{\boxed{}}$$

(2) $3\frac{3}{5} \times 2\frac{5}{8} = \frac{\overset{\boxed{}}{\cancel{18}}}{\boxed{}} \times \frac{\boxed{}}{\underset{\boxed{}}{\cancel{8}}}$

$$= \frac{\boxed{}}{20} = \boxed{}\frac{\boxed{}}{\boxed{}}$$

3 보기 와 같이 계산하시오.

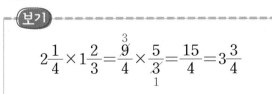

보기
$$2\frac{1}{4} \times 1\frac{2}{3} = \frac{\overset{3}{\cancel{9}}}{4} \times \frac{5}{\underset{1}{\cancel{3}}} = \frac{15}{4} = 3\frac{3}{4}$$

(1) $1\frac{5}{6} \times 3\frac{1}{3}$

(2) $2\frac{1}{7} \times 2\frac{4}{5}$

4 계산을 하시오.

(1) $4\frac{1}{2} \times 2\frac{2}{7}$ (2) $3\frac{4}{9} \times 2\frac{5}{8}$

(3) $1\frac{3}{4} \times 3\frac{3}{5}$ (4) $2\frac{7}{12} \times 5\frac{1}{3}$

5 빈 곳에 알맞은 수를 써넣으시오.

(1)
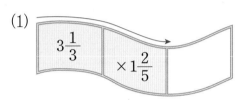

(2)
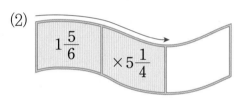

6 한 변이 다음과 같은 정사각형 모양의 색종이가 있습니다. 이 색종이의 넓이는 몇 cm² 입니까?

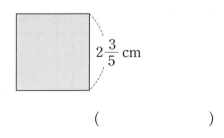

(   )

유형 ⑤ (단위분수)×(단위분수), (진분수)×(단위분수) 알아보기

• (단위분수)×(단위분수)

분자는 그대로 두고 분모끼리 곱합니다.

$$\frac{1}{3} \times \frac{1}{4} = \frac{1}{3 \times 4} = \frac{1}{12}$$

• (진분수)×(단위분수)

분자는 분자끼리, 분모는 분모끼리 곱합니다.

$$\frac{3}{4} \times \frac{1}{2} = \frac{3 \times 1}{4 \times 2} = \frac{3}{8}$$

5-1 □ 안에 알맞은 수를 써넣으시오.

(1) $\dfrac{1}{3} \times \dfrac{1}{5} = \dfrac{1}{\Box \times \Box} = \dfrac{1}{\Box}$

(2) $\dfrac{2}{3} \times \dfrac{1}{4} = \dfrac{\Box \times 1}{\Box \times \Box} = \dfrac{\Box}{12} = \dfrac{\Box}{6}$

5-2 계산을 하시오.

(1) $\dfrac{1}{2} \times \dfrac{1}{5}$

(2) $\dfrac{1}{4} \times \dfrac{1}{8}$

(3) $\dfrac{4}{7} \times \dfrac{1}{9}$

(4) $\dfrac{5}{6} \times \dfrac{1}{10}$

5-3 □ 안에 알맞은 수를 써넣으시오.

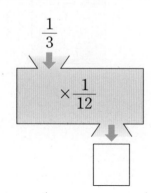

$\dfrac{1}{3}$

$\times \dfrac{1}{12}$

5-4 빈 곳에 알맞은 수를 써넣으시오.

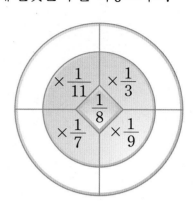

$\times \dfrac{1}{11}$ $\times \dfrac{1}{3}$ $\dfrac{1}{8}$ $\times \dfrac{1}{7}$ $\times \dfrac{1}{9}$

5-5 ㉠과 ㉡의 차를 구하시오.

$$\frac{1}{6} \times \frac{1}{7} = \frac{1}{㉠} \qquad \frac{1}{12} \times \frac{1}{5} = \frac{1}{㉡}$$

(   )

5-6 계산 결과를 비교하여 ○ 안에 >, =, < 를 알맞게 써넣으시오.

(1) $\dfrac{1}{5} \times \dfrac{1}{11}$ ○ $\dfrac{1}{9} \times \dfrac{1}{4}$

(2) $\dfrac{3}{10} \times \dfrac{1}{7}$ ○ $\dfrac{3}{13} \times \dfrac{1}{6}$

5-7 밀가루가 $\dfrac{1}{10}$ kg 있었습니다. 그중에서 $\dfrac{1}{4}$ 을 사용했다면 사용한 밀가루는 몇 kg입니까?

(   )

유형 6 (진분수)×(진분수) 알아보기

분자는 분자끼리, 분모는 분모끼리 곱합니다.

- $\dfrac{3}{5} \times \dfrac{3}{4} = \dfrac{3 \times 3}{5 \times 4} = \dfrac{9}{20}$

- $\dfrac{5}{6} \times \dfrac{2}{5} \times \dfrac{1}{4} = \dfrac{5 \times 2 \times 1}{6 \times 5 \times 4} = \dfrac{10}{120} = \dfrac{1}{12}$

대표유형

6-1 계산을 하시오.

(1) $\dfrac{3}{5} \times \dfrac{2}{3}$ (2) $\dfrac{4}{7} \times \dfrac{2}{5}$

(3) $\dfrac{7}{10} \times \dfrac{3}{4}$ (4) $\dfrac{11}{12} \times \dfrac{6}{7}$

6-2 보기와 같이 계산하시오.

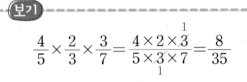

보기

$$\dfrac{4}{5} \times \dfrac{2}{3} \times \dfrac{\overset{1}{3}}{7} = \dfrac{4 \times 2 \times \overset{1}{3}}{5 \times \underset{1}{3} \times 7} = \dfrac{8}{35}$$

(1) $\dfrac{5}{6} \times \dfrac{1}{4} \times \dfrac{3}{7}$

(2) $\dfrac{7}{8} \times \dfrac{3}{7} \times \dfrac{1}{2}$

6-3 빈 곳에 알맞은 수를 써넣으시오.

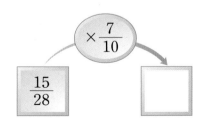

6-4 빈칸에 알맞은 수를 써넣으시오.

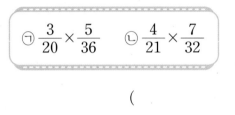

×	$\dfrac{9}{11}$	$\dfrac{2}{15}$
$\dfrac{5}{6}$		
$\dfrac{11}{12}$		

6-5 ㉠과 ㉡의 합을 구하시오.

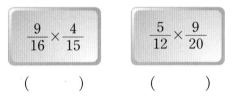

㉠ $\dfrac{3}{20} \times \dfrac{5}{36}$ ㉡ $\dfrac{4}{21} \times \dfrac{7}{32}$

( )

6-6 계산 결과가 더 큰 것에 ○표 하시오.

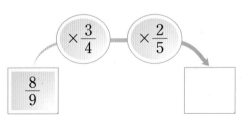

$\dfrac{9}{16} \times \dfrac{4}{15}$ $\dfrac{5}{12} \times \dfrac{9}{20}$

( )   ( )

6-7 빈 곳에 알맞은 수를 써넣으시오.

시험에 잘 나와요

6-8 계산 결과가 가장 작은 것은 어느 것입니까? (　　　)

① $\dfrac{4}{9} \times \dfrac{9}{10}$　　　② $\dfrac{7}{10} \times \dfrac{2}{7}$

③ $\dfrac{9}{10} \times \dfrac{2}{3}$　　　④ $\dfrac{6}{7} \times \dfrac{14}{15}$

⑤ $\dfrac{11}{20} \times \dfrac{8}{11}$

6-9 색 테이프를 똑같이 9등분 하였습니다. 색칠한 부분의 길이는 몇 m입니까?

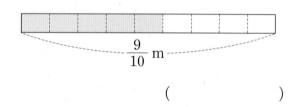

$\dfrac{9}{10}$ m

(　　　　　　　)

6-10 가로가 $\dfrac{7}{10}$ m이고 세로가 $\dfrac{18}{25}$ m인 직사각형의 넓이는 몇 m²입니까?

(　　　　　　　)

6-11 지혜는 선물을 포장하는 데 리본 $\dfrac{9}{10}$ m 중에서 $\dfrac{2}{3}$를 사용하였습니다. 선물을 포장하는 데 사용한 리본은 몇 m입니까?

(　　　　　　　)

유형 **7** (대분수)×(대분수) 알아보기

대분수를 가분수로 고친 후 분모는 분모끼리, 분자는 분자끼리 곱합니다.

$$2\dfrac{1}{5} \times 1\dfrac{1}{4} = \dfrac{11}{\overset{}{\underset{1}{5}}} \times \dfrac{\overset{1}{5}}{4} = \dfrac{11}{4} = 2\dfrac{3}{4}$$

7-1 $2\dfrac{2}{3} \times 1\dfrac{2}{5}$에 알맞게 색칠하고 □ 안에 알맞은 수를 써넣으시오.

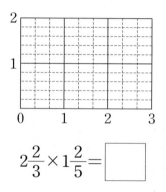

$2\dfrac{2}{3} \times 1\dfrac{2}{5} = \boxed{}$

7-2 □ 안에 알맞은 수를 써넣으시오.

(1) $2\dfrac{2}{3} \times 1\dfrac{1}{4} = \dfrac{\boxed{}}{3} \times \dfrac{\boxed{}}{4}$

$= \dfrac{\boxed{}}{12} = \dfrac{\boxed{}}{3} = \boxed{}\dfrac{\boxed{}}{3}$

(2) $1\dfrac{4}{5} \times 2\dfrac{1}{3} = \dfrac{9}{5} \times \dfrac{\boxed{}}{\underset{\boxed{}}{3}}$

$= \dfrac{\boxed{}}{5} = \boxed{}\dfrac{\boxed{}}{5}$

7-3 다음을 식으로 나타내고 답을 구하시오.

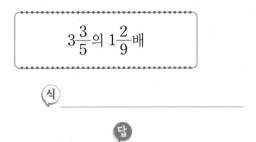

$3\frac{3}{5}$의 $1\frac{2}{9}$배

식 _____

답 _____

7-4 빈 곳에 두 수의 곱을 써넣으시오.

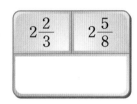

$2\frac{2}{3}$ | $2\frac{5}{8}$

7-5 관계있는 것끼리 선으로 이으시오.

$3\frac{3}{4} \times 2\frac{2}{3}$ ·

$2\frac{2}{5} \times 2\frac{1}{4}$ ·

$4\frac{2}{7} \times 1\frac{5}{9}$ ·

· $6\frac{2}{3}$

· 10

· $5\frac{2}{5}$

7-6 계산 결과를 비교하여 ○ 안에 >, =, < 를 알맞게 써넣으시오.

$4\frac{1}{6} \times 1\frac{4}{5}$ ○ $1\frac{3}{7} \times 5\frac{1}{4}$

7-7 어느 것이 몇 cm² 더 넓습니까?

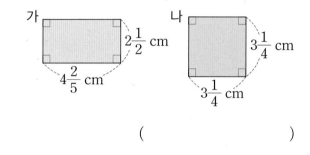

가 $2\frac{1}{2}$ cm $4\frac{2}{5}$ cm

나 $3\frac{1}{4}$ cm $3\frac{1}{4}$ cm

( )

7-8 예슬이의 가방 무게는 $2\frac{3}{5}$ kg이고 동민이의 가방 무게는 예슬이 가방 무게의 $1\frac{1}{4}$배입니다. 동민이의 가방 무게는 몇 kg입니까?

( )

시험에 잘 나와요

7-9 어떤 수를 $2\frac{5}{8}$로 나누었더니 $2\frac{2}{9}$가 되었습니다. 어떤 수는 얼마입니까?

( )

1 ㉠과 ㉡의 합을 구하시오.

$$㉠ \frac{2}{3} \times 8 \qquad ㉡ 1\frac{2}{9} \times 12$$

(   )

2 정육각형의 둘레는 몇 cm입니까?

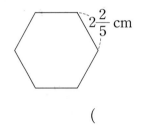

(   )

新 경향문제

3 다음 중 잘못 계산한 것을 찾아 기호를 쓰고, 옳게 고쳐보시오.

$$㉠ 1\frac{3}{5} \times 2 = \frac{8}{5} \times 2 = \frac{16}{5} = 3\frac{1}{5}$$

$$㉡ 2\frac{1}{4} \times 3 = (2 \times 3) + (\frac{1}{4} \times 3)$$
$$= 6 + \frac{3}{4} = 6\frac{3}{4}$$

$$㉢ 1\frac{3}{7} \times 4 = 1\frac{3 \times 4}{7} = 1\frac{12}{7} = 2\frac{5}{7}$$

➡ _____

_____

4 □ 안에 들어갈 수 있는 자연수 중 가장 작은 수를 구하시오.

$$3\frac{3}{8} \times 16 < \square$$

(   )

5 분수의 곱셈식에 알맞은 문제를 만들고 풀어보시오.

$$\frac{3}{8} \times 5$$

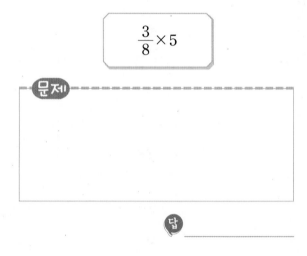

문제

답 _____

6 $3 \times 1\frac{1}{4}$ 을 서로 다른 2가지 방법으로 계산하시오.

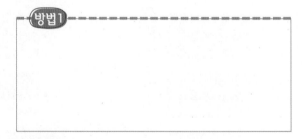

방법1

방법2

7 ㉠×㉡은 얼마입니까?

㉠ $15 \times \frac{2}{3}$ ㉡ $4 \times \frac{3}{5}$

(   )

8 다음 중 옳게 말한 친구는 누구입니까?

한별 : 1시간의 $\frac{1}{4}$은 20분이야.

예슬 : 1 L의 $\frac{1}{5}$은 200 mL야.

석기 : 1 m의 $\frac{1}{2}$은 80 cm야.

(   )

9 6에 어떤 진분수를 곱하였을 때 나올 수 없는 수를 찾아 기호를 쓰시오.

㉠ $\frac{1}{5}$ ㉡ $\frac{7}{24}$ ㉢ $5\frac{1}{2}$ ㉣ $6\frac{1}{3}$

(   )

10 어떤 수는 64의 $\frac{3}{8}$입니다. 어떤 수의 $\frac{1}{6}$은 얼마입니까?

(   )

11 75 cm 높이에서 공을 떨어뜨렸습니다. 공이 땅에 닿으면 떨어진 높이의 $\frac{2}{3}$만큼 튀어 오릅니다. 공이 땅에 한 번 닿았다가 튀어 올랐을 때의 높이는 몇 cm입니까?

(   )

12 1분 동안 30 L의 물이 나오는 수도꼭지가 있습니다. 이 수도꼭지에서 90초 동안 나오는 물의 양은 몇 L입니까?

(   )

13 신영이는 색종이 40장 중 $\frac{1}{4}$을 어제 사용했습니다. 그리고 남은 색종이의 $\frac{1}{3}$을 오늘 사용했습니다. 어제와 오늘 사용한 색종이는 모두 몇 장입니까?

(   )

14 동민이는 문구점에서 1 m에 200원 하는 철사를 $2\frac{2}{5}$ m 샀습니다. 철사의 값은 얼마입니까?

(   )

15 영수는 하루 24시간 중 $\frac{1}{4}$을 학교에서 생활하고, 그중 $\frac{2}{3}$는 공부를 합니다. 영수가 학교에서 공부하는 시간은 몇 시간입니까?

(   )

16 계산 결과가 가장 큰 것은 어느 것입니까?

(   )

① $\frac{1}{5} \times \frac{1}{13}$ ② $\frac{1}{9} \times \frac{1}{10}$

③ $\frac{1}{11} \times \frac{1}{8}$ ④ $\frac{1}{15} \times \frac{1}{3}$

⑤ $\frac{1}{20} \times \frac{1}{4}$

17 □ 안에 들어갈 수 있는 자연수는 모두 몇 개입니까?

$$\frac{1}{28} < \frac{1}{7} \times \frac{1}{\square}$$

(   )

新 경향문제

18 웅이는 어제 책을 한 권 사서 전체의 $\frac{3}{4}$을 읽었습니다. 그리고 오늘은 어제 읽고 난 나머지의 $\frac{1}{5}$을 읽었습니다. 오늘 읽은 부분은 전체의 얼마입니까?

(   )

19 □ 안에 들어갈 수 있는 단위분수 중에서 분모가 10보다 작은 수를 구하시오.

$$\square < \frac{11}{24} \times \frac{3}{11}$$

(   )

20 효근이네 학교에 남학생은 전체의 $\frac{3}{5}$이고, 여학생의 $\frac{1}{4}$은 피구를 좋아합니다. 효근이네 학교에서 피구를 좋아하는 여학생은 전체 학생의 얼마입니까?

(   )

21 가장 큰 수와 가장 작은 수의 곱을 구하시오.

$$5\frac{1}{10} \quad 1\frac{7}{8} \quad 1\frac{4}{5} \quad 1\frac{2}{3} \quad 2\frac{3}{4}$$

(   )

22 계산 결과가 가장 큰 것부터 차례로 기호를 쓰시오.

㉠ $1\frac{3}{10} \times 1\frac{7}{13}$ ㉡ $1\frac{7}{8} \times 2\frac{2}{3}$

㉢ $2\frac{1}{5} \times 2\frac{8}{11}$ ㉣ $2\frac{1}{3} \times 1\frac{2}{7}$

(   )

23 가영이는 한 시간에 $3\frac{1}{5}$km를 걷는다고 합니다. 같은 빠르기로 2시간 45분 동안 걷는다면 몇 km를 걸을 수 있습니까?

(   )

24 다음 3장의 숫자 카드를 사용하여 가장 큰 대분수와 가장 작은 대분수를 만들었습니다. 만든 두 수의 곱을 구하시오.

3		7		9

(   )

25 놀이판에서 계산 결과가 5보다 크면 위쪽으로, 5보다 작으면 오른쪽으로 가는 규칙을 정했습니다. 규형이가 이 놀이를 할 때 어느 과일을 가지게 되겠습니까?

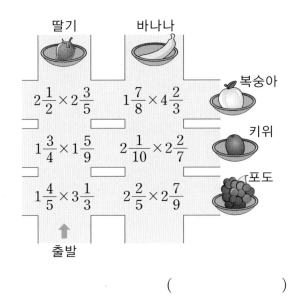

(   )

26 관계있는 것끼리 선으로 이으시오.

$$10 \times \frac{3}{4} \times \frac{1}{2} \qquad 4 \times \frac{3}{10} \times 1\frac{7}{8}$$

$$2\frac{1}{4} \qquad 2\frac{3}{4} \qquad 3\frac{1}{4} \qquad 3\frac{3}{4}$$

27 계산 결과가 가장 작은 것을 찾아 기호를 쓰시오.

㉠ $\frac{4}{5} \times \frac{10}{11} \times 22$

㉡ $7\frac{1}{2} \times \frac{3}{5} \times 5\frac{1}{3}$

㉢ $8\frac{1}{6} \times 1\frac{1}{7} \times 1\frac{3}{4}$

(   )

28 아버지는 주스를 $1\frac{3}{4}$L 마셨고 어머니는 아버지께서 드신 주스의 $\frac{2}{7}$만큼 마셨습니다. 지혜는 어머니께서 마신 주스의 $1\frac{1}{5}$배 만큼 마셨다면 지혜가 마신 주스는 몇 L입니까?

(   )

1 물이 1분에 $6\frac{1}{2}$ L씩 나오는 수도가 있습니다. 이 수도로 3분씩 4번 물을 받았습니다. 받은 물은 모두 몇 L인지 풀이 과정을 쓰고 답을 구하시오.

풀이 물을 받은 시간이 $3 \times \boxed{} = \boxed{}$ (분)

이므로 받은 물은 모두

$6\frac{1}{2} \times \boxed{} = \dfrac{\boxed{}}{2} \times \boxed{} = \boxed{}$ (L)

입니다.

답 $\underline{\boxed{}\ \text{L}}$

2 어느 놀이공원의 입장료는 5000원입니다. 할인 기간에는 전체 입장료의 $\frac{4}{5}$만큼만 내면 된다고 합니다. 할인 기간에 3명이 입장하려면 얼마를 내야 하는지 풀이 과정을 쓰고 답을 구하시오.

풀이 3명의 전체 입장료는

$5000 \times \boxed{} = \boxed{}$ (원)이므로

할인 기간에는 $\boxed{} \times \dfrac{4}{5} = \boxed{}$ (원)

을 내야 합니다.

답 $\underline{\boxed{}\ \text{원}}$

1-1 물이 1분에 $8\frac{1}{4}$ L씩 나오는 수도가 있습니다. 이 수도로 5분씩 2번 물을 받았습니다. 받은 물은 모두 몇 L인지 풀이 과정을 스고 답을 구하시오.

풀이 따라하기 _____

_____

_____

_____

답 _____

2-1 어느 놀이공원의 입장료는 8000원입니다. 할인 기간에는 전체 입장료의 $\frac{3}{5}$만큼만 내면 된다고 합니다. 할인 기간에 6명이 입장하려면 얼마를 내야 하는지 풀이 과정을 쓰고 답을 구하시오.

풀이 따라하기 _____

_____

_____

_____

_____

답 _____

3 가영이는 20분에 $\frac{4}{5}$ km를 걷는다고 합니다. 가영이가 같은 빠르기로 $1\frac{3}{4}$시간 동안 걷는다면 몇 km를 걸을 수 있는지 풀이 과정을 쓰고 답을 구하시오.

풀이 (1시간 동안 걷는 거리)

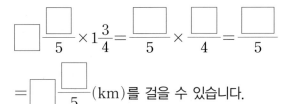

$$=\frac{4}{5}\times 3=\frac{\boxed{}}{5}=\boxed{}\frac{\boxed{}}{5}\,(km)$$

따라서 가영이는 $1\frac{3}{4}$시간 동안

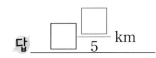

$$\boxed{}\frac{\boxed{}}{5}\times 1\frac{3}{4}=\frac{\boxed{}}{5}\times\frac{\boxed{}}{4}=\frac{\boxed{}}{5}$$

$$=\boxed{}\frac{\boxed{}}{5}\,(km)를 걸을 수 있습니다.$$

답 $\boxed{}\dfrac{\boxed{}}{5}$ km

3-1 효근이는 30분에 $1\frac{4}{5}$ km를 걷는다고 합니다. 효근이가 같은 빠르기로 $2\frac{1}{6}$시간 동안 걷는다면 몇 km를 걸을 수 있는지 풀이 과정을 쓰고 답을 구하시오.

풀이 따라하기 _____

_____

_____

_____

답 _____

4 벽에 한 변이 $4\frac{1}{2}$ cm인 정사각형 모양의 타일 12장을 겹치지 않게 이어 붙였습니다. 타일이 붙어 있는 벽의 넓이는 몇 cm²인지 풀이 과정을 쓰고 답을 구하시오.

풀이 타일 한 장의 넓이는 $\left(4\frac{1}{2}\times 4\frac{1}{2}\right)$ cm²입니다. 따라서 타일 12장이 붙어 있는 벽의 넓이는

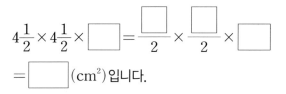

$$4\frac{1}{2}\times 4\frac{1}{2}\times\boxed{}=\frac{\boxed{}}{2}\times\frac{\boxed{}}{2}\times\boxed{}$$

$$=\boxed{}\,(cm^2)입니다.$$

답 $\boxed{}$ cm²

4-1 벽에 한 변이 $5\frac{2}{5}$ cm인 정사각형 모양의 타일 15장을 겹치지 않게 이어 붙였습니다. 타일이 붙어 있는 벽의 넓이는 몇 cm² 인지 풀이 과정을 쓰고 답을 구하시오.

풀이 따라하기 _____

_____

_____

_____

답 _____

점수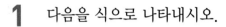

1 다음을 식으로 나타내시오.

(1) 4의 $\frac{1}{2}$ ➡ (   )

(2) $\frac{5}{9}$의 $\frac{3}{10}$ ➡ (   )

2 계산을 하시오.

(1) $\frac{7}{8} \times 12$ (2) $2\frac{1}{5} \times 45$

(3) $\frac{4}{7} \times \frac{5}{8}$ (4) $3\frac{1}{3} \times 3\frac{3}{5}$

3 계산이 <u>잘못된</u> 것을 찾아 기호를 쓰시오.

> ㉠ $\frac{3}{10} \times 4 = 1\frac{1}{5}$
>
> ㉡ $4 \times 2\frac{1}{2} = 10$
>
> ㉢ $\frac{2}{9} \times 1\frac{1}{2} = 1\frac{1}{9}$
>
> ㉣ $2\frac{1}{2} \times 4\frac{1}{6} = 10\frac{5}{12}$

(   )

4 세 수의 곱을 구하시오.

| $4\frac{3}{7}$ | 42 | $\frac{5}{6}$ |

(   )

5 계산 결과를 비교하여 ○ 안에 >, =, < 를 알맞게 써넣으시오.

(1) $6 \times \frac{2}{9}$ ◯ $8 \times \frac{3}{10}$

(2) $\frac{9}{16} \times 20$ ◯ $\frac{16}{25} \times 15$

6 빈칸에 알맞은 수를 써넣으시오.

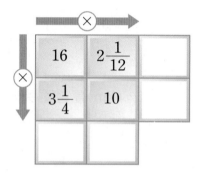

7 오른쪽 정사각형의 둘레는 몇 m입니까?

(   )

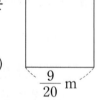

$\frac{9}{20}$ m

8 학교 운동장에 학생들이 42명 있습니다. 이 중에서 $\frac{5}{14}$가 축구를 하고 있다면 축구를 하고 있는 학생은 몇 명입니까?

(   )

9 한별이네 집에는 매일 $1\frac{4}{5}$ L짜리 우유가 배달됩니다. 3주일 동안 배달된 우유는 모두 몇 L입니까?

(   )

10 관계있는 것끼리 선으로 이으시오.

$\frac{1}{12}\times\frac{1}{4}$ ·   · $\frac{1}{10}\times\frac{1}{9}$

$\frac{1}{21}\times\frac{1}{6}$ ·   · $\frac{1}{3}\times\frac{1}{16}$

$\frac{1}{18}\times\frac{1}{5}$ ·   · $\frac{1}{9}\times\frac{1}{14}$

11 계산 결과가 $\frac{3}{5}$보다 큰 것을 찾아 기호를 쓰시오.

㉠ $\frac{2}{9}\times\frac{3}{5}$ ㉡ $\frac{5}{6}\times\frac{8}{15}$

㉢ $\frac{5}{16}\times\frac{14}{25}$ ㉣ $\frac{11}{12}\times\frac{15}{22}$

(   )

12 계산 결과가 자연수인 것은 어느 것입니까? (   )

① $2\frac{1}{4}\times3\frac{3}{5}$ ② $1\frac{5}{6}\times1\frac{2}{3}$

③ $3\frac{1}{7}\times4\frac{3}{8}$ ④ $2\frac{2}{9}\times1\frac{4}{5}$

⑤ $1\frac{1}{15}\times2\frac{7}{10}$

13 빈 곳에 알맞은 수를 써넣으시오.

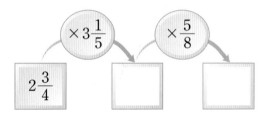

14 계산 결과가 가장 큰 것을 찾아 기호를 쓰시오.

㉠ $\frac{9}{10}\times\frac{5}{24}\times\frac{32}{45}$

㉡ $\frac{1}{3}\times12\times\frac{1}{6}$

㉢ $\frac{5}{7}\times\frac{2}{15}\times\frac{7}{10}$

(   )

15 미술관에 있는 학생들 중 $\frac{3}{4}$은 남학생이고 그중에서 $\frac{7}{9}$은 안경을 썼다고 합니다. 안경을 쓴 남학생은 전체의 얼마입니까?

(   )

16 고양이의 무게는 $3\frac{1}{8}$ kg이고 강아지의 무게는 고양이 무게의 $2\frac{4}{5}$배라고 합니다. 강아지의 무게는 몇 kg입니까?

(   )

17 웅이는 넓이가 800 cm²인 도화지에 가족 신문을 만들었습니다. 가족 신문 전체의 $\frac{3}{5}$에 가족 소개를 썼고 그중에서 $\frac{1}{6}$에 가족 사진을 붙였습니다. 가족 사진을 붙인 도화지의 넓이는 몇 cm²입니까?

(   )

18 어떤 수는 81의 $\frac{4}{9}$입니다. 어떤 수의 $1\frac{3}{8}$배는 얼마입니까?

(   )

19 □ 안에 들어갈 수 있는 자연수들의 합을 구하시오.

$$\frac{1}{\square} \times \frac{1}{11} > \frac{1}{40}$$

(   )

20 직사각형에서 색칠한 부분의 넓이는 몇 cm²입니까?

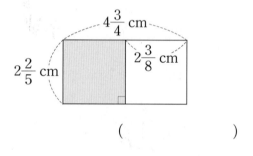

(   )

21 가영이는 어머니께 용돈으로 6000원을 받았습니다. 용돈의 $\frac{1}{4}$로 수첩을 사고 나머지의 $\frac{3}{5}$은 저금을 하였습니다. 가영이가 저금한 돈은 얼마입니까?

(   )

서술형

22 물통에 물이 $3\frac{3}{4}$ L 들어 있었습니다. 이 물의 $\frac{2}{5}$를 썼다면 남은 물은 몇 L인지 풀이 과정을 쓰고 답을 구하시오.

풀이

답

23 □ 안에 들어갈 수 있는 자연수는 모두 몇 개인지 풀이 과정을 쓰고 답을 구하시오.

$$8 \times 4\frac{5}{6} < \square < 9 \times 4\frac{7}{12}$$

풀이

답

24 $6\frac{1}{9} \times \frac{14}{33} \times 1\frac{2}{7}$는 얼마인지 2가지 방법으로 설명하시오.

풀이

25 하루에 $2\frac{2}{5}$분씩 늦게 가는 시계가 있습니다. 이 시계를 오늘 정오에 정확하게 맞추어 놓고 5일 후 정오에 본다면 이 시계가 나타내는 시각은 몇 시 몇 분인지 풀이 과정을 쓰고 답을 구하시오.

풀이

답

 가로가 30 cm이고, 세로가 15 cm인 모눈종이입니다. 물음에 답하시오. [1~5]

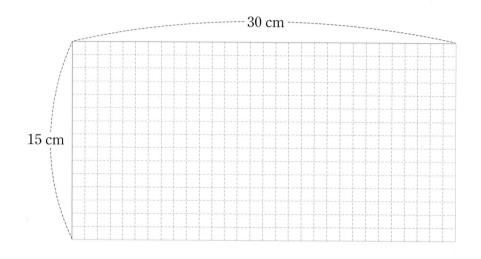

1 모눈종이의 넓이를 구하시오.

( )

2 직사각형 모양인 ㉠의 넓이는 전체 모눈종이의 넓이의 $\frac{1}{3}$입니다. ㉠을 모눈종이에 나타내어 색칠해 보시오.

3 직사각형 모양인 ㉡의 넓이는 ㉠을 제외한 나머지 넓이의 $\frac{1}{5}$입니다. ㉡을 모눈종이에 나타내어 색칠해 보시오.

4 직사각형 모양인 ㉢의 넓이는 ㉠과 ㉡을 제외한 나머지 넓이의 $\frac{1}{2}$입니다. ㉢을 모눈종이에 나타내어 색칠해 보시오.

5 분수의 곱셈을 이용하여 색칠하지 않은 부분의 넓이를 구해 보시오.

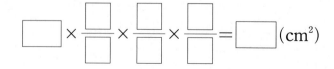

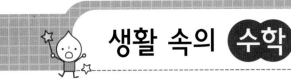
내 동생은 꾀 많은 당나귀

오늘은 분리수거를 하는 날입니다. 신영이네 아파트의 분리수거는 매주 일요일입니다. 신영이가 일어나보니 엄마는 벌써 대청소를 하고 계십니다.

"엄마, 왜 이리 일찍 청소를 시작하셨어요? 저랑 같이 천천히 하시지요."

"오늘은 일요일이니 조금 더 자라고 두었지. 분리수거 물품을 모두 정리해 두었으니 동생이랑 같이 분리수거 좀 해줄래?"

신민이는 아직도 쿨쿨 자고 있네요. 아니, 분리수거 하러 가기가 귀찮아서 자는척 하고 있는 거예요.

"신민아, 얼른 일어나. 누나랑 분리수거 하고 오자."

"아직 더 자고 싶단 말이야. 그냥 누나 혼자 하고 오면 안 돼?"

"너무 많아서 혼자 못한단 말이야~ "

"알았어~~."

신민이는 마지못해 일어나 나갈 준비를 했어요. 옷을 갈아입으면서 눈으로는 분리수거할 물품을 쳐다보다 작은 상자를 발견하고는 얼른 낚아채듯 작은 상자를 들었어요. 그런데 이게 웬일일까요? 상자가 너무 무거워서 깜짝 놀랐어요.

"어휴, 뭐가 이리 무거워!"

"그건 폐지를 담은 거라 무거워. 무거우면 옆에 있는 봉투를 들고 가렴."

"그건 너무 크잖아요."

"이그, 그건 플라스틱을 담은 거라 부피만 크지 무게는 가볍단다. 넌 꼭 꾀 많은 당나귀처럼 구는구나."

"꾀 많은 당나귀요?"

"햇볕이 따스한 어느 날 당나귀 두 마리가 한가로이 낮잠을 자고 있었어. 밤이 되자, 주인이 앞마당에 짐 두 개를 놓았지.

"어이쿠, 소금 가마가 훨씬 무거운 걸."

그 말을 들은 꾀 많은 당나귀는 가벼운 짐을 져야겠다고 생각을 했어.

다음날, 꾀 많은 당나귀는 재빨리 가벼운 솜을 짊어지고 총총총 가볍게 걸었고, 소금을 짊어진 당나귀는 휘청휘청 힘겹게 걸어갔어. 소금을 짊어진 당나귀는 힘들어서 말도 제대로 못했고 꾀 많은 당나귀는 킥킥 거리며 즐거워 했단다.

얼마 후 개울이 나타났어. 개울에는 나무로 만든 좁은 다리가 놓여 있어 주인은 당나귀들을 세웠어. 먼저 소금을 실은 당나귀가 조심조심 다리를 건너기 시작했는데 다리를 반쯤 건넜을 때 미끌미끌, 휘청! 그만 물에 빠지고 말았어. 다행히 물이 깊지 않아 당나귀는 쉽게 일어났지. 그런데 웬일인지 짐이 무척 가벼워져 있는 거야. 소금을 실은 당나귀는 사뿐사뿐 가볍게 개울을 빠져 나왔어.

꾀 많은 당나귀가 다리를 건너려고 할 때였어. 주인이 다리가 아프다고 꾀 많은 당나귀 등에 올라탔지. 그러자 다리가 후들후들 떨려왔어. 다리를 건너기 시작해서 중간쯤오자 그만 꾀 많은 당나귀는 소리를 지르며 넘어지고 말았단다. 주인과 함께 말이야. 하지만 꾀 많은 당나귀는 싱글벙글 웃었지. 일부러 강에 빠졌으니까.

꾀 많은 당나귀는 기분 좋게 몸을 일으켰어. 그런데 몸을 일으킬 수가 없는 거야.

"어서 일어나지 못해!"

몹시 화가 난 주인이 무섭게 소리쳤어.

꾀 많은 당나귀는 겨우겨우 일어났지만 다리에 힘이 빠져 제대로 서 있을 수도 없었어. 풍덩! 또다시 풍덩 풍덩 계속 물에 빠지고 여기저기 부딪치고 나서야 겨우 강을 빠져 나왔단다.

왜 갑자기 가볍던 짐이 바위처럼 무거워졌을까? 솜은 물에 젖으면 엄청나게 무거워지거든.

꾀 많은 당나귀는 무거워진 솜을 지고 가느라고 고생을 해야 했지. 그제야 비로소 당나귀는 자기가 나쁜 마음을 먹었던 것을 뉘우쳤단다.

이럴 때 바로 자기가 자기 꾀에 넘어갔다고 하는 거야."

신민이는 조금 부끄러웠어요.

"알겠어. 다음 주 분리수거는 저 혼자 할게요."

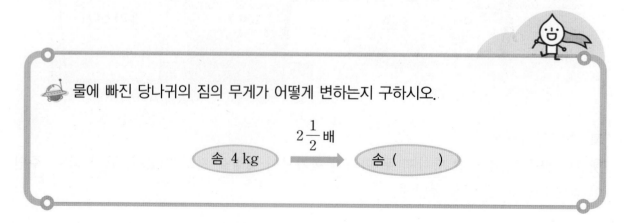

물에 빠진 당나귀의 짐의 무게가 어떻게 변하는지 구하시오.

$$\text{솜 } 4\,kg \xrightarrow{\;2\frac{1}{2}\text{배}\;} \text{솜 (}\qquad\text{)}$$

③ 합동과 대칭

☞ 도형의 합동 알아보기

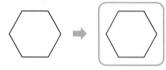

투명 종이에 왼쪽 도형의 본을 떠서 오른쪽 도형에 포개어 보면 완전히 겹쳐집니다. 이와 같이 모양과 크기가 같아서 포개었을 때 완전히 겹쳐지는 두 도형을 서로 합동이라고 합니다.

> **개념 잡기**
> ☞ 합동인 도형을 찾으려면 뒤집거나 돌려서 완전히 겹쳐지는지 알아봅니다.
> ☞ 합동인 도형은 모양과 크기가 같습니다.

개념확인 1

도형의 합동 알아보기 (1)

도형을 보고 물음에 답하시오.

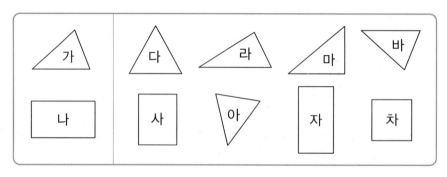

(1) 투명 종이에 도형 가의 본을 떠서 포개었을 때 도형 가와 완전히 겹쳐지는 도형을 찾아 기호를 쓰시오.

(   )

(2) 투명 종이에 도형 나의 본을 떠서 포개었을 때 도형 나와 완전히 겹쳐지는 도형을 찾아 기호를 쓰시오.

(   )

개념확인 2

도형의 합동 알아보기 (2)

도형을 보고 ☐ 안에 알맞은 말을 써넣으시오.

 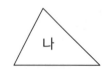

> 삼각형 가, 나와 같이 모양과 크기가 같아서 포개었을 때 완전히 겹쳐지는 두 도형을 서로 ☐ 이라고 합니다.

기본 문제를 통해 교과서 개념을 다져요.

1 □ 안에 알맞은 말을 써넣으시오.

□ 과 □ 가 같아서 포개었을 때, 완전히 겹쳐지는 두 도형을 서로 합동이라고 합니다.

2 오른쪽 도형과 합동인 도형을 찾아 기호를 쓰시오.

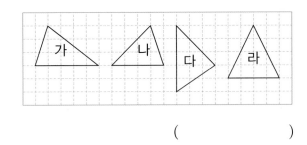

( )

중요

 3 도형을 보고 물음에 답하시오.

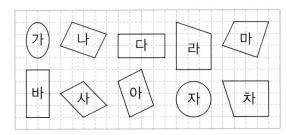

(1) 도형 나와 합동인 도형을 찾아 기호를 쓰시오.

( )

(2) 도형 다와 합동인 도형을 찾아 기호를 쓰시오.

( )

(3) 도형 라와 합동인 도형을 찾아 기호를 쓰시오.

( )

4 합동인 도형을 찾아 기호를 쓰시오.

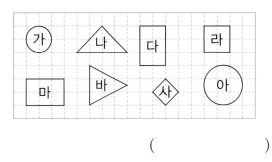

( )

5 합동에 대한 설명입니다. 맞으면 ○표, 틀리면 ×표 하시오.

(1) 모양이 같은 두 도형은 합동입니다.

( )

(2) 합동인 두 도형은 크기가 같습니다.

( )

6 왼쪽 도형과 합동인 도형을 그려 보시오.

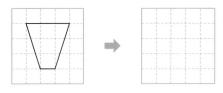

7 도형을 점선을 따라 잘랐을 때, 만들어진 두 도형이 합동이 되는 것을 모두 고르시오.

( )

①   ②

③  ④

⑤

교과서 개념을 이해하고 확인 문제를 통해 익혀요.

⊃ 대응점, 대응변, 대응각 알아보기

합동인 두 도형을 완전히 포개었을 때 겹쳐지는
점을 대응점, 겹쳐지는 변을 대응변, 겹쳐지는 각
을 대응각이라고 합니다.

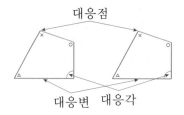

대응점

대응변 대응각

개념잡기

⊃ 합동인 두 도형의 모양에 따라
서 대응점, 대응변, 대응각의
수가 정해집니다.

⊃ 합동인 도형의 성질 알아보기

• 합동인 도형에서 대응변의 길이는 서로 같습니다.
• 합동인 도형에서 대응각의 크기는 서로 같습니다.

⊃ 합동인 도형에서 대응변의 길
이와 대응각의 크기는 각각 같
습니다.

개념확인 1

대응점, 대응변, 대응각 알아보기

□ 안에 알맞은 말을 써넣으시오.

> 합동인 두 도형을 완전히 포개었을 때 겹쳐지는 점을 [ ], 겹쳐지는 변을
> [ ], 겹쳐지는 각을 [ ]이라고 합니다.

개념확인 2

합동인 도형의 성질 알아보기

오른쪽 두 삼각형은 합동입니다. 물음에 답하시
오.

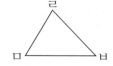

(1) 대응점을 찾아 □ 안에 써넣으시오.

점 ㄱ과 [ ], 점 ㄴ과 [ ], 점 ㄷ과 [ ]

(2) 대응변을 찾아 □ 안에 써넣으시오.

변 ㄱㄴ과 [ ], 변 ㄴㄷ과 [ ], 변 ㄷㄱ과 [ ]

(3) 대응각을 찾아 □ 안에 써넣으시오.

각 ㄱㄴㄷ과 [ ], 각 ㄴㄷㄱ과 [ ], 각 ㄷㄱㄴ과 [ ]

(4) 대응점, 대응변, 대응각은 각각 몇 쌍 있습니까?

대응점 (   ), 대응변 (   ), 대응각 (   )

(5) 대응변의 길이는 서로 같습니까?

(   )

(6) 대응각의 크기는 서로 같습니까?

(   )

기본 문제를 통해 교과서 개념을 다져요.

1 두 삼각형은 합동입니다. □ 안에 알맞은 말을 써넣으시오.

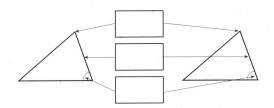

2 두 사각형은 합동입니다. 대응점을 각각 찾아 쓰시오.

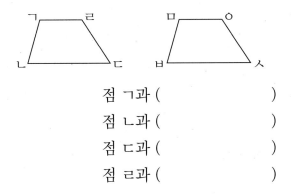

점 ㄱ과 ( )
점 ㄴ과 ( )
점 ㄷ과 ( )
점 ㄹ과 ( )

3 두 삼각형은 합동입니다. 대응변끼리 선으로 이으시오.

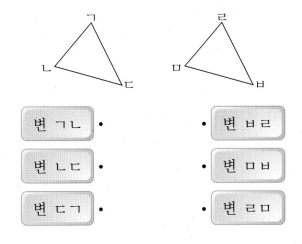

변 ㄱㄴ •   • 변 ㅂㄹ

변 ㄴㄷ •   • 변 ㅁㅂ

변 ㄷㄱ •   • 변 ㄹㅁ

4 두 사각형은 합동입니다. 대응각을 각각 찾아 쓰시오.

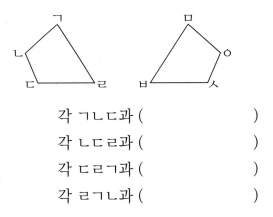

각 ㄱㄴㄷ과 ( )
각 ㄴㄷㄹ과 ( )
각 ㄷㄹㄱ과 ( )
각 ㄹㄱㄴ과 ( )

 5 두 삼각형은 합동입니다. 물음에 답하시오.

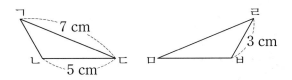

(1) 변 ㄱㄴ의 길이는 몇 cm입니까?
( )

(2) 변 ㅁㅂ의 길이는 몇 cm입니까?
( )

6 두 삼각형은 합동입니다. 물음에 답하시오.

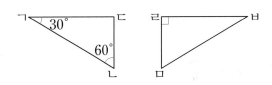

(1) 각 ㄴㄷㄱ의 크기는 몇 도입니까?
( )

(2) 각 ㅁㅂㄹ의 크기는 몇 도입니까?
( )

❈ 선대칭도형 알아보기

한 직선을 따라 접어서 완전히 포개어지는 도형을 선대칭도형이라고 합니다. 이때 그 직선을 대칭축이라고 합니다.

← 대칭축

❈ 선대칭도형에서 대칭축 찾기

1개

2개

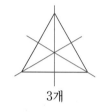
3개

선대칭도형에서 <u>대칭축의 수는</u> 도형의 모양에 따라 다릅니다.
└→ 한 개의 도형에서 대칭축이 여러 개 있을 수 있습니다.

개 념 잡 기

❈ 선대칭도형에서의 대칭축
• 대칭축은 선대칭도형에서 도형이 완전히 포개어지도록 접은 직선입니다.
• 선대칭도형의 대칭축은 1개, 2개 또는 여러 개일 수도 있습니다.
• 대칭축을 자르는 선으로 하여 잘라서 생긴 두 도형은 서로 합동입니다.

보충 선대칭도형인 사각형

마주 보는 두 변의 길이가 같은 사다리꼴
직사각형

마름모
정사각형

개념확인 1

선대칭도형 알아보기

도형을 보고 물음에 답하시오.

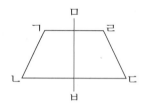

(1) 도형을 선분 ㅁㅂ으로 접으면 완전히 포개어집니다. 이와 같은 도형을 무엇이라고 합니까?

(   )

(2) 선분 ㅁㅂ을 무엇이라고 합니까?

(   )

개념확인 2

선대칭도형에서 대칭축 찾기

다음 도형은 선대칭도형입니다. 대칭축을 찾아 쓰시오.

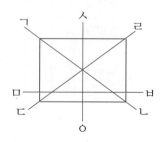

(   )

1 ☐ 안에 알맞은 말을 써넣으시오.

> 한 직선을 따라 접어서 완전히 포개어지는
> 도형을 ☐ 이라고 합니다. 이때
> 그 직선을 ☐ 이라고 합니다.

2 그림을 보고 ☐ 안에 알맞게 써넣으시오.

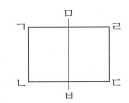

(1) 직사각형 ㄱㄴㄷㄹ을 완전히 포개어지
도록 접으려면 선분 ☐ 으로 접어야
합니다.

(2) 직사각형 ㄱㄴㄷㄹ은 ☐ 도형입니다.

(3) 직사각형 ㄱㄴㄷㄹ을 완전히 포개어지
도록 접을 수 있는 선분 ☐ 을
☐ 이라고 합니다.

3 선대칭도형을 모두 찾아 기호를 쓰시오.

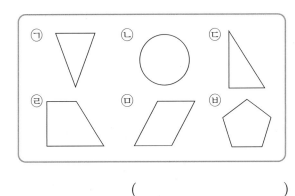

( )

4 다음은 선대칭도형입니다. ☐ 안에 알맞은
말을 써넣으시오.

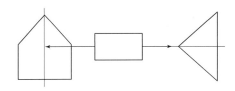

5 선대칭도형의 대칭축을 바르게 그린 것을 모
두 고르시오. ( )

① ②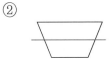

③ ④

⑤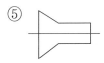

6 선대칭도형의 대칭축을 모두 그려 보시오.

(1) 　　　(2)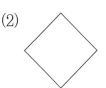

☙ 선대칭도형의 성질 알아보기

① 대응변의 길이가 같습니다.

➡ (변 ㄱㄴ)=(변 ㄱㅂ), (변 ㄴㄷ)=(변 ㅂㅁ),

(변 ㄷㄹ)=(변 ㅁㄹ)

② 대응각의 크기가 같습니다.

➡ (각 ㄱㄴㄷ)=(각 ㄱㅂㅁ),

(각 ㄴㄷㄹ)=(각 ㅂㅁㄹ)

③ 대응점을 이은 선분은 대칭축과 서로 ┌→90°로 수직으로 만나고, 대칭축은 대응점을

이은 선분을 이등분합니다. →각 대응점에서 대칭축까지의 거리가 같습니다.

➡ 선분 ㄴㅂ, 선분 ㄷㅁ은 대칭축 ㅈㅊ과 수직으로 만납니다.

(선분 ㄴㅅ)=(선분 ㅂㅅ), (선분 ㄷㅇ)=(선분 ㅁㅇ)

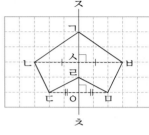

☙ 선대칭도형 그리기

① 점 ㄴ에서 대칭축 ㅈㅊ에 수선을 긋고, 대칭축과 만나는 점을 점 ㅅ이라고 합니다.

② 이 수선에 선분 ㄴㅅ과 길이가 같은 선분 ㅂㅅ이 되도록 점 ㄴ의 대응점 ㅂ을 찍습니다.

③ 위와 같은 방법으로 점 ㄷ의 대응점 ㅁ을 찍습니다.

④ 점 ㄱ, 점 ㅂ, 점 ㅁ, 점 ㄹ을 차례로 이어 선대칭 도형이 되도록 그립니다.

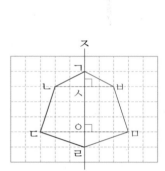

☙ 개념 잡기

☙ **대응점, 대응변, 대응각**

대칭축을 접는 선으로 하여 선대칭도형을 접었을 때, 서로 겹쳐지는 점, 변, 각을 각각 대응점, 대응변, 대응각이라고 합니다.

☙ **선대칭도형 그리기**

먼저 각 점들의 대응점을 찾고, 찾은 대응점들을 차례로 이어 선대칭도형을 완성합니다.

선대칭도형의 성질 알아보기

개념확인 1 오른쪽 선대칭도형에서 선분 ㅇㅈ은 대칭축입니다. ☐ 안에 알맞게 써넣으시오.

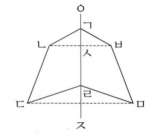

(1) 점 ㄴ과 점 ㄷ의 대응점은 각각 점 ☐, 점 ☐ 입니다.

(2) 선분 ㄱㄴ과 선분 ☐, 선분 ㄴㄷ과 선분 ☐,

선분 ㄷㄹ과 선분 ☐ 의 길이는 각각 같습니다.

(3) 각 ㄱㄴㄷ과 각 ☐, 각 ㄴㄷㄹ과 각 ☐ 의 크기는 각각 같습니다.

(4) 선분 ㄴㅂ과 선분 ㅇㅈ이 이루는 각은 ☐°이고, 선분 ㄴㅅ과 선분 ☐ 의 길이는 같습니다.

기본 문제를 통해 교과서 개념을 다져요.

1 선대칭도형을 보고 물음에 답하시오.

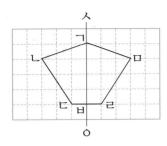

(1) 점 ㄷ의 대응점은 어느 것입니까?
(   )

(2) 변 ㄱㄴ의 대응변은 어느 것입니까?
(   )

(3) 각 ㄴㄷㅂ의 대응각은 어느 것입니까?
(   )

2 선대칭도형을 보고 물음에 답하시오.

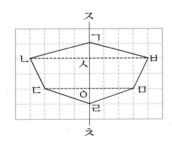

(1) 변 ㄷㄹ과 길이가 같은 변을 찾아 쓰시오.
(   )

(2) 각 ㄱㄴㄷ과 크기가 같은 각을 찾아 쓰시오.
(   )

(3) 선분 ㄴㅂ과 대칭축이 이루는 각은 몇 도입니까?
(   )

(4) 선분 ㄷㅇ과 길이가 같은 선분을 찾아 쓰시오.
(   )

3 선대칭도형이 되도록 그림을 완성하려고 합니다. 물음에 답하시오.

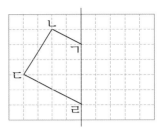

(1) 점 ㄴ과 점 ㄷ의 대응점을 각각 점 ㅁ, 점 ㅂ으로 표시하시오.

(2) 점 ㄱ, 점 ㅁ, 점 ㅂ, 점 ㄹ을 차례로 이어 선대칭도형을 완성하시오.

4 선대칭도형이 되도록 그림을 완성하시오.

(1)

(2)
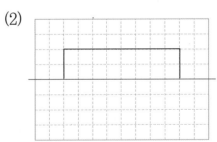

(3)
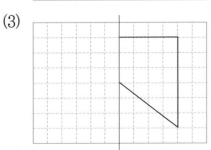

교과서 개념을 이해하고 확인 문제를 통해 익혀요.

◐ 점대칭도형 알아보기

한 도형을 어떤 점을 중심으로 180° 돌렸을 때 처음 도형과 완전히 겹쳐지면 이 도형을 점대칭도형이라고 합니다. 이때 그 점을 대칭의 중심이라고 합니다.

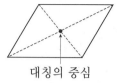
대칭의 중심

◐ 점대칭도형에서 대칭의 중심 찾기

  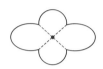

➡ 점대칭도형에서 대칭의 중심은 1개입니다.

개·념·잡·기

◐ 점대칭도형 찾기
투명 종이를 대고 도형을 본뜬 다음, 한 점에 핀을 꽂고 도형을 180° 돌려 봅니다. 이때 처음 도형과 완전히 겹쳐지면 점대칭도형입니다.

보충 점대칭도형인 사각형

평행사변형   직사각형

마름모   정사각형

개념확인 1

점대칭도형 알아보기

도형을 보고 물음에 답하시오.

(1) 도형을 점 ㄱ을 중심으로 180° 돌렸을 때 처음 도형과 완전히 겹쳐집니다. 이와 같은 도형을 무엇이라고 합니까?

(   )

(2) 점 ㄱ을 무엇이라고 합니까?

(   )

개념확인 2

점대칭도형에서 대칭의 중심 찾기

다음 도형은 점대칭도형입니다. 대칭의 중심을 찾아 기호를 쓰시오.

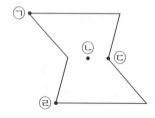

(   )

기본 문제를 통해 교과서 개념을 다져요.

1 ☐ 안에 알맞은 말을 써넣으시오.

한 도형을 어떤 점을 중심으로 180° 돌렸을 때 처음 도형과 완전히 겹쳐지면 이 도형을 [   ]이라고 합니다. 이때 그 점을 [   ]이라고 합니다.

2 그림을 보고 ☐ 안에 알맞게 써넣으시오.

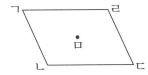

(1) 평행사변형 ㄱㄴㄷㄹ을 180° 돌려 완전히 겹쳐지도록 하려면 점 [   ]을 중심으로 돌려야 합니다.

(2) 평행사변형 ㄱㄴㄷㄹ은 [   ]도형입니다.

(3) 평행사변형 ㄱㄴㄷㄹ을 완전히 겹쳐지도록 돌릴 수 있는 점 [   ]을 [   ]이라고 합니다.

3 점 ㄱ을 중심으로 180° 돌렸을 때 처음 도형과 완전히 겹쳐지는 도형에 ◯표 하시오.

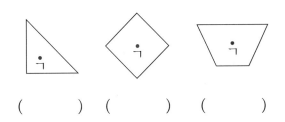

(   ) (   ) (   )

4 점대칭도형을 모두 찾아 기호를 쓰시오.

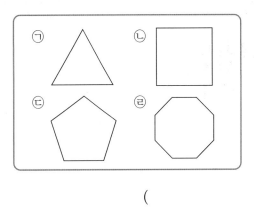

(   )

5 오른쪽 점대칭도형에서 대칭의 중심을 찾아 기호를 쓰시오.

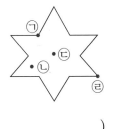

(   )

6 점대칭도형에서 대칭의 중심을 찾아 표시하시오.

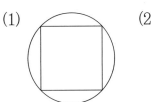 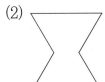

(1)   (2)

7 오른쪽 그림과 같은 점대칭도형에서 대칭의 중심은 몇 개입니까?

(   )

⊙ 점대칭도형의 성질 알아보기

① 대응변의 길이가 같습니다.

　➡ (변 ㄱㄴ)=(변 ㄷㄹ), (변 ㄱㄹ)=(변 ㄷㄴ)

② 대응각의 크기가 같습니다.

　➡ (각 ㄱㄴㄷ)=(각 ㄷㄹㄱ),

　　(각 ㄴㄷㄹ)=(각 ㄹㄱㄴ)

③ 대칭의 중심은 대응점을 이은 선분을 이등분합니다.

　➡ (선분 ㄱㅁ)=(선분 ㄷㅁ), (선분 ㄴㅁ)=(선분 ㄹㅁ)

⊙ 점대칭도형 그리기

① 점 ㄴ에서 대칭의 중심 ㅅ을 지나는 직선을 긋습니다.

② 이 직선에 선분 ㄴㅅ과 길이가 같은 선분 ㅁㅅ이 되도록 점 ㅁ을 찾아 표시합니다.

③ 위와 같은 방법으로 점 ㄷ의 대응점 ㅂ을 표시합니다.

④ 점 ㄹ과 점 ㅁ, 점 ㅁ과 점 ㅂ, 점 ㅂ과 점 ㄱ을 차례로 이어 점대칭도형이 되도록 그립니다.

개·념·잡·기

⊙ 대응점, 대응변, 대응각

대칭의 중심을 중심으로 180° 돌렸을 때 겹쳐치는 점을 대응점, 겹쳐지는 변을 대응변, 겹쳐지는 각을 대응각이라고 합니다.

⊙ 점대칭도형 그리기

① 각 점에서 대칭의 중심을 지나는 직선을 긋습니다.

② 각 점에서 대칭의 중심까지의 거리가 같도록 각 점의 반대편에 대응점을 찍습니다.

③ 점들을 이어 점대칭도형을 완성합니다.

개념확인 1

점대칭도형의 성질 알아보기 (1)

오른쪽 점대칭도형을 보고 □ 안에 알맞게 써넣으시오.

(1) 점 ㄴ과 점 ㄷ의 대응점은 각각 점 □, 점 □ 입니다.

(2) 변 ㄱㄴ과 변 ㄴㄷ의 대응변은 각각 변 □, 변 □ 입니다.

(3) 각 ㄴㄷㄹ의 대응각은 각 □ 입니다.

개념확인 2

점대칭도형의 성질 알아보기 (2)

오른쪽 점대칭도형을 보고 □ 안에 알맞게 써넣으시오.

(1) 변 ㄴㄷ과 변 □, 변 ㄷㄹ과 변 □의 길이는 각각 같습니다.

(2) 각 ㄱㄴㄷ과 각 □, 각 ㄴㄷㄹ과 각 □의 크기는 각각 같습니다.

(3) 점 ㅁ은 선분 □과 선분 □을 이등분합니다.

1 점대칭도형을 보고 물음에 답하시오.

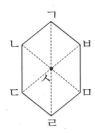

(1) 점 ㄷ의 대응점은 어느 것입니까?

(   )

(2) 변 ㄹㅁ의 대응변은 어느 것입니까?

(   )

(3) 각 ㄱㅂㅁ의 대응각은 어느 것입니까?

(   )

2 점대칭도형을 보고 물음에 답하시오.

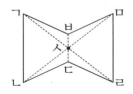

(1) 대칭의 중심을 찾아 쓰시오.

(   )

(2) 변 ㄴㄷ과 길이가 같은 변을 찾아 쓰시오.

(   )

(3) 선분 ㅁㅅ과 길이가 같은 선분을 찾아 쓰시오.

(   )

(4) 각 ㄷㄹㅁ과 크기가 같은 각을 찾아 쓰시오.

(   )

3 점대칭도형이 되도록 그림을 완성하려고 합니다. 물음에 답하시오.

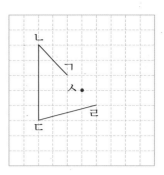

(1) 점 ㄴ, 점 ㄷ의 대응점을 각각 점 ㅁ, 점 ㅂ으로 표시하시오.

(2) 점 ㄹ과 점 ㅁ, 점 ㅁ과 점 ㅂ, 점 ㅂ과 점 ㄱ을 이어 점대칭도형을 완성하시오.

4 점대칭도형이 되도록 그림을 완성하시오.

(1)

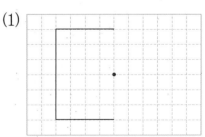

(2)

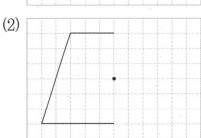

(3)

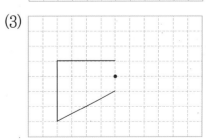

유형 ① 도형의 합동 알아보기

모양과 크기가 같아서 포개었을 때 완전히 겹쳐지는 두 도형을 서로 합동이라고 합니다.

대표유형

1-1 합동인 도형을 모두 찾아 쓰시오.

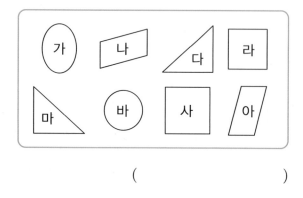

(   )

시험에 잘 나와요

1-2 오른쪽 도형을 점선을 따라 잘랐을 때, 만들어진 두 도형이 합동이 되는 점선을 모두 찾아 기호를 쓰시오.

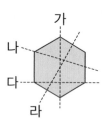

(   )

잘 틀려요

1-3 두 도형의 둘레가 같을 때, 항상 합동이 되는 도형을 모두 찾아 기호를 쓰시오.

㉠ 직사각형	㉡ 정사각형
㉢ 정삼각형	㉣ 평행사변형

(   )

유형 ② 합동인 도형의 성질 알아보기

• 합동인 두 도형을 완전히 포개었을 때 겹쳐지는 점을 대응점, 겹쳐지는 변을 대응변, 겹쳐지는 각을 대응각이라고 합니다.

• 합동인 두 도형에서 대응변의 길이와 대응각의 크기는 각각 같습니다.

대표유형

2-1 두 삼각형은 합동입니다. 물음에 답하시오.

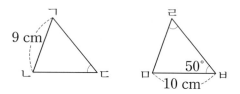

(1) 변 ㄹㅁ의 길이는 몇 cm입니까?

(   )

(2) 각 ㄱㄷㄴ의 크기는 몇 도입니까?

(   )

시험에 잘 나와요

2-2 두 사각형은 합동입니다. □ 안에 알맞은 수를 써넣으시오.

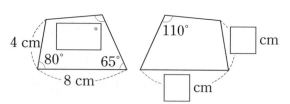

잘 틀려요

2-3 삼각형 ㄱㄴㄷ과 삼각형 ㄹㄷㄴ은 합동입니다. 각 ㄴㄱㄷ의 크기는 몇 도입니까?

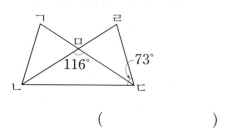

(   )

유형 **3** 선대칭도형 알아보기

한 직선을 따라 접어서 완전히 포개어지는 도형을 선대칭도형이라고 합니다. 이때 그 직선을 대칭축이라고 합니다.

← 대칭축

대표유형

3-1 선대칭도형인 것을 모두 찾아 ○표 하시오.

A N F
D M G

시험에 잘 나와요

3-2 선대칭도형 중에서 대칭축의 수가 가장 많은 것은 어느 것입니까? (   )

①  ②

③   ④

⑤

3-3 선대칭도형에서 대칭축이 될 수 있는 선분을 모두 찾아 쓰시오.

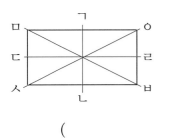

(   )

3-4 그림은 선대칭도형입니다. 대칭축을 모두 그려 보시오.

3-5 원의 대칭축은 몇 개입니까? (   )

① 1개   ② 2개
③ 4개   ④ 8개
⑤ 셀 수 없이 많습니다.

잘 틀려요

3-6 선대칭도형인 글자를 모두 찾아 기호를 쓰시오.

(   )

유형 4 선대칭도형의 성질 알아보기

• 선대칭도형의 성질
  ① 대응변의 길이와 대응각의 크기가 각각 같습니다.
  ② 대응점을 이은 선분은 대칭축과 수직으로 만나고, 대칭축은 대응점을 이은 선분을 이등분합니다.
• 선대칭도형 그리기
  ① 각 점의 대응점을 찾습니다.
  ② 찾은 대응점을 차례로 이어 선대칭도형을 완성합니다.

 다음 도형은 선대칭도형입니다. 물음에 답하시오. [4-1~4-2]

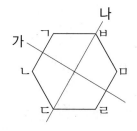

4-1 직선 가를 대칭축으로 할 때 대응점, 대응변, 대응각을 각각 찾아 쓰시오.

점 ㄱ의 대응점 (   )
변 ㄴㄷ의 대응변 (   )
각 ㄴㄷㄹ의 대응각 (   )

4-2 직선 나를 대칭축으로 할 때 대응점, 대응변, 대응각을 각각 찾아 쓰시오.

점 ㄴ의 대응점 (   )
변 ㄱㅂ의 대응변 (   )
각 ㅂㄱㄴ의 대응각 (   )

대표유형
4-3 선분 ㄱㄴ을 대칭축으로 하는 선대칭도형입니다. ☐ 안에 알맞은 수를 써넣으시오.

(1)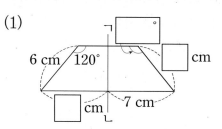

(2)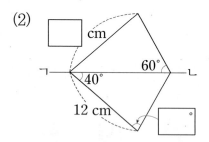

4-4 선분 ㅈㅊ을 대칭축으로 하는 선대칭도형입니다. 물음에 답하시오.

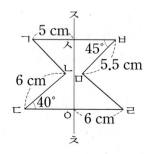

(1) 변 ㄱㄴ의 길이는 몇 cm입니까?
(   )
(2) 변 ㄹㅁ의 길이는 몇 cm입니까?
(   )
(3) 각 ㅁㄹㅇ의 크기는 몇 도입니까?
(   )

4-5 선분 ㅋㅌ을 대칭축으로 하는 선대칭도형입니다. 물음에 답하시오.

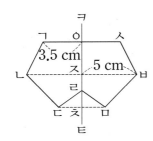

(1) 변 ㅇㅅ의 길이는 몇 cm입니까?

(   )

(2) 선분 ㄴㅂ의 길이는 몇 cm입니까?

(   )

(3) 각 ㄹㅊㄷ의 크기는 몇 도입니까?

(   )

4-6 선대칭도형이 되도록 그림을 완성하시오.

(1)

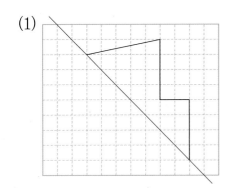

(2)

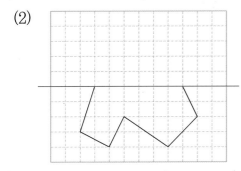

유형 5 점대칭도형 알아보기

한 도형을 어떤 점을 중심으로 180° 돌렸을 때 처음 도형과 완전히 겹쳐지면 이 도형을 점대칭도형이라고 합니다. 이때 그 점을 대칭의 중심이라고 합니다.

대칭의 중심

5-1 점 ㄱ을 중심으로 하여 도형을 180° 돌렸을 때 처음 도형과 완전히 겹쳐지는 도형을 찾아 ○표 하시오.

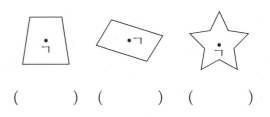

(   ) (   ) (   )

5-2 점대칭도형은 어느 것입니까? (   )

①   ②

③   ④

⑤

시험에 잘 나와요

5-3 점대칭도형에서 대칭의 중심을 찾아 표시하시오.

(1)

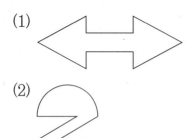

(2)

대표유형

5-4 점대칭도형인 것을 모두 찾아 ○표 하시오.

B N C
H J S

5-5 점대칭도형이 <u>아닌</u> 것을 찾아 기호를 쓰시오.

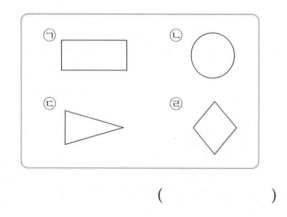

( )

유형 **6** 점대칭도형의 성질 알아보기

• 점대칭도형의 성질
① 대응변의 길이와 대응각의 크기가 각각 같습니다.
② 대칭의 중심은 대응점을 이은 선분을 이등분합니다.

• 점대칭도형 그리기
① 각 점의 대응점을 찾습니다.
② 찾은 대응점을 차례로 이어 점대칭도형을 완성합니다.

직사각형 ㄱㄴㄷㄹ은 선대칭도형이면서 점대칭도형입니다. 그림을 보고 물음에 답하시오.
[6-1~6-2]

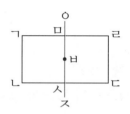

6-1 선분 ㅇㅈ을 대칭축으로 할 때 다음을 각각 찾아 쓰시오.

점 ㄱ의 대응점 ( )
변 ㄱㄴ의 대응변 ( )
각 ㄱㄴㅅ의 대응각 ( )

6-2 점 ㅂ을 대칭의 중심으로 할 때 다음을 각각 찾아 쓰시오.

점 ㄱ의 대응점 ( )
변 ㄱㄴ의 대응변 ( )
각 ㄱㄴㅅ의 대응각 ( )

6-3 점 ㄱ을 대칭의 중심으로 하는 점대칭도형입니다. □ 안에 알맞은 수를 써넣으시오.

(1)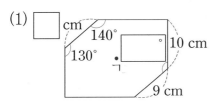

(2)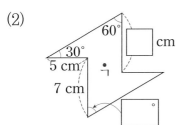

6-4 점 ㅅ을 대칭의 중심으로 하는 점대칭도형입니다. 물음에 답하시오.

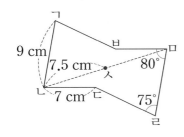

(1) 변 ㅁㅂ의 길이는 몇 cm입니까?
( )

(2) 변 ㄹㅁ의 길이는 몇 cm입니까?
( )

(3) 각 ㄴㄱㅂ의 크기는 몇 도입니까?
( )

(4) 각 ㄱㄴㄷ의 크기는 몇 도입니까?
( )

(5) 선분 ㅁㅅ의 길이는 몇 cm입니까?
( )

6-5 점대칭도형에서 길이가 같은 선분을 찾아 쓰시오.

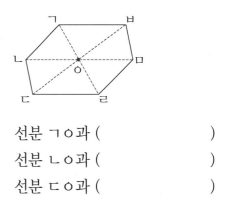

선분 ㄱㅇ과 ( )
선분 ㄴㅇ과 ( )
선분 ㄷㅇ과 ( )

6-6 점대칭도형에서 각 ㄱㄴㄷ의 크기를 구하시오.

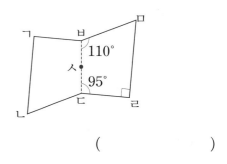

( )

6-7 점대칭도형이 되도록 그림을 완성하시오.

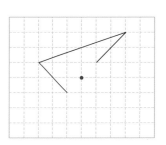

1 다음 중 서로 합동인 도형은 몇 쌍 있습니까?

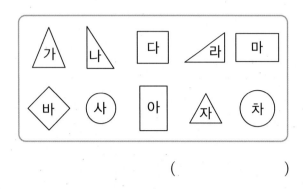

(   )

4 사각형 ㄱㄴㄷㄹ은 직사각형이고, 점 ㅁ, ㅂ, ㅅ, ㅇ은 각 변의 가운데 점입니다. 삼각형 ㄱㅂㅁ과 합동인 삼각형은 몇 개입니까?

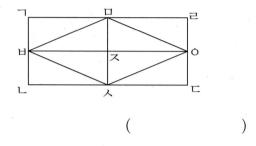

(   )

2 두 도형이 합동이 되도록 만들려고 합니다. 점 ㄱ을 ①~⑤ 중 어디로 옮겨야 합니까? (   )

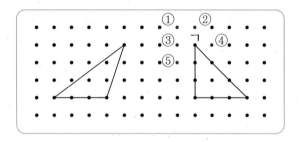

5 사각형 ㄱㄴㄷㄹ은 평행사변형입니다. 합동인 삼각형은 모두 몇 쌍 있습니까?

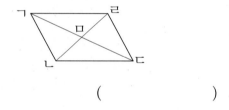

(   )

3 도형 가와 도형 나는 서로 합동이 아닙니다. 그 이유를 쓰시오.

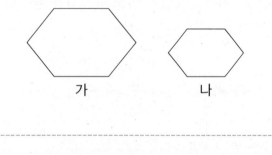

----

6 삼각형 가와 나가 서로 합동일 때 삼각형 나의 둘레는 몇 cm입니까?

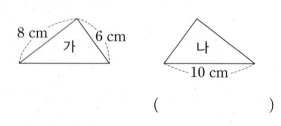

(   )

7 삼각형 ㄱㄴㄷ과 삼각형 ㄱㄹㄷ이 서로 합동일 때, 삼각형 ㄱㄴㄹ의 둘레는 몇 cm입니까?

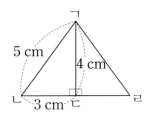

(   )

8 두 사각형은 합동입니다. 사각형 ㄱㄴㄷㄹ의 둘레가 47 cm일 때 변 ㄷㄹ은 몇 cm입니까?

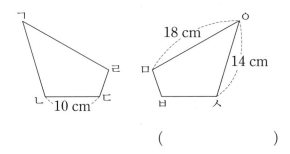

(   )

新경향문제

9 다음 그림과 같은 사각형 모양의 땅이 있습니다. 사각형 ㄱㄴㄷㄹ의 둘레에 울타리를 치려고 합니다. 울타리를 쳐야 하는 길이는 몇 m입니까? (단, 삼각형 ㄱㄴㅁ과 삼각형 ㅁㄷㄹ은 서로 합동입니다.)

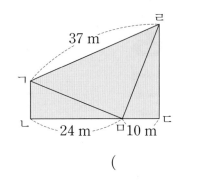

(   )

10 선대칭도형은 모두 몇 개입니까?

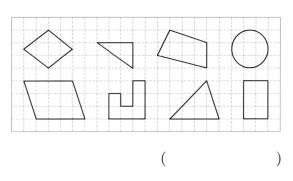

(   )

11 선대칭도형에서 대칭축은 모두 몇 개인지 구하시오.

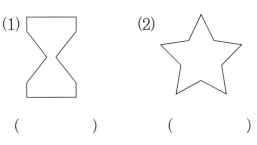

(1)   (2)

(   )   (   )

12 선대칭도형 중 대칭축이 8개인 것은 어느 것입니까? (   )

①   ②

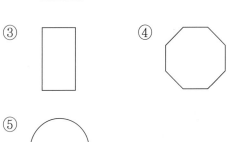

③   ④

⑤

13 삼각형 ㄱㄴㄷ은 직선 가를 대칭축으로 하는 선대칭도형입니다. 삼각형 ㄱㄴㄷ의 둘레는 몇 cm입니까?

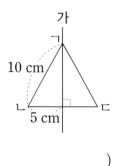

(   )

14 선분 ㄱㄴ을 대칭축으로 하는 선대칭도형입니다. ☐ 안에 알맞은 수를 써넣으시오.

(1)

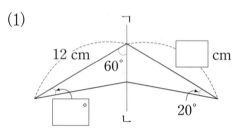

(2)

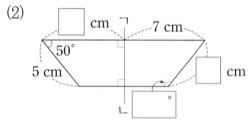

15 선분 ㅈㅊ을 대칭축으로 하는 선대칭도형입니다. 이 도형의 둘레는 몇 cm입니까?

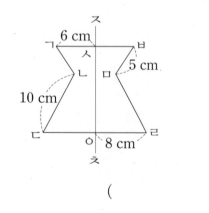

(   )

16 오른쪽 그림은 어떤 선대칭도형을 대칭축으로 접은 모양입니다. 펼친 모양의 둘레가 66 cm일 때 ☐ 안에 알맞은 수를 구하시오.

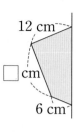

(   )

17 다음 중 선대칭도형이면서 점대칭도형인 것은 어느 것입니까? (   )

①   ②

③   ④

⑤

18 종이에 다음 글자를 적어서 제자리에서 180° 돌리려고 합니다. 돌리기 전과 돌린 후의 모양이 같은 것은 어느 것입니까?

(   )

① 웅 ② 뭄

③ 근 ④ 들

⑤ 슷

19 점대칭도형이 되도록 그림을 완성하시오.

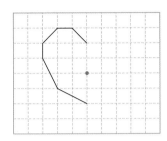

20 오른쪽 도형은 점 ㅇ을 대칭의 중심으로 하는 점대칭도형입니다. 각 ㄴㄷㄹ의 크기를 구하시오.

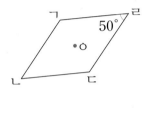

(   )

21 점 ㄱ을 대칭의 중심으로 하는 점대칭도형입니다. ☐ 안에 알맞은 수를 써넣으시오.

(1)
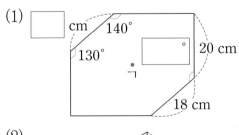

(2)
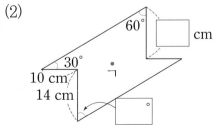

22 다음 사각형은 두 대각선의 길이의 합이 20 cm인 점대칭도형입니다. 선분 ㄴㅇ의 길이는 몇 cm입니까?

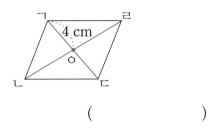

(   )

23 점 ㅈ을 대칭의 중심으로 하는 점대칭도형입니다. 이 도형의 둘레는 몇 cm입니까?

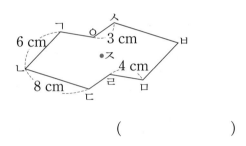

(   )

24 다음 도형은 점 ㅇ을 대칭의 중심으로 하는 점대칭도형입니다. 선분 ㅂㅁ의 길이가 24 cm이고 선분 ㅇㄷ의 길이가 6 cm일 때, 선분 ㄴㅁ의 길이는 몇 cm입니까?

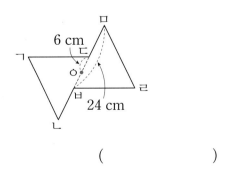

(   )

1 직사각형 ㄱㄴㄷㄹ과 직사각형 ㅁㅂㅅㅇ은 합동입니다. 직사각형 ㄱㄴㄷㄹ의 넓이는 몇 cm²인지 풀이 과정을 쓰고 답을 구하시오.

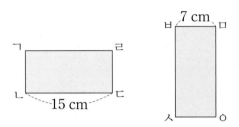

풀이 합동인 도형에서 대응변의 길이는 같으므로

(변 ㄱㄴ)＝(변 ㅁㅂ)＝ ☐ (cm)입니다.

따라서 직사각형 ㄱㄴㄷㄹ의 넓이는

$15 \times$ ☐ $=$ ☐ (cm²)입니다.

답 _____ cm²

1-1 직사각형 ㄱㄴㄷㄹ과 직사각형 ㅁㅂㅅㅇ은 합동입니다. 직사각형 ㅁㅂㅅㅇ의 둘레는 몇 cm인지 풀이 과정을 쓰고 답을 구하시오.

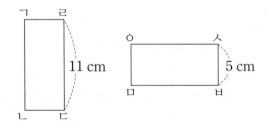

풀이 따라하기 _____

_____

_____

_____

답 _____

2 삼각형 ㄱㄴㄷ과 삼각형 ㅁㄹㄷ은 합동입니다. 각 ㄱㄷㅁ의 크기는 얼마인지 풀이 과정을 쓰고 답을 구하시오.

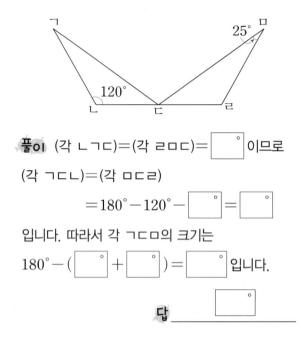

풀이 (각 ㄴㄱㄷ)＝(각 ㄹㅁㄷ)＝ ☐ °이므로

(각 ㄱㄷㄴ)＝(각 ㅁㄷㄹ)

$= 180° - 120° -$ ☐ $°=$ ☐ °

입니다. 따라서 각 ㄱㄷㅁ의 크기는

$180° - ($ ☐ ° $+$ ☐ ° $) =$ ☐ ° 입니다.

답 ☐ °

2-1 삼각형 ㄱㄴㄷ과 삼각형 ㅁㄹㄷ은 합동입니다. 각 ㄱㄷㅁ의 크기는 얼마인지 풀이 과정을 쓰고 답을 구하시오.

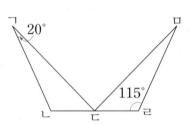

풀이 따라하기 _____

_____

_____

_____

답 _____

3 선분 ㅅㅇ을 대칭축으로 하는 선대칭도형
입니다. 각 ㄱㅂㄷ의 크기는 얼마인지 풀
이 과정을 쓰고 답을 구하시오.

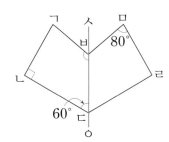

풀이 선대칭도형에서 대응각의 크기는 같으므로

(각 ㅂㄱㄴ)=(각 ㅂㅁㄹ)= ☐ °입니다.

사각형 ㄱㄴㄷㅂ의 네 각의 크기의 합은 360°이

므로 (각 ㄱㅂㄷ)=360°−60°− ☐ °− ☐ °

= ☐ °입니다.

답 _____ °

3-1 선분 ㅅㅇ을 대칭축으로 하는 선대칭도형
입니다. 각 ㄱㅂㄷ의 크기는 얼마인지 풀
이 과정을 쓰고 답을 구하시오.

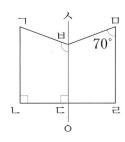

풀이 따라하기 _____

_____

_____

_____

답 _____

4 오른쪽 그림에서
선분 ㄱㄴ을 대칭
축으로 하는 선대
칭도형을 완성했을
때, 완성한 선대칭
도형의 넓이는 몇

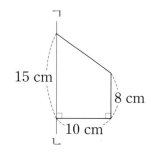

cm²인지 풀이 과정을 쓰고 답을 구하시오.

풀이 완성한 선대칭도형의 넓이는 위 그림의 도

형의 넓이의 ☐ 배입니다.

(완성한 선대칭도형의 넓이)

=(주어진 사다리꼴의 넓이)× ☐ 이므로

(8+ ☐)× ☐ ÷2× ☐ = ☐ (cm²)

입니다.

답 _____ cm²

4-1 오른쪽 그림은 점 ㅇ
을 대칭의 중심으로
하는 점대칭도형의 일
부분입니다. 완성한

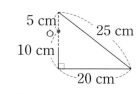

점대칭도형의 넓이는 몇 cm²인지 풀이 과

정을 쓰고 답을 구하시오.

풀이 따라하기 _____

_____

_____

_____

답 _____

1 합동인 도형을 모두 찾아 쓰시오.

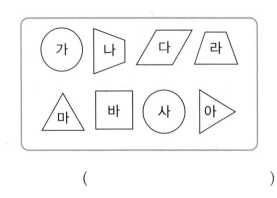

(   )

두 삼각형은 합동입니다. 물음에 답하시오.
[2~4]

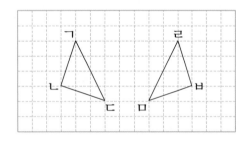

2 점 ㄱ의 대응점은 어느 것입니까?

(   )

3 변 ㄴㄷ의 대응변은 어느 것입니까?

(   )

4 각 ㄹㅁㅂ의 대응각은 어느 것입니까?

(   )

5 도형을 점선을 따라 잘랐을 때, 만들어진 두 도형이 합동이 되지 <u>않는</u> 것을 모두 고르시오. (   )

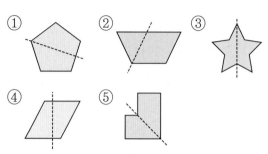

6 두 사각형은 합동입니다. 물음에 답하시오.

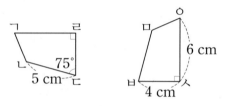

(1) 변 ㄹㄷ의 길이는 몇 cm입니까?

(   )

(2) 각 ㅁㅂㅅ의 크기는 몇 도입니까?

(   )

7 두 삼각형은 합동입니다. 각 ㅁㅂㄹ의 크기는 몇 도입니까?

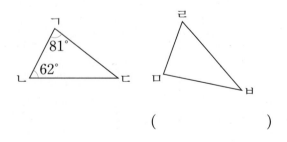

(   )

8 항상 합동이 되는 것을 모두 찾아 기호를 쓰시오.

> ㉠ 둘레가 같은 두 직사각형
> ㉡ 세 변의 길이가 각각 같은 두 삼각형
> ㉢ 넓이가 같은 두 정사각형

(   )

9 다음 사각형은 변 ㄱㄴ과 변 ㄹㄷ의 길이가 같은 사다리꼴입니다. 합동인 삼각형은 모두 몇 쌍 있습니까?

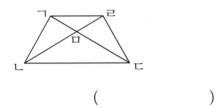

(   )

10 삼각형 ㄱㄴㄷ과 삼각형 ㄹㄷㄴ은 합동입니다. 각 ㄹㅁㄷ의 크기는 몇 도입니까?

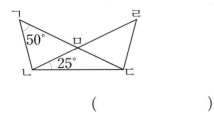

(   )

11 두 삼각형은 합동입니다. 삼각형 ㄱㄴㄷ의 둘레가 30 cm일 때, 두 삼각형으로 만들 수 있는 이등변삼각형의 둘레를 모두 구하시오.

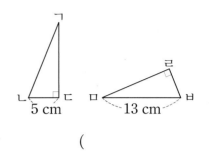

(   )

12 선대칭도형인 것을 모두 찾아 ○표 하시오.

13 오른쪽 선대칭도형에서 대칭축을 모두 찾아 기호를 쓰시오.

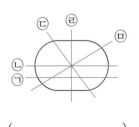

(   )

14 오른쪽 선대칭도형에서 대칭축은 모두 몇 개입니까?

(   )

15 선대칭도형에서 대칭축이 직선 ㉠일 때와 직선 ㉡일 때, 변 ㄱㄴ의 대응변을 각각 찾아 쓰시오.

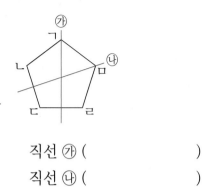

직선 ㉠ (   )

직선 ㉡ (   )

16 선분 ㄱㄴ을 대칭축으로 하는 선대칭도형입니다. ☐ 안에 알맞은 수를 써넣으시오.

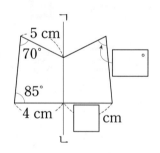

17 점대칭도형을 모두 고르시오. (   )

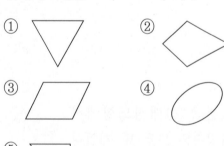

18 대칭의 중심을 찾아 점 ㅇ으로 표시하시오.

(1)   (2)

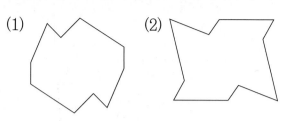

19 선대칭도형도 되고 점대칭도형도 되는 것은 어느 것입니까? (   )

20 점 ㅅ을 대칭의 중심으로 하는 점대칭도형입니다. 변 ㄷㄹ의 길이는 몇 cm입니까?

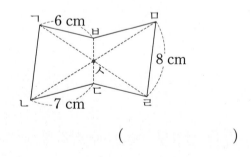

(   )

21 점대칭도형이 되도록 그림을 완성하시오.

22 두 삼각형은 합동입니다. 삼각형 ㄱㄴㄷ의 둘레는 몇 cm인지 풀이 과정을 쓰고 답을 구하시오.

서술형

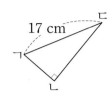 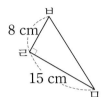

17 cm
8 cm
15 cm

풀이

답

23 다음 도형은 점대칭도형이 아닙니다. 그 이유를 설명하시오.

풀이

24 다음 점대칭도형의 둘레가 28 cm일 때, 변 ㄱㄹ의 길이는 몇 cm인지 풀이 과정을 쓰고 답을 구하시오.

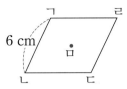

6 cm

풀이

답

25 다음 점대칭도형에서 변 ㄱㄴ과 변 ㄹㅇ의 길이가 같을 때, 각 ㄹㅇㄷ의 크기는 몇 도 인지 풀이 과정을 쓰고 답을 구하시오.

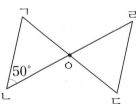

50°

풀이

답

단원

1 거울을 대칭축에 대어 보고, 숨겨진 자음이 무엇인지 알아보시오.

(1)

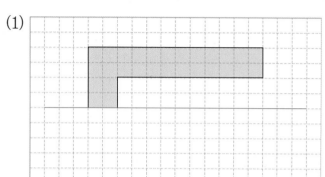

숨겨진 자음

(2)

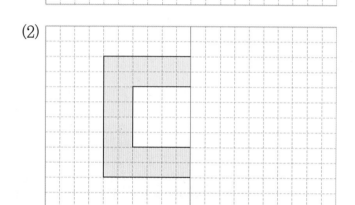

숨겨진 자음

(3)

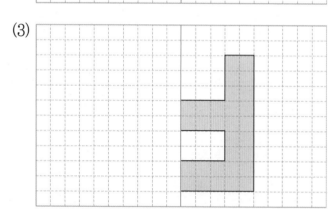

숨겨진 자음

2 위 **1**에서 만들어진 자음 중에서 점대칭인 것을 찾아 쓰시오.

(   )

착시현상

"예슬아, 이것 봐. 이 중에서 가장 긴 것이 어느 것일까? 또 가와 나 중에서 어떤 것이 더 커 보여?

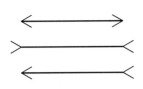

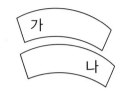

"보니까 두 번째 선이 가장 길어 보이는데? 또, 가보다는 나가 더 커 보여."
"그렇지? 그런데 이것 봐봐. 실제로는 세 선분의 길이가 똑같고, 가와 나가 똑같아."

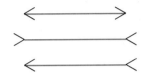

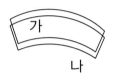

"정말 그러네? 햐~신기하다."

"이런 것을 착시라고 해. 착시(illusion)란 실제와는 다르게 왜곡되어 보이는 현상을 말하는 거야. 실제가 아니라는 것을 알면서도 어쩔 수 없이 그렇게 느끼는 거지. 화살표는 똑같은 길이의 직선과 각각 다른 방향의 꺾음 괄호로 구성되어 있을 뿐이잖아? 그런데 직선의 길이가 서로 달라 보이지? 이 착시 현상으로 알 수 있는 것은 우리의 시각 시스템은 깊이나 거리를 판단할 때 안쪽으로 꺾인 각의 물체와 바깥쪽으로 꺾인 각의 물체의 거리를 다르게 판단한다는 거야. 오른쪽 가와 나의 크기 비교는 제스트로 현상이라고 하는데, 1889년 조셉 제스트로(Joseph jastrow)에 의해 발견된 것이야. 아래 것이 더 커 보이지만 실제로는 동일한 것, 즉 비교로 인한 착시현상이지."

"신기해…… 눈으로 보면서도 알 수 없다니, 이젠 눈을 완전히 믿을 수 없을 것 같아. 영수야, 우리가 눈을 완전히 믿을 수 없다면 도형이 서로 같다는 것을 어떻게 알 수 있을까?"
"다음 그림들을 봐봐. 처음 두 원은 색깔의 차이가 있어 크기가 달라 보이지만, 사실은 크기와 모양이 같아. 두 번째 그림 속 두 도형은 가로로 길거나 세로로 길어 크기가 달라 보이지만 사실은 크기와 모양이 같아. 세 번째 그림 속 세 삼각형도 역시 위치에 따라 달라 보이지만 크기와 모양이 같고."

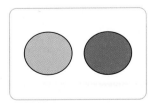

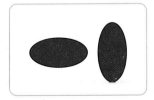

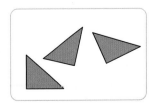

"이렇게 크기와 모양이 같은 그림을 이용해서 에셔(Escher. 1898년~1972년)라는 네덜란드 화가는 테셀레이션이라는 작품을 만들기도 했어."

"테셀레이션?"

"응. 테셀레이션은 동일한 모양을 이용해 틈이나 포개짐 없이 평면이나 공간을 완전하게 덮는 것을 말해. 이것 봐. 대단하지?"

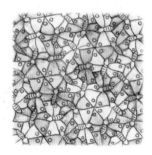
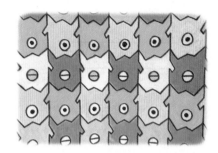

"아~ 이건 보도블록의 모양이나 욕실에 붙어 있는 타일의 모양과 마찬가지로 똑같은 모양과 크기를 가진 도형들로 이루어져 있구나."

"이러한 테셀레이션은 이슬람 문화의 벽걸이, 융단, 퀼트, 옷, 깔개, 타일, 건축물에도 잘 나타나 있어. 또 한국 전통 문양에서도 많이 찾아볼 수 있지. 이러한 테셀레이션이 우리에게 단지 예술적인 아름다움만 주는 것은 아니야. 그 속에는 무한한 수학적 개념과 의미가 들어 있어. 도형의 각의 크기, 대칭, 합동 등 다양한 도형의 성질을 흥미롭게 학습할 수 있도록 해준단다."

왼쪽 도형과 모양과 크기가 똑같은 것은 어느 것인지 기호를 쓰시오.

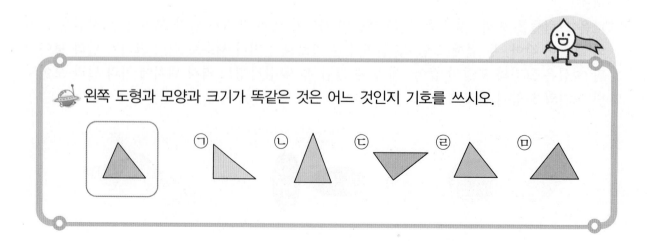

④ 소수의 곱셈

Step 1 개념 탄탄 **1. (1보다 작은 소수)×(자연수) 알아보기**

교과서 개념을 이해하고 확인 문제를 통해 익혀요.

(1보다 작은 소수)×(자연수) 알아보기

• 0.5×3의 계산

① 덧셈식으로 고쳐서 계산하기

$$0.5 \times 3 = 0.5 + 0.5 + 0.5 = 1.5$$

② 분수의 곱셈으로 고쳐서 계산하기

$$0.5 \times 3 = \frac{5}{10} \times 3 = \frac{5 \times 3}{10} = \frac{15}{10} = 1.5$$

소수를 분수로 고치기   분수를 소수로 고치기

③ 0.1의 개수로 계산하기

0.5는 0.1이 5개이고. 0.5×3은 0.1이 5×3=15(개)입니다.
따라서 0.5×3=1.5입니다.

> **개념 잡기**
>
> ↻ 0.5×3의 계산
> ① 0.5×3은 0.5를 3번 더한 것과 같습니다.
> ② 0.5×3은 0.5를 $\frac{5}{10}$로 고쳐서 분수의 곱셈으로 계산할 수 있습니다.
> ③ 0.5×3은 0.1이 5개씩 3묶음입니다.

개념확인 1

(1보다 작은 소수)×(자연수) 알아보기(1)

수직선을 보고 ☐ 안에 알맞은 수를 써넣으시오.

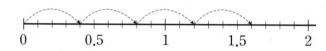

(1) 0.4씩 4번이면 ☐ 입니다.

(2) 덧셈식으로 나타내면 0.4+0.4+0.4+0.4=☐ 입니다.

(3) 곱셈식으로 나타내면 0.4×4=☐ 입니다.

개념확인 2

(1보다 작은 소수)×(자연수) 알아보기(2)

분수의 곱셈으로 고쳐서 계산한 것입니다. ☐ 안에 알맞은 수를 써넣으시오.

(1) $0.4 \times 8 = \dfrac{\square}{10} \times 8 = \dfrac{\square}{10} = \square$

(2) $0.3 \times 7 = \dfrac{\square}{10} \times 7 = \dfrac{\square}{10} = \square$

1 그림을 보고 □ 안에 알맞은 수를 써넣으시오.

(1)
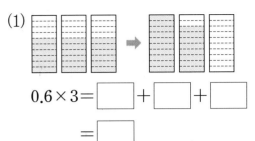

$$0.6 \times 3 = \boxed{} + \boxed{} + \boxed{}$$

$$= \boxed{}$$

(2)
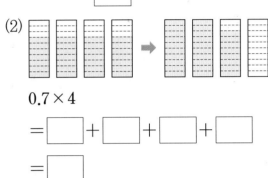

0.7×4

$$= \boxed{} + \boxed{} + \boxed{} + \boxed{}$$

$$= \boxed{}$$

2 0.3×4를 수직선에 나타내고 □ 안에 알맞은 수를 써넣으시오.

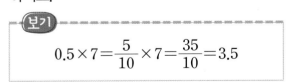

$$0.3 \times 4 = \boxed{}$$

3 보기와 같이 분수의 곱셈으로 고쳐서 계산하시오.

보기
$$0.5 \times 7 = \frac{5}{10} \times 7 = \frac{35}{10} = 3.5$$

(1) 0.9×4 _____

(2) 0.7×3 _____

4 □ 안에 알맞은 수를 써넣으시오.

(1) 0.8은 0.1이 □ 개이고, 0.8×7은

0.1이 □ $\times 7 =$ □ (개)입니다.

따라서 $0.8 \times 7 =$ □ 입니다.

(2) 0.6은 0.1이 □ 개이고, 0.6×9는

0.1이 □ $\times 9 =$ □ (개)입니다.

따라서 $0.6 \times 9 =$ □ 입니다.

5 계산을 하시오.

(1) 0.2×8 (2) 0.4×6

(3) 0.5×5 (4) 0.7×6

6 빈 곳에 알맞은 수를 써넣으시오.

(1)
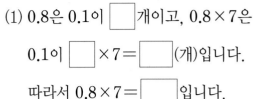

(2)
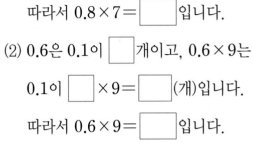

Step 1 개념 탄탄 2. (1보다 큰 소수)×(자연수) 알아보기

교과서 개념을 이해하고 확인 문제를 통해 익혀요.

◐ (1보다 큰 소수)×(자연수) 알아보기

• 1.2×3의 계산

① 덧셈식으로 고쳐서 계산하기

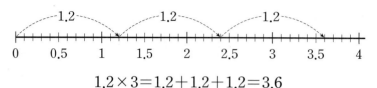

$$1.2×3=1.2+1.2+1.2=3.6$$

② 분수의 곱셈으로 고쳐서 계산하기

$$1.2×3=\frac{12}{10}×3=\frac{12×3}{10}=\frac{36}{10}=3.6$$

소수를 분수로 고치기   분수를 소수로 고치기

③ 0.1의 개수로 계산하기

1.2는 0.1이 12개이고, 1.2×3은 0.1이 12×3=36(개)입니다.
따라서 1.2×3=3.6입니다.

개 · 념 · 잡 · 기

◐ 1.2×3의 계산
① 1.2×3은 1.2를 3번 더한 것과 같습니다.
② 1.2×3은 1.2를 $\frac{12}{10}$로 고쳐서 분수의 곱셈으로 계산할 수 있습니다.
③ 1.2×3은 0.1이 12개씩 3묶음입니다.

개념확인 1

(1보다 큰 소수)×(자연수) 알아보기 (1)

수 막대를 보고 ☐ 안에 알맞은 수를 써넣으시오.

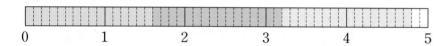

(1) 1.6씩 3번이면 ☐ 입니다.

(2) 덧셈식으로 나타내면 1.6+1.6+1.6=☐ 입니다.

(3) 곱셈식으로 나타내면 1.6×3=☐ 입니다.

개념확인 2

(1보다 큰 소수)×(자연수) 알아보기 (2)

분수의 곱셈으로 고쳐서 계산한 것입니다. ☐ 안에 알맞은 수를 써넣으시오.

(1) $1.3×4=\dfrac{\boxed{}}{10}×4=\dfrac{\boxed{}×4}{10}=\dfrac{\boxed{}}{10}=\boxed{}$

(2) $1.43×5=\dfrac{\boxed{}}{100}×5=\dfrac{\boxed{}×5}{100}=\dfrac{\boxed{}}{100}=\boxed{}$

Step 2 핵심 쏙쏙

기본 문제를 통해 교과서 개념을 다져요.

1 그림을 보고 □ 안에 알맞은 수를 써넣으시오.

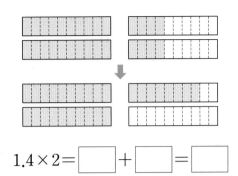

$1.4 \times 2 = \boxed{} + \boxed{} = \boxed{}$

2 덧셈식으로 고쳐서 계산하시오.

(1) 1.5×5 _____

(2) 1.8×4 _____

(3) 4.2×3 _____

3 □ 안에 알맞은 수를 써넣으시오.

(1) $3.2 \times 8 = \dfrac{\boxed{}}{10} \times 8 = \dfrac{\boxed{}}{10}$

$= \boxed{}$

(2) $1.3 \times 7 = \dfrac{\boxed{}}{10} \times 7 = \dfrac{\boxed{}}{10}$

$= \boxed{}$

(3) $2.62 \times 4 = \dfrac{\boxed{}}{100} \times 4 = \dfrac{\boxed{}}{100}$

$= \boxed{}$

4 □ 안에 알맞은 수를 써넣으시오.

(1) 4.8은 0.1이 □ 개이고, 4.8×7은

0.1이 □ ×7= □ (개)입니다.

따라서 4.8×7= □ 입니다.

(2) 3.6은 0.1이 □ 개이고 3.6×9는

0.1이 □ ×9= □ (개)입니다.

따라서 3.6×9= □ 입니다.

(3) 1.72는 0.01이 □ 개이고 1.72×6

은 0.01이 □ ×6= □ (개)입

니다.

따라서 1.72×6= □ 입니다.

5 계산을 하시오.

(1) 2.3×8 (2) 4.1×4

(3) 6.21×3 (4) 5.22×5

6 빈 곳에 알맞은 수를 써넣으시오.

(1)
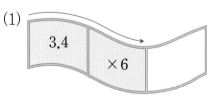

(2)
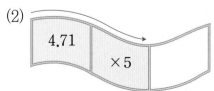

(자연수)×(1보다 작은 소수) 알아보기

• 2×0.6의 계산

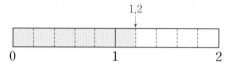

2를 10등분 한 다음 6칸을 색칠합니다.

한 칸의 크기가 0.2이므로 색칠한 부분은 1.2입니다.

① 분수의 곱셈으로 고쳐서 계산하기

$$2×0.6=2×\frac{6}{10}=\frac{2×6}{10}=\frac{12}{10}=1.2$$

소수를 분수로 고치기   분수를 소수로 고치기

② 자연수의 곱셈을 이용하여 계산하기

$2×6=12$ 0.6은 6의 $\frac{1}{10}$배   ┌ 곱하는 수가 $\frac{1}{10}$ 배가 되면

➡ $2×0.6=1.2$ 1.2는 12의 $\frac{1}{10}$배   ⟵ └ 곱도 $\frac{1}{10}$ 배가 됩니다.

개 념 잡 기

♧ 2×0.6의 계산

① 2×0.6은 0.6을 $\frac{6}{10}$으로 고쳐서 분수의 곱셈으로 계산할 수 있습니다.

② 2×6을 계산한 후 곱하는 수의 소수점 위치에 맞추어 곱에 소수점을 찍습니다.

개념확인 1

(자연수)×(1보다 작은 소수) 알아보기(1)

2×0.8을 여러 가지 방법으로 계산한 것입니다. 물음에 답하시오.

(1) 2×0.8을 수 막대에 색칠하시오.

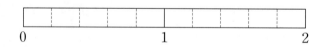

(2) 분수의 곱셈으로 고쳐서 계산하시오.

$$2×0.8=2×\frac{8}{10}=\frac{2×\square}{10}=\frac{\square}{10}=\square$$

(3) 자연수의 곱셈을 먼저 계산하고 소수점을 찍어서 계산하시오.

$$\begin{array}{r}2\\\times\ 8\\\hline\square\end{array} \Rightarrow \begin{array}{r}2\\\times0.8\\\hline\square\end{array}$$

개념확인 2

(자연수)×(1보다 작은 소수) 알아보기(2)

☐ 안에 알맞은 수를 써넣으시오.

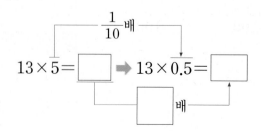

Step 2 핵심 쏙쏙

기본 문제를 통해 교과서 개념을 다져요.

1 4×0.8을 수 막대에 색칠하고 ☐ 안에 알맞은 수를 써넣으시오.

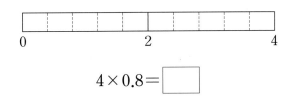

0   2   4

$4 \times 0.8 = \boxed{}$

2 ☐ 안에 알맞은 수를 써넣으시오.

(1) $3 \times 0.7 = 3 \times \dfrac{\boxed{}}{10} = \dfrac{\boxed{}}{10}$

$= \boxed{}$

(2) $12 \times 0.3 = 12 \times \dfrac{\boxed{}}{10} = \dfrac{\boxed{}}{10}$

$= \boxed{}$

(3) $14 \times 0.12 = 14 \times \dfrac{\boxed{}}{100} = \dfrac{\boxed{}}{100}$

$= \boxed{}$

3 ☐ 안에 알맞은 수를 써넣으시오.

(1)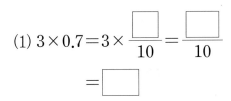

$\begin{array}{r} 1\,9 \\ \times\ \ 7 \\ \hline \boxed{} \end{array}$ ➡ $\begin{array}{r} 1\,9 \\ \times 0.7 \\ \hline \boxed{} \end{array}$

(2) $\begin{array}{r} 5\,2 \\ \times\ \ 3\,6 \\ \hline \boxed{} \end{array}$ ➡ $\begin{array}{r} 5\,2 \\ \times 0.3\,6 \\ \hline \boxed{} \end{array}$

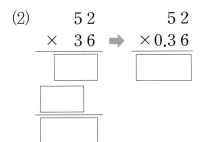

4 보기와 같이 분수의 곱셈으로 고쳐서 계산하시오.

보기

$$7 \times 0.8 = 7 \times \dfrac{8}{10} = \dfrac{56}{10} = 5.6$$

(1) 9×0.7 _____

(2) 21×0.4 _____

5 계산을 하시오.

(1) 7×0.5 (2) 12×0.6

(3) $\begin{array}{r} 1\,5 \\ \times 0.7 \\ \hline \end{array}$ (4) $\begin{array}{r} 2\,3 \\ \times 0.1\,3 \\ \hline \end{array}$

6 ☐ 안에 알맞은 수를 써넣으시오.

(1) $9 \times 0.9 = \boxed{}$

$0.9 \times 9 = \boxed{}$

(2) $5 \times 0.23 = \boxed{}$

$0.23 \times 5 = \boxed{}$

7 빈 곳에 알맞은 수를 써넣으시오.

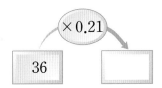

$\times 0.21$

36 → $\boxed{}$

(자연수)×(1보다 큰 소수) 알아보기

• 3×1.5의 계산

① 분수의 곱셈으로 고쳐서 계산하기

$$3 \times 1.5 = 3 \times \frac{15}{10} = \frac{3 \times 15}{10} = \frac{45}{10} = 4.5$$

소수를 분수로 고치기　　　　분수를 소수로 고치기

② 자연수의 곱셈을 이용하여 계산하기

$$\begin{array}{r} 3 \\ \times 1\,5 \\ \hline 4\,5 \end{array} \Rightarrow \begin{array}{r} 3 \\ \times 1.5 \\ \hline 4.5 \end{array}$$

1.5는 15의 $\frac{1}{10}$배

4.5는 45의 $\frac{1}{10}$배

← 곱하는 수가 $\frac{1}{10}$ 배가 되면
곱도 $\frac{1}{10}$ 배가 됩니다.

개념 잡기

3×1.5의 계산

① 3×1.5는 1.5를 $\frac{15}{10}$로 고 쳐서 분수의 곱셈으로 계산 할 수 있습니다.

② 3×15를 계산한 후 곱하는 수의 소수점 위치에 맞추어 곱에 소수점을 찍습니다.

개념확인 1

(자연수)×(1보다 큰 소수) 알아보기(1)

4×1.4를 여러 가지 방법으로 계산한 것입니다. 물음에 답하시오.

(1) 분수의 곱셈으로 고쳐서 계산하시오.

$$4 \times 1.4 = 4 \times \frac{\boxed{}}{10} = \frac{4 \times \boxed{}}{10} = \frac{\boxed{}}{10} = \boxed{}$$

(2) 자연수의 곱셈을 먼저 계산하고 소수점을 찍어서 계산하시오.

$$\begin{array}{r} 4 \\ \times 1\,4 \\ \hline \boxed{} \end{array} \Rightarrow \begin{array}{r} 4 \\ \times 1.4 \\ \hline \boxed{} \end{array}$$

개념확인 2

(자연수)×(1보다 큰 소수) 알아보기(2)

☐ 안에 알맞은 수를 써넣으시오.

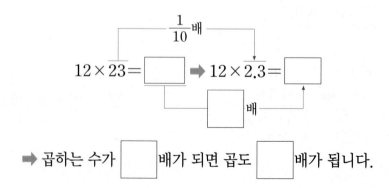

➡ 곱하는 수가 ☐ 배가 되면 곱도 ☐ 배가 됩니다.

기본 문제를 통해 교과서 개념을 다져요.

1 오른쪽 그림을 보고 □ 안에 알맞은 수를 써넣으시오.

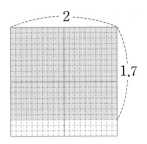

$$2 \times 1.7 = 2 \times \frac{\boxed{}}{10} = \frac{2 \times \boxed{}}{10}$$

$$= \frac{\boxed{}}{10} = \boxed{}$$

2 □ 안에 알맞은 수를 써넣으시오.

(1) $24 \times 2.5 = 24 \times \dfrac{\boxed{}}{10} = \dfrac{\boxed{}}{10}$

$$= \boxed{}$$

(2) $13 \times 1.24 = 13 \times \dfrac{\boxed{}}{100} = \dfrac{\boxed{}}{100}$

$$= \boxed{}$$

3 □ 안에 알맞은 수를 써넣으시오.

(1)
$$\begin{array}{r} 9 \\ \times\,1\,5 \\ \hline \boxed{} \end{array} \Rightarrow \begin{array}{r} 9 \\ \times\,1.5 \\ \hline \boxed{} \end{array}$$

$$\boxed{}$$

$$\boxed{}$$

(2)
$$\begin{array}{r} 3\,5 \\ \times\,\,2\,3 \\ \hline \boxed{} \end{array} \Rightarrow \begin{array}{r} 3\,5 \\ \times\,2.3 \\ \hline \boxed{} \end{array}$$

$$\boxed{}$$

$$\boxed{}$$

4 보기 와 같이 분수의 곱셈으로 고쳐서 계산하시오.

보기
$$6 \times 2.5 = 6 \times \frac{25}{10} = \frac{150}{10} = 15$$

(1) 11×4.2 _____

(2) 10×1.34 _____

5 계산을 하시오.

(1) 8×1.2 (2) 12×1.5

(3)
$$\begin{array}{r} 1\,5 \\ \times\,1\,0.3 \\ \hline \end{array}$$

(4)
$$\begin{array}{r} 2\,6 \\ \times\,2.2\,1 \\ \hline \end{array}$$

6 직사각형의 넓이는 몇 cm^2입니까?

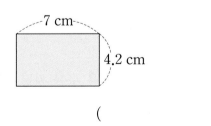

(   )

유형 ① (1보다 작은 소수)×(자연수) 알아보기

• 0.3×4의 계산
  ① 덧셈식으로 고쳐서 계산하기
    0.3×4=0.3+0.3+0.3+0.3=1.2
  ② 분수의 곱셈으로 고쳐서 계산하기
    $0.3×4=\frac{3}{10}×4=\frac{12}{10}=1.2$
  ③ 0.1의 개수로 계산하기
    0.3은 0.1이 3개이고 0.3×4는 0.1이
    3×4=12(개)입니다.
    따라서 0.3×4=1.2입니다.

대표유형

1-1 분수의 곱셈으로 고쳐서 계산하시오.

(1) 0.8×4 _____

(2) 0.3×9 _____

1-2 계산을 하시오.

(1) 0.6×3   (2) 0.2×9

(3) 0.5×7   (4) 0.9×8

1-3 빈칸에 알맞은 수를 써넣으시오.

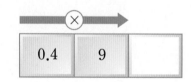

1-4 곱이 가장 큰 것을 찾아 기호를 쓰시오.

| ㉠ 0.2×8 | ㉡ 0.6×6 |
| ㉢ 0.5×3 | ㉣ 0.4×8 |

(   )

1-5 한 변이 0.7 m인 정오각형이 있습니다. 이 정오각형의 둘레는 몇 m입니까?

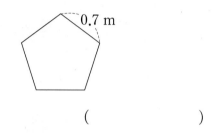

(   )

시험에 잘 나와요

1-6 동민이는 하루에 우유를 0.6 L씩 마십니다. 동민이가 8일 동안 마신 우유는 모두 몇 L입니까?

(   )

1-7 규형이는 0.8 m짜리 끈을 7개 가지고 있습니다. 규형이가 가지고 있는 끈은 모두 몇 m입니까?

(   )

유형 **2** (1보다 큰 소수)×(자연수) 알아보기

• 1.4×3의 계산

① 덧셈식으로 고쳐서 계산하기

$1.4 \times 3 = 1.4 + 1.4 + 1.4 = 4.2$

② 분수의 곱셈으로 고쳐서 계산하기

$1.4 \times 3 = \frac{14}{10} \times 3 = \frac{42}{10} = 4.2$

③ 0.1의 개수로 계산하기

1.4는 0.1이 14개이고 1.4×3은 0.1이

$14 \times 3 = 42$(개)입니다.

따라서 1.4×3=4.2입니다.

대표유형

2-1 보기와 같이 분수의 곱셈으로 고쳐서 계산하시오.

보기
$$1.6 \times 6 = \frac{16}{10} \times 6 = \frac{96}{10} = 9.6$$

(1) 1.8×4 _____

(2) 3.7×3 _____

2-2 관계있는 것끼리 선으로 이으시오.

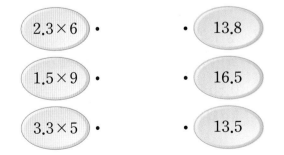

2-3 계산이 <u>잘못된</u> 것은 어느 것입니까?

(   )

① $3.9 \times 4 = 15.6$

② $5.7 \times 5 = 28.5$

③ $9.2 \times 7 = 63.4$

④ $2.8 \times 3 = 8.4$

⑤ $4.6 \times 9 = 41.4$

2-4 9.42의 8배는 얼마입니까?

(   )

2-5 탁구공 1개의 무게는 2.7g입니다. 같은 탁구공 7개의 무게는 몇 g입니까?

(   )

잘 틀려요

2-6 가로가 8.3 m이고 세로가 9 m인 직사각형 모양의 밭이 있습니다. 이 밭의 넓이는 몇 m^2입니까?

(   )

유형 3 (자연수)×(1보다 작은 소수) 계산하기

• 3×0.7의 계산

① 분수의 곱셈으로 고쳐서 계산하기

$$3 \times 0.7 = 3 \times \frac{7}{10} = \frac{21}{10} = 2.1$$

② 자연수의 곱셈을 이용하여 계산하기

$$\begin{array}{r} 3 \\ \times\ 7 \\ \hline 2\,1 \end{array} \Rightarrow \begin{array}{r} 3 \\ \times 0.7 \\ \hline 2.1 \end{array}$$

대표유형

3-1 그림을 보고 □ 안에 알맞은 수를 써넣으시오.

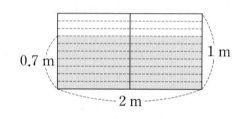

$$2 \times 0.7 = 2 \times \frac{\boxed{}}{10} = \frac{\boxed{}}{10} = \boxed{}$$

3-2 분수의 곱셈으로 고쳐서 계산하시오.

5×0.23

3-3 계산을 하시오.

(1) 7×0.6 (2) 32×0.5

(3) $\begin{array}{r} 2\,6 \\ \times 0.3\,2 \\ \hline \end{array}$ (4) $\begin{array}{r} 4\,7 \\ \times 0.8\,4 \\ \hline \end{array}$

3-4 빈 곳에 알맞은 수를 써넣으시오.

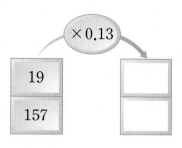

3-5 계산 결과가 더 큰 것을 찾아 기호를 쓰시오.

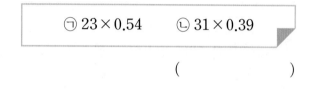

(   )

3-6 길이가 30 m인 색 테이프가 있습니다. 색칠한 부분의 길이는 몇 m입니까?

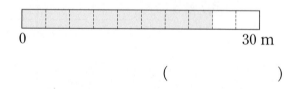

(   )

3-7 영수의 책가방의 무게는 2 kg이고 지혜의 책가방의 무게는 영수의 책가방의 무게의 0.85배입니다. 지혜의 책가방의 무게는 몇 kg입니까?

(   )

유형 ④ (자연수)×(1보다 큰 소수) 계산하기

- 2×1.4의 계산

① 분수의 곱셈으로 고쳐서 계산하기

$$2 \times 1.4 = 2 \times \frac{14}{10} = \frac{28}{10} = 2.8$$

② 자연수의 곱셈을 이용하여 계산하기

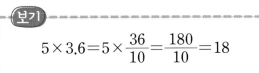

4-1 〔보기〕와 같이 분수의 곱셈으로 고쳐서 계산하시오.

〔보기〕

$$5 \times 3.6 = 5 \times \frac{36}{10} = \frac{180}{10} = 18$$

(1) 11×2.8 _____

(2) 20×2.52 _____

4-2 □ 안에 알맞은 수를 써넣으시오.

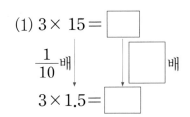

(1) 3× 15 = ☐

$\frac{1}{10}$배 ↓ ☐배

3×1.5 = ☐

(2) 6× 124 = ☐

$\frac{1}{100}$배 ↓ ☐배

6×1.24 = ☐

4-3 계산을 하시오.

(1) 9×3.5   (2) 13×4.2

(3)　　2 7   (4)　　4 2
　　×1.1 2   　　×5.0 3

4-4 ○ 안에 >, =, <를 알맞게 써넣으시오.

| 19×15.8 | ○ | 210×1.51 |

4-5 평행사변형의 넓이는 몇 cm²입니까?

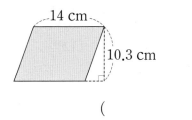

14 cm

10.3 cm

(　　　　　　)

✗잘 틀려요

4-6 1 L의 휘발유로 17 km를 가는 자동차가 있습니다. 이 자동차는 32.86 L의 휘발유로 몇 km를 갈 수 있습니까?

(　　　　　　)

Step 1 개념 탄탄 5. 1보다 작은 소수끼리의 곱셈 알아보기

교과서 개념을 이해하고 확인 문제를 통해 익혀요.

○ 1보다 작은 소수끼리의 곱셈 알아보기

① 분수의 곱셈으로 고쳐서 계산하기

$$0.7 \times 0.4 = \frac{7}{10} \times \frac{4}{10} = \frac{28}{100} = 0.28$$

$$0.08 \times 0.9 = \frac{8}{100} \times \frac{9}{10} = \frac{72}{1000} = 0.072$$

② 자연수의 곱셈을 이용하여 계산하기

$$7 \times 4 = 28$$
$\frac{1}{10}$배 $\frac{1}{10}$배 $\frac{1}{100}$배
$$0.7 \times 0.4 = 0.28$$

0.7은 7의 $\frac{1}{10}$배, 0.4는 4의 $\frac{1}{10}$배이므로 0.7×0.4는 28의 $\frac{1}{100}$배인 0.28입니다.

$$8 \times 9 = 72$$
$\frac{1}{100}$배 $\frac{1}{10}$배 $\frac{1}{1000}$배
$$0.08 \times 0.9 = 0.072$$

0.08은 8의 $\frac{1}{100}$배, 0.9는 9의 $\frac{1}{10}$배이므로 0.08×0.9는 72의 $\frac{1}{1000}$배인 0.072입니다.

> **개념잡기**
> ○ 소수의 곱셈은 자연수의 곱셈 결과에 소수의 크기를 생각하여 소수점을 찍어 주면 됩니다. 7×4=28인데 0.7에 0.4를 곱하면 0.7보다 작은 값이 나와야 하므로 계산 결과는 0.28이 됩니다.

개념확인 1

1보다 작은 소수끼리의 곱셈 알아보기(1)

0.8×0.7을 알아보려고 합니다. 물음에 답하시오.

(1) 작은 정사각형 한 개의 넓이는 몇 m²입니까?

( )

(2) 색칠한 직사각형에는 작은 정사각형이 몇 개 있습니까?

( )

(3) 색칠한 직사각형의 넓이는 몇 m²입니까?

( )

(4) 0.8×0.7은 얼마입니까?

( )

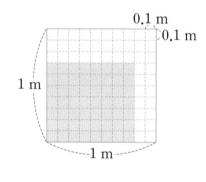

개념확인 2

1보다 작은 소수끼리의 곱셈 알아보기(2)

□ 안에 알맞은 수를 써넣으시오.

(1) $0.6 \times 0.8 = \dfrac{\square}{10} \times \dfrac{\square}{10} = \dfrac{\square}{100} = \square$

(2) $0.05 \times 0.7 = \dfrac{\square}{100} \times \dfrac{\square}{10} = \dfrac{\square}{1000} = \square$

핵심 쏙쏙

기본 문제를 통해 교과서 개념을 다져요.

1 그림을 보고 □ 안에 알맞은 수를 써넣으시오.

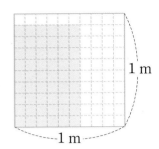

$$0.6 \times 0.9 = \frac{\boxed{}}{10} \times \frac{\boxed{}}{10}$$

$$= \frac{\boxed{}}{100} = \boxed{}$$

2 분수의 곱셈으로 고쳐서 계산하시오.

(1) 0.8×0.8 _____

(2) 0.7×0.04 _____

(3) 0.06×0.3 _____

3 계산을 하시오.

(1) 0.6×0.5 (2) 0.4×0.8

(3) $\begin{array}{r} 0.6\,1 \\ \times\ \ 0.7 \\ \hline \end{array}$ (4) $\begin{array}{r} 0.2\,8 \\ \times\ \ 0.3 \\ \hline \end{array}$

(5) $\begin{array}{r} 0.0\,8 \\ \times\ \ 0.6 \\ \hline \end{array}$ (6) $\begin{array}{r} 0.1\,5 \\ \times\ \ 0.5 \\ \hline \end{array}$

4 분수의 곱셈으로 고쳐서 계산한 것입니다. 틀린 부분을 찾아 바르게 고치시오.

$$0.41 \times 0.3 = \frac{41}{100} \times \frac{3}{100} = \frac{123}{10000}$$
$$= 0.0123$$

0.41×0.3 _____

5 □ 안에 알맞은 수를 써넣으시오.

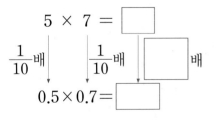

6 빈칸에 알맞은 수를 써넣으시오.

(1)
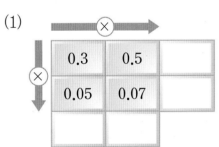

(2)
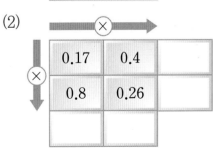

Step 1 개념 탄탄 6.1보다 큰 소수끼리의 곱셈 알아보기

교과서 개념을 이해하고 확인 문제를 통해 익혀요.

○ 1보다 큰 소수끼리의 곱셈 알아보기

① 분수의 곱셈으로 고쳐서 계산하기

$$3.2 \times 2.8 = \frac{32}{10} \times \frac{28}{10} = \frac{896}{100} = 8.96$$

$$2.35 \times 1.7 = \frac{235}{100} \times \frac{17}{10} = \frac{3995}{1000} = 3.995$$

② 자연수의 곱셈을 이용하여 계산하기

$$32 \times 28 = 896$$
$$\frac{1}{10}배 \quad \frac{1}{10}배 \qquad \frac{1}{100}배$$
$$3.2 \times 2.8 = 8.96$$

3.2는 32의 $\frac{1}{10}$배, 2.8은 28의 $\frac{1}{10}$배이므로 3.2×2.8은 896의 $\frac{1}{100}$배인 8.96입니다.

$$235 \times 17 = 3995$$
$$\frac{1}{100}배 \quad \frac{1}{10}배 \qquad \frac{1}{1000}배$$
$$2.35 \times 1.7 = 3.995$$

2.35는 235의 $\frac{1}{100}$배, 1.7은 17의 $\frac{1}{10}$배이므로 2.35×1.7은 3995의 $\frac{1}{1000}$배인 3.995입니다.

개·념·잡·기

○ 32×28＝896인데 3.2에 2.8을 곱하면 3.2×3＝9.6보다 조금 작은 값이 나와야 하므로 계산 결과는 8.96입니다.

개념확인 1

1보다 큰 소수끼리의 곱셈 알아보기(1)

그림을 보고 ☐ 안에 알맞은 수를 써넣으시오.

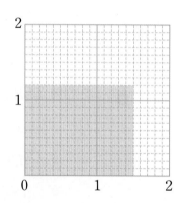

$$1.5 \times 1.2 = \frac{\boxed{}}{10} \times \frac{\boxed{}}{10}$$

$$= \frac{\boxed{}}{100} = \boxed{}$$

개념확인 2

1보다 큰 소수끼리의 곱셈 알아보기(2)

☐ 안에 알맞은 수를 써넣으시오.

(1) $3.4 \times 1.8 = \dfrac{\boxed{}}{10} \times \dfrac{\boxed{}}{10} = \dfrac{\boxed{}}{100} = \boxed{}$

(2) $1.6 \times 1.24 = \dfrac{\boxed{}}{10} \times \dfrac{\boxed{}}{100} = \dfrac{\boxed{}}{1000} = \boxed{}$

1 3.12×2.4를 2가지 방법으로 계산한 것입니다. □ 안에 알맞은 수를 써넣으시오.

(1) 분수의 곱셈으로 고쳐서 계산하기

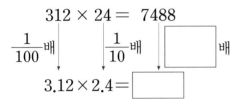

$3.12 \times 2.4 = \dfrac{\boxed{}}{100} \times \dfrac{\boxed{}}{10}$

$= \dfrac{\boxed{}}{1000} = \boxed{}$

(2) 자연수의 곱셈을 이용하여 계산하기

$312 \times 24 = 7488$

$\dfrac{1}{100}$배 ↓　　$\dfrac{1}{10}$배 ↓　　$\boxed{}$배

$3.12 \times 2.4 = \boxed{}$

2 분수의 곱셈으로 고쳐서 계산하시오.

(1) 2.3×3.8 _____

(2) 2.8×4.5 _____

(3) 1.06×2.5 _____

3 관계있는 것끼리 선으로 이으시오.

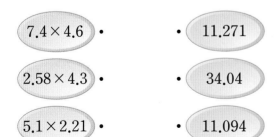

7.4×4.6 •　　• 11.271

2.58×4.3 •　　• 34.04

5.1×2.21 •　　• 11.094

4 계산을 하시오.

(1)
```
    4.7
 ×  3.9
```

(2)
```
   3.2 4
 ×   5.2
```

(3)
```
    9.3
 × 2 1.6
```

(4)
```
   2.0 5
 × 3.1 7
```

5 빈 곳에 알맞은 수를 써넣으시오.

(1)
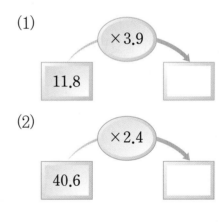

11.8 　×3.9→　□

(2)

40.6 　×2.4→　□

6 계산 결과가 더 큰 것에 ○표 하시오.

(1)
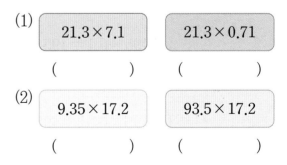

| 21.3×7.1 | 21.3×0.71 |
| (　　) | (　　) |

(2)

| 9.35×17.2 | 93.5×17.2 |
| (　　) | (　　) |

☛ (소수)×10, 100, 1000 알아보기

곱하는 수의 0의 수만큼 곱의 소수점이 오른쪽으로 옮겨집니다.

$$1.34 \times 10 = 13.4 \qquad 1.34 \times 100 = 134 \qquad 1.34 \times 1000 = 1340$$

소수점을 옮길 자리가 없으면 0을 채우면서 옮깁니다.

☛ (자연수)×0.1, 0.01, 0.001 알아보기

곱하는 수의 소수점 아래 자릿수만큼 곱의 소수점이 왼쪽으로 옮겨집니다.

$$250 \times 0.1 = 25 \qquad 250 \times 0.01 = 2.5 \qquad 250 \times 0.001 = 0.250$$

소수점 아래 끝자리 0은 생략합니다.

☛ 곱의 소수점의 위치 알아보기

곱하는 두 수의 소수점 아래 자리 수를 더한 것과 결과값의 소수점 아래 자리 수가 같습니다.

$$7 \times 8 = 56 \Rightarrow 0.7 \times 0.8 = 0.56, \ 0.07 \times 0.8 = 0.056$$

개념 잡기

☛ 소수에 10, 100, 1000을 곱할 때 소수점의 이동
(소수)×10, 100, 1000
➡ 오른쪽으로 한 칸, 두 칸, 세 칸 이동

☛ 자연수에 0.1, 0.01, 0.001을 곱할 때 소수점의 이동
(자연수)×0.1, 0.01, 0.001
➡ 왼쪽으로 한 칸, 두 칸, 세 칸 이동

개념확인 1

(소수)×10, 100, 1000 알아보기

□ 안에 알맞은 수를 써넣으시오.

(1) $2.46 \times 10 = \dfrac{\boxed{}}{100} \times 10 = \dfrac{\boxed{}}{100} = \boxed{}$

(2) $2.46 \times 100 = \dfrac{\boxed{}}{100} \times 100 = \dfrac{\boxed{}}{100} = \boxed{}$

(3) $2.46 \times 1000 = \dfrac{\boxed{}}{100} \times 1000 = \dfrac{\boxed{}}{100} = \boxed{}$

개념확인 2

(자연수)×0.1, 0.01, 0.001 알아보기

□ 안에 알맞은 수를 써넣으시오.

(1) $495 \times 0.1 = 495 \times \dfrac{1}{\boxed{}} = \dfrac{495}{\boxed{}} = \boxed{}$

(2) $495 \times 0.01 = 495 \times \dfrac{1}{\boxed{}} = \dfrac{495}{\boxed{}} = \boxed{}$

(3) $495 \times 0.001 = 495 \times \dfrac{1}{\boxed{}} = \dfrac{495}{\boxed{}} = \boxed{}$

기본 문제를 통해 교과서 개념을 다져요.

1 ☐ 안에 알맞은 수를 써넣으시오.

(1) $0.48 \times 10 = \boxed{}$

$0.48 \times 100 = \boxed{}$

$0.48 \times 1000 = \boxed{}$

(2) $10 \times 1.263 = \boxed{}$

$100 \times 1.263 = \boxed{}$

$1000 \times 1.263 = \boxed{}$

2 ☐ 안에 알맞은 수를 써넣으시오.

(1) $172 \times 0.1 = \boxed{}$

$172 \times 0.01 = \boxed{}$

$172 \times 0.001 = \boxed{}$

(2) $0.1 \times 356 = \boxed{}$

$0.01 \times 356 = \boxed{}$

$0.001 \times 356 = \boxed{}$

3 계산을 하시오.

(1) 2.74×10

(2) 4.25×100

(3) 6.132×1000

4 계산을 하시오.

(1) 528×0.1

(2) 63×0.01

(3) 29×0.001

5 빈 곳에 알맞은 수를 써넣으시오.

(1)

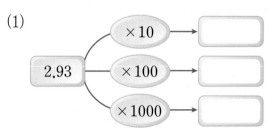

(2)

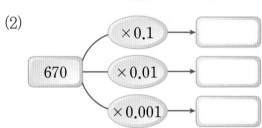

6 보기를 이용하여 계산해 보시오.

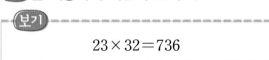

보기

$$23 \times 32 = 736$$

(1) $2.3 \times 3.2 = \boxed{}$

(2) $2.3 \times 0.32 = \boxed{}$

(3) $0.23 \times 0.32 = \boxed{}$

유형 ⑤ 1보다 작은 소수끼리의 곱셈 계산하기

• 0.8×0.4의 계산

① 분수의 곱셈으로 고쳐서 계산하기

$$0.8 \times 0.4 = \frac{8}{10} \times \frac{4}{10} = \frac{32}{100} = 0.32$$

② 자연수의 곱셈을 이용하여 계산하기

0.8은 8의 $\frac{1}{10}$배, 0.4는 4의 $\frac{1}{10}$배이므로

0.8×0.4는 8×4=32의 $\frac{1}{100}$배인 0.32

입니다.

5-1 분수의 곱셈으로 고쳐서 계산하시오.

(1) 0.7×0.6 _____

(2) 0.3×0.17 _____

(3) 0.47×0.4 _____

5-2 □ 안에 알맞은 수를 써넣으시오.

> 7과 3의 곱은 21입니다. 그런데 0.7은 7
>
> 의 $\frac{1}{10}$배이고, 0.3은 3의 ☐ 배이므로
>
> 0.7×0.3의 값은 21의 ☐ 배인
>
> ☐ 입니다.

5-3 계산을 하시오.

(1) 0.9×0.5　　(2) 0.47×0.2

(3) 0.5×0.23　　(4) 0.38×0.41

5-4 빈칸에 알맞은 수를 써넣으시오.

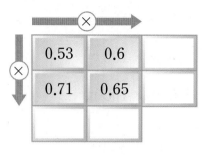

5-5 ○ 안에 >, =, <를 알맞게 써넣으시오.

(1) 0.67×0.3 ○ 0.22×0.9

(2) 0.5×0.83 ○ 0.8×0.52

5-6 빈 곳에 알맞은 수를 써넣으시오.

(1)

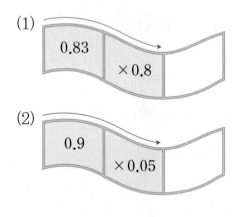

0.83　×0.8

(2)

0.9　×0.05

5-7 정사각형의 넓이는 몇 m²입니까?

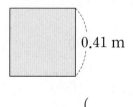

0.41 m

(　　　　　　　)

5-8 계산 결과가 가장 큰 것을 찾아 기호를 쓰시오.

> ㉠ 0.3×0.9
> ㉡ 0.42×0.5
> ㉢ 0.82×0.25

( )

5-9 굵기가 일정한 나무도막 1 m의 무게는 0.48 kg입니다. 이 나무도막 0.6 m의 무게는 몇 kg입니까?

( )

5-10 소금물 1 L에 0.07 kg의 소금이 녹아 있습니다. 이 소금물 0.8 L에는 몇 kg의 소금이 녹아 있습니까?

( )

잘 틀려요

5-11 가영이는 미술 작품을 만드는데 1 m에 0.078 kg인 노란색 철사 0.6 m와 1 m에 0.13 kg인 초록색 철사 0.3 m를 사용했습니다. 미술 작품을 만드는데 사용한 철사의 무게는 모두 몇 kg입니까?

( )

유형 ⑥ 1보다 큰 소수끼리의 곱셈 알아보기

• 1.2×1.1의 계산

① 분수의 곱셈으로 고쳐서 계산하기

$$1.2 \times 1.1 = \frac{12}{10} \times \frac{11}{10} = \frac{132}{100} = 1.32$$

② 자연수의 곱셈을 이용하여 계산하기

1.2는 12의 $\frac{1}{10}$배, 1.1은 11의 $\frac{1}{10}$배이므로

1.2×1.1은 $12 \times 11 = 132$의 $\frac{1}{100}$배인

1.32입니다.

대표유형

6-1 [보기]와 같이 계산하시오.

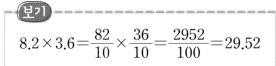

> 보기
> $$8.2 \times 3.6 = \frac{82}{10} \times \frac{36}{10} = \frac{2952}{100} = 29.52$$

3.15×1.2 _____

6-2 □ 안에 알맞은 수를 써넣으시오.

> 15와 19의 곱은 285입니다. 그런데 1.5는 15의 $\frac{1}{10}$배이고, 1.9는 19의 □ 배이므로 1.5×1.9의 값은 285의 □ 배인 □ 입니다.

6-3 계산을 하시오.

(1) 2.7×1.9 (2) 1.05×3.6

(3) 3.4×2.18 (4) 5.13×1.42

6-4 가장 큰 수와 가장 작은 수의 곱을 구하시오.

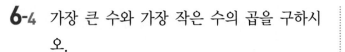

| 5.25 | 3.82 | 6.3 |

( )

6-5 빈칸에 알맞은 수를 써넣으시오.

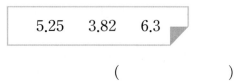

시험에 잘 나와요

6-6 계산 결과가 가장 큰 것부터 차례로 기호를 쓰시오.

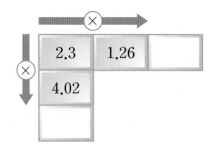

| ㉠ 2.8 × 3.2 | ㉡ 1.9 × 4.1 |
| ㉢ 3.7 × 2.3 | ㉣ 5.1 × 1.3 |

( )

6-7 직사각형의 넓이는 몇 cm²입니까?

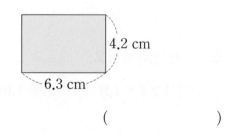

4.2 cm
6.3 cm

( )

6-8 계산 결과를 비교하여 ○ 안에 >, =, < 를 알맞게 써넣으시오.

| 2.74 × 3.1 | ◯ | 2.8 × 3.71 |

잘 틀려요

6-9 설탕 한 포대의 무게는 5.4 kg입니다. 설탕 4포대 반의 무게는 몇 kg입니까?

( )

6-10 1분에 5.25 L의 물이 나오는 수도꼭지가 있습니다. 이 수도꼭지로 3분 30초 동안 물을 받았다면 모두 몇 L의 물을 받았습니까?

( )

시험에 잘 나와요

6-11 동민이의 몸무게는 38.2 kg이고 어머니의 몸무게는 동민이 몸무게의 1.25배입니다. 어머니의 몸무게는 몇 kg입니까?

( )

유형 ⑦ 곱의 소수점의 위치 알아보기

- 소수에 10, 100, 1000을 곱할 때, 곱하는 수의 0의 수만큼 곱의 소수점이 오른쪽으로 옮겨집니다.
- 자연수에 0.1, 0.01, 0.001을 곱할 때, 곱하는 수의 소수점 아래 자릿수만큼 곱의 소수점이 왼쪽으로 옮겨집니다.
- 곱하는 두 수의 소수점 아래 자리 수를 더한 것과 결과 값의 소수점 아래 자리 수가 같습니다.

대표유형

7-1 빈 곳에 알맞은 수를 써넣으시오.

(1)
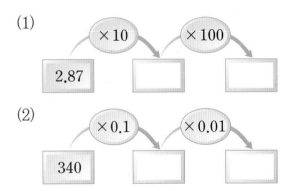

(2)

7-2 계산이 <u>잘못된</u> 것은 어느 것입니까?

(   )

① $1.69 \times 1000 = 1690$

② $2.37 \times 10 = 23.7$

③ $450 \times 0.1 = 4.5$

④ $128 \times 0.01 = 1.28$

⑤ $34 \times 0.001 = 0.034$

7-3 $481 \times 35 = 16835$를 이용하여 □ 안에 알맞은 수를 써넣으시오.

(1) $48.1 \times 3.5 = $

(2) $4.81 \times 3.5 = $

(3) $48.1 \times 0.35 = $

7-4 보기 와 같이 계산이 맞도록 소수점을 찍어 보시오.

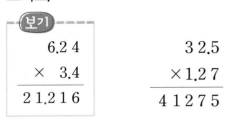

$$3\,2.5$$
$$\times 1.2\,7$$
$$\overline{4\,1\,2\,7\,5}$$

7-5 □ 안에 알맞은 수를 써넣으시오.

(1) $0.456 \times \boxed{} = 45.6$

(2) $0.044 \times \boxed{} = 44$

(3) $364 \times \boxed{} = 36.4$

(4) $2500 \times \boxed{} = 2.5$

7-6 □ 안에 알맞은 수는 어느 것입니까?

(   )

$$31 \times 28 = 868$$
$$\Rightarrow 0.31 \times \boxed{} = 0.0868$$

① 0.028   ② 0.28   ③ 2.8

④ 28   ⑤ 280

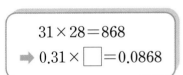

7-7 곱이 가장 큰 것부터 차례로 기호를 쓰시오.

㉠ 24×0.1	㉡ 24×0.001
㉢ 0.024×10	㉣ 0.024×1000

(   )

1 가영이네 집에는 2.5 L들이 생수가 하루에 1통씩 배달됩니다. 4주일 동안 가영이네 집에 배달되는 생수는 몇 L입니까?

(   )

2 계산한 결과를 잘못 어림한 친구를 찾아 이름을 쓰고, 잘못 말한 부분을 바르게 고쳐 보시오.

> 영수 0.58×5
>
> 0.6과 5의 곱으로 어림할 수 있으니까 결과는 3정도가 돼.

> 지혜 0.48×6
>
> 48과 6의 곱은 약 300이니까 0.48과 6의 곱은 30정도가 돼.

잘못 어림한 친구 (   )

> 바르게 고치기

3 신영이의 간식표를 보고 신영이의 간식을 준비하려면 1 L짜리 우유를 적어도 몇 개 사야 합니까?

신영이의 간식표

월	화	수	목	금
우유 0.6 L	주스 0.4 L	우유 0.6 L	주스 0.5 L	우유 0.6 L
귤 2개	사과 1개	고구마 2개	키위 3개	귤 3개

(   )

4 중국과 브라질의 환율이 다음과 같을 때 □ 안에 알맞은 단위를 쓰고, 그렇게 생각한 이유를 어림을 이용하여 써 보시오.

> 〈오늘의 환율〉
> • 우리나라 돈 1000원이 중국 돈 6.04위안입니다.
> • 우리나라 돈 1000원이 브라질 돈 3.55레알입니다.

➡ 우리나라 돈 5000원은 약 20 □ (으)로 바꿀 수 있습니다.

> 이유

5 어떤 수에 12를 곱해야 할 것을 잘못하여 12로 나누었더니 0.85가 되었습니다. 바르게 계산한 값은 얼마입니까?

(   )

6 동민이네 가족은 하루에 물을 250 L씩 사용합니다. 수압밸브를 약하게 조절하면 평소 사용량의 0.15배만큼 아낄 수 있습니다. 수압밸브를 약하게 조절했을 때 하루 동안 동민이네 가족이 아낄 수 있는 물은 몇 L입니까?

(   )

7 웅이가 2000원으로 과자를 사려고 합니다. 사려는 과자의 가격표가 다음과 같이 찢어져 있을 때 웅이는 이 과자를 살 수 있는지 알아보고, 그 이유를 써 보시오.

1 g당 8.8원
치즈맛 과자 250 g

과자를 살 수 (있습니다, 없습니다).

왜냐하면 _____

_____

_____

8 1.5 m 높이에서 공을 떨어뜨렸습니다. 공이 땅에 닿으면 떨어진 높이의 0.4만큼 튀어 오릅니다. 공이 땅에 두 번 닿았다가 튀어 올랐을 때의 높이는 몇 cm입니까?

(   )

9 아버지의 키는 영수의 키의 1.25배입니다. 영수의 키가 142 cm일 때 아버지의 키와 영수의 키의 차는 몇 cm입니까?

(   )

10 몸무게가 45 kg인 사람이 수성과 금성에서 각각 몸무게를 재었을 때 두 행성에서 잰 몸무게의 차는 약 몇 kg입니까?

- 수성에서의 몸무게는 지구에서 잰 몸무게의 약 0.38배입니다.
- 금성에서의 몸무게는 지구에서 잰 몸무게의 약 0.91배입니다.

(   )

11 글을 읽고 2017년 상반기 보건 산업 수출액이 약 54억 달러이면 2018년 상반기 보건 산업 수출액이 얼마인지 구하시오.

보건복지부가 발표한 '보건산업 2018년 상반기 통계'에 따르면 2018년 상반기 보건 산업 수출액은 전년도 같은 시기와 비교할 때 1.31배로 증가 했고, 수입액은 1.21배로 늘어 약 64억 달러에 달했습니다.

(   )

12 1시간에 485마리씩 일정한 빠르기로 늘어나는 미생물이 있습니다. 이 미생물은 48분 동안 모두 몇 마리 늘어납니까?

(   )

13 무게가 0.8 kg인 밀가루 한 봉지의 0.75만큼이 탄수화물 성분입니다. 밀가루 한 봉지에 들어 있는 탄수화물 성분은 몇 kg입니까?

(   )

新 경향문제

14 지혜는 계산기로 0.85×0.4를 계산하려고 두 수를 눌렀는데 한 수의 소수점 위치를 잘못 눌러서 3.4가 나왔습니다. 지혜가 계산기에 누른 두 수를 써 보시오.

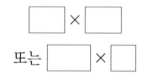

15 $136 \times 32 = 4352$입니다. 1.36×3.2의 값을 어림하여 결과값에 소수점을 나타내고, 그 이유를 써 보시오.

$$1.36 \times 3.2 = 4\square3\square5\square2$$

이유

16 정사각형의 네 변의 가운데 점을 이어 마름모를 그리고 색칠한 것입니다. 색칠한 마름모의 넓이는 몇 cm^2입니까?

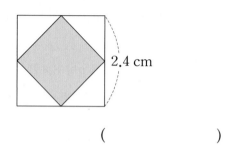

2.4 cm

(   )

17 서울역에서 부산역까지의 거리는 442 km입니다. 한 시간에 92.5 km를 가는 빠르기로 기차가 서울역에서 출발하여 부산역을 향해 가고 있습니다. 기차가 3시간 24분 동안 간 후 잠시 멈췄다면 멈춘 곳에서 부산역까지 남은 거리는 몇 km입니까?

(   )

18 가로가 9.8 m이고, 세로가 8.6 m인 직사각형 모양의 놀이터가 있습니다. 이 놀이터의 가로와 세로를 각각 1.5배씩 늘려 새로운 놀이터를 만들려고 합니다. 새로운 놀이터의 넓이는 몇 m^2인지 알아보시오.

(1) 새로운 놀이터의 가로와 세로는 각각 몇 m입니까?

가로 (   )

세로 (   )

(2) 새로운 놀이터의 넓이는 몇 m^2입니까?

(   )

19 다음 4장의 카드 중에서 3장을 뽑아 소수한 자리 수를 만들려고 합니다. 만들 수 있는 수 중에서 가장 큰 수와 가장 작은 수의 곱을 구하시오.

$$\boxed{4} \quad \boxed{7} \quad \boxed{5} \quad \boxed{.}$$

(   )

20 곱의 소수점 아래 자릿수가 나머지와 <u>다른</u> 하나는 어느 것입니까? (   )

① 0.6×1.21 ② 12.8×3.56
③ 3.98×0.4 ④ 4.7×15.9
⑤ 45.9×1.52

21 ㉠에 알맞은 수는 ㉡에 알맞은 수의 몇 배인지 알아보시오.

$$42.5 \times ㉠ = 425 \qquad 425 \times ㉡ = 4.25$$

(1) ㉠과 ㉡에 알맞은 수는 무엇입니까?

㉠ (   )

㉡ (   )

(2) ㉠에 알맞은 수는 ㉡에 알맞은 수의 몇 배입니까?

(   )

22 곱의 소수점 아래 자릿수가 가장 많은 것부터 차례대로 기호를 쓰시오. (단, 소수점 아래 마지막 숫자가 0이면 생략합니다.)

㉠ 12.5×5.7 ㉡ 43.2×0.83
㉢ 8.2×1.5 ㉣ 2.35×1.27

(   )

新 경향문제

23 두 친구의 대화를 읽고, 빈 곳에 알맞은 이유를 써 보시오.

석기 : 8.6×1.5를 계산했더니 1.29가 나왔어.

한별 : 1.29가 맞는 걸까?

석기 : 8.6이 소수 한 자리 수이고 1.5가 소수 한 자리 수인데 1.29는 소수 두 자리 수니까 맞는 것 같은데?

한별 : 어림해서 맞는지 알아보자. 어림해 보면 _____

_____

따라서 1.29가 아니야.

24 웅이가 키우는 식물은 0.489 m까지 자랐고, 효근이가 키우는 식물은 47.5 cm까지 자랐습니다. 누구의 식물이 더 큰지 구하시오.

(   )

1 한초가 가지고 있는 리본의 길이는 12.25 cm이고 지혜가 가지고 있는 리본의 길이는 한초가 가지고 있는 리본의 길이의 3배입니다. 지혜가 가지고 있는 리본의 길이는 몇 cm인지 풀이 과정을 쓰고 답을 구하시오.

풀이 (지혜가 가지고 있는 리본의 길이)

$=$(한초가 가지고 있는 리본의 길이)$\times$ ☐

$=$ ☐ $\times$ ☐ $=$ ☐ (cm)

답 ☐ cm

2 아버지의 몸무게는 75 kg입니다. 내 몸무게는 아버지 몸무게의 0.52배이고 동생의 몸무게는 내 몸무게의 0.7배입니다. 동생의 몸무게는 몇 kg인지 풀이 과정을 쓰고 답을 구하시오.

풀이 내 몸무게는 아버지 몸무게의 0.52배이므로 75$\times$ ☐ $=$ ☐ (kg)입니다.
동생의 몸무게는 내 몸무게의 0.7배이므로

☐ $\times$ ☐ $=$ ☐ (kg)입니다.

답 ☐ kg

1-1 금붕어의 몸통 길이는 6.3 cm이고 고등어의 몸통 길이는 금붕어의 몸통 길이의 4배입니다. 고등어의 몸통 길이는 몇 cm인지 풀이 과정을 쓰고 답을 구하시오.

풀이 따라하기 _____

_____

_____

_____

답 _____

2-1 어머니의 몸무게는 52.5 kg입니다. 내 몸무게는 어머니 몸무게의 0.64배이고 동생의 몸무게는 내 몸무게의 0.85배입니다. 동생의 몸무게는 몇 kg인지 풀이 과정을 쓰고 답을 구하시오.

풀이 따라하기 _____

_____

_____

_____

_____

답 _____

③ 어떤 수를 4.3으로 나누었더니 3.6이 되었습니다. 어떤 수는 얼마인지 풀이 과정을 쓰고 답을 구하시오.

풀이 어떤 수를 ■라고 하면

■÷4.3＝3.6

➡ ■＝3.6×□＝□ 입니다.

따라서 어떤 수는 □ 입니다.

답 _____

④ 한 시간 동안 85 km를 일정한 빠르기로 달리는 자동차가 있습니다. 이 자동차로 12분 동안 달린다면 몇 km를 갈 수 있는지 풀이 과정을 쓰고 답을 구하시오.

풀이 1시간은 60분이므로 1분＝$\dfrac{□}{60}$ 시간이고,

12분＝$\dfrac{□}{60}$ 시간＝$\dfrac{□}{10}$ 시간＝□ 시간

입니다.

따라서 자동차가 12분 동안 갈 수 있는 거리는

85×□＝□ (km)입니다.

답 _____ km

③-1 어떤 수를 5.6으로 나누었더니 6.2가 되었습니다. 어떤 수는 얼마인지 풀이 과정을 쓰고 답을 구하시오.

풀이 따라하기 _____

_____

_____

_____

답 _____

④-1 한 시간 동안 98 km를 일정한 빠르기로 달리는 자동차가 있습니다. 이 자동차로 1시간 36분 동안 달린다면 몇 km를 갈 수 있는지 풀이 과정을 쓰고 답을 구하시오.

풀이 따라하기 _____

_____

_____

_____

_____

답 _____

단원 평가

1 수직선을 보고 □ 안에 알맞은 수를 써넣으시오.

```
0    0.5    1    1.5    2
```

$$0.4 \times \boxed{} = \boxed{}$$

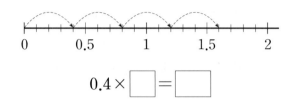 □ 안에 알맞은 수를 써넣으시오. [2~3]

2 $1.34 \times 6 = \dfrac{\boxed{}}{100} \times 6 = \dfrac{\boxed{}}{100}$

$$= \boxed{}$$

3 $7 \times 0.06 = 7 \times \dfrac{\boxed{}}{100} = \dfrac{\boxed{}}{100}$

$$= \boxed{}$$

4 계산 결과가 나머지와 <u>다른</u> 하나는 어느 것입니까? (   )

① 0.8×3

② $0.8 + 0.8 + 0.8$

③ 0.8의 3배

④ $0.8 \times 0.8 \times 0.8$

⑤ 3×0.8

5 □ 안에 알맞은 수를 써넣으시오.

$$0.9 \times 8 = \boxed{}$$

$$8 \times 0.9 = \boxed{}$$

6 계산을 하시오.

(1)
```
    2.6
×    6
```

(2)
```
   2.3 4
×     7
```

(3)
```
   1.8
× 0.8
```

(4)
```
   3.6
× 1.4
```

7 계산이 맞도록 곱에 소수점을 바르게 찍으시오.

(1)
```
   0.7 8
×     8
   6 2 4
```

(2)
```
        6 9
× 0.0 0 7
      4 8 3
```

8 한 변이 0.83 m인 정팔각형의 둘레는 몇 m입니까?

(   )

9 관계있는 것끼리 선으로 이으시오.

9×7.8 •　　　• 74.2

14×5.3 •　　　• 79.2

12×6.6 •　　　• 70.2

10 ♥가 자연수일 때, 계산 결과가 가장 작은 것부터 차례로 기호를 쓰시오.

㉠ ♥ × 1.25　　㉡ ♥ × 0.9
㉢ 0.25 × ♥　　㉣ 10 × ♥

(   )

11 □ 안에 알맞은 수를 써넣으시오.

(1) $5.32 \times \boxed{} = 0.532$

(2) $4680 \times \boxed{} = 46.8$

(3) $0.741 \times \boxed{} = 74.1$

(4) $0.035 \times \boxed{} = 35$

12 $28 \times 35 = 980$을 이용하여 □ 안에 알맞은 수를 써넣으시오.

$2.8 \times 35 = \boxed{}$

$0.28 \times 35 = \boxed{}$

$0.028 \times 35 = \boxed{}$

13 곱이 가장 작은 것은 어느 것입니까?

(   )

① 0.7×0.2　　② 0.07×0.2

③ 7×0.02　　④ 0.7×0.02

⑤ 0.0007×2

14 □ 안에 알맞은 수를 써넣으시오.

(1)
$$\begin{array}{r} 2.8\,5 \\ \times\ \ 3.4 \\ \hline \end{array}$$

(2)
$$\begin{array}{r} 2.3\,6 \\ \times 1.3\,2 \\ \hline \end{array}$$

15 빈칸에 알맞은 수를 써넣으시오.

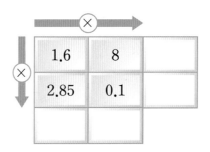

⊗		
1.6	8	
2.85	0.1	

4
단원

16 ○ 안에 >, =, <를 알맞게 써넣으시오.

(1) 8.7×4.3 ◯ 10.6×3.2

(2) 11.8×3.6 ◯ 15.1×2.5

17 □ 안에 들어갈 수 있는 가장 큰 자연수는 얼마입니까?

$3.76 \times 7.2 > \square$

( )

18 평행사변형의 넓이는 몇 cm²입니까?

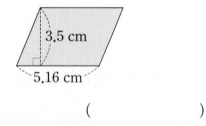

3.5 cm

5.16 cm

( )

19 1시간에 63.45 km를 가는 자동차가 있습니다. 이 자동차가 같은 빠르기로 4시간 동안 달리면 몇 km를 갈 수 있습니까?

( )

20 상연이의 키는 156 cm이고 어머니의 키는 상연이 키의 1.05배입니다. 어머니의 키는 몇 cm입니까?

( )

21 가로가 16.3 m, 세로가 8.39 m인 직사각형 모양의 꽃밭이 있습니다. 이 꽃밭의 넓이는 몇 m²입니까?

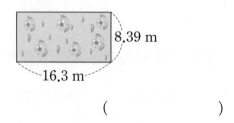

8.39 m

16.3 m

( )

서술형

22 어머니께서 한 개에 0.45 kg인 사과 50개를 사 오셨습니다. 어머니께서 사 오신 사과는 모두 몇 kg인지 풀이 과정을 쓰고 답을 구하시오.

풀이

답

23 오렌지 주스 1 L의 값은 2350원입니다. 이 오렌지 주스 0.01 L의 값은 얼마인 셈인지 풀이 과정을 쓰고 답을 구하시오.

풀이

답

24 1 L의 페인트로 가로가 2.6 m, 세로가 2.8 m인 직사각형 모양의 벽을 칠할 수 있다고 합니다. 1 L의 페인트로 칠할 수 있는 벽의 넓이는 몇 m²인지 풀이 과정을 쓰고 답을 구하시오.

풀이

답

25 동생의 몸무게는 23.5 kg이고, 영수의 몸무게는 동생 몸무게의 1.28배입니다. 아버지의 몸무게는 영수 몸무게의 2.4배라면 아버지의 몸무게는 몇 kg인지 풀이 과정을 쓰고 답을 구하시오.

풀이

답

급식실에 가 보면 잔반통에 점심을 먹고 남은 음식이 담겨 있는 것을 볼 수 있습니다. 우리가 먹으면 몸에 영양소가 되어 몸을 건강하게 하지만, 남긴 음식은 쓰레기가 되어 환경을 오염시킬 뿐만 아니라 음식물을 처리하는 비용도 어마어마합니다. 하루에 우리 학교의 학생들이 0.038 t씩 음식을 남긴다고 할 때, 음식물 쓰레기의 양이 얼마나 되는지 알아보시오. [1~4]

1 일주일에 5번 급식을 하면 음식물 쓰레기의 양은 얼마입니까?

(   )

2 하루에 한 번씩 10일 동안 급식을 하면 음식물 쓰레기의 양은 얼마입니까?

(   )

3 하루에 한 번씩 100일 동안 급식을 하면 음식물 쓰레기의 양은 얼마입니까?

(   )

4 음식물 쓰레기를 줄일 수 있는 방법을 이야기해 보시오.

(   )

열심히 운동~~!!

"학교 다녀왔습니다. 엄마, 뭐 하세요?"

학교에서 돌아온 영수는 엄마가 열심히 실내 자전거를 타고 계신 모습을 보았어요.

"오늘 밖에 나갔다가 속상한 일이 있었어. 오랜만에 대학 친구들을 만나 점심식사를 했는데, 엄마 친구들이 다들 엄마보고 살쪘다고 그러잖니. 막상 운동하러 가려고 해도 시간 맞춰 가기도 힘들고, 집안일 하는 것이 힘드니 이 핑계 저 핑계 대고 있었는데 그런 이야기를 들으니 속상하더구나. 그래서 오늘부터 열심히 운동하려고 해."

엄마가 멋진 몸짱이 되시라고 영수도 돕고 싶었어요. 그래서 운동별 칼로리 소모량을 인터넷에서 찾아 정리해 보았어요.

"엄마, 우선 다이어트를 하기 위한 건강 상식 하나 알려드릴께요.

수확의 계절인 가을에는 과일과 채소들이 풍부하니까 제철 과일과 채소를 잘 챙겨 먹는 것이 좋아요. 즉 사과나 배, 붉은 피망, 토마토 등을 먹는 것이 건강에 매우 좋다고 해요. 그리고 이렇게 날씨가 좋을 때 하이킹 등의 활동을 하면 열량도 많이 소모되고 몸매를 가꾸는데 매우 효과적이래요. 그리고 가을은 밤이 점점 길어지는 시기라서 잠을 평소보다 더욱 오래 자고 싶게 느껴지기도 하는데요, 수면은 체중 조절과 신진대사를 잘 유지시켜 활동하는데 필요한 에너지 공급에 도움을 주니까 질 좋은 수면을 취하는 것이 중요하다고 하네요.

또, 운동별 열량 소모량을 조사했는데요, 한 시간 운동했을 때 소모되는 칼로리를 알려드릴께요."

1. 오르막 오르기—특별한 운동이 아니더라도 무게가 약 4.5 kg 정도의 가방을 메고 언덕을 천천히 올라가기만 하면 시간당 약 415칼로리를 소모할 수 있습니다.
2. 암벽 등반—암벽을 타고 올라갈 때는 시간당 약 454칼로리를 소모하고, 내려올 때는 약 284칼로리를 소모하게 됩니다.
3. 복싱—복싱은 매우 많은 칼로리를 소모하게 되는데, 한 시간만 하더라도 727칼로리의 열량이 소모됩니다. 복싱 수업에만 참여하더라도 1시간에 585칼로리를 소모할 수 있다고 합니다.
4. 수영—수영은 몸에 많은 부담을 주지 않으면서도 많은 칼로리를 소모할 수가 있는데, 평영은 시간당 585칼로리를, 배영은 540칼로리를, 접영은 784칼로리를 소모할 수가 있습니다.
5. 스쿼시—스쿼시는 칼로리 소모를 많이 하는 운동 중 하나인데, 한 시간에 약 700에서 1000칼로리 정도를 소모한다고 하니 정말 대단하죠?

"영수야, 영수가 엄마를 위해 이렇게 많은 정보를 조사해 준 것은 고마운데, 아까도 말했듯이 엄마는 집안일도 하고 너희들도 챙겨야 하니 나가서 하는 운동은 힘들단다."
"그래서 준비했지요.

먼저 자전거타기. 자전거 운동은 실내에서 타거나 실외에서 타는 경우가 있는데, 실내자전거는 1시간을 타면 약 398칼로리를 태울 수 있으며, 이는 조깅과 비슷한 소모량입니다.

그 다음 줄넘기. 줄넘기는 실내나 실외에서 가볍게 할 수 있는 운동으로 칼로리를 소모하는 데에도 매우 효과적인 운동입니다. 줄넘기는 시간당 약 670칼로리를 소모한다고 해요. 시간 나실 때 집 앞에서도 할 수 있으니 얼마나 좋아요?

그리고 하루 10분을 기준으로 한 일상생활에서의 열량 소모량도 조사해 봤어요."

"우리 영수 덕에 엄마가 곧 날씬해져서 친구들 앞에서 자랑할 수 있겠는걸?"

 오늘 영수 어머니께서 하신 일입니다. 소모한 열량의 합을 구하시오.

열량 소모량

종류	시간(분)	열량(kcal)
자전거타기	15	99.5
설거지	10	27
다림질	10	33

어머니께서 하신 일

종류	시간(분)
자전거타기	30분
설거지	45분
다림질	25분

5 직육면체

Step 1 개념 탄탄

1. 직육면체 알아보기

교과서 개념을 이해하고 확인 문제를 통해 익혀요.

⊙ 직육면체

직사각형 6개로 둘러싸인 도형을 직육면체라고 합니다.

개·념·잡·기

⚓ 직육면체의 구성 요소를 세어 보면 면은 6개, 모서리는 12개, 꼭짓점은 8개입니다.

⊙ 면, 모서리, 꼭짓점

직육면체에서 선분으로 둘러싸인 부분을 면이라 하고, 면과 면이 만나는 선분을 모서리라고 합니다. 또, 모서리와 모서리가 만나는 점을 꼭짓점이라고 합니다.

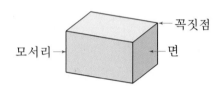

꼭짓점
모서리→
면

개념확인 1

직육면체 알아보기

직육면체 모양을 찾아 기호를 쓰시오.

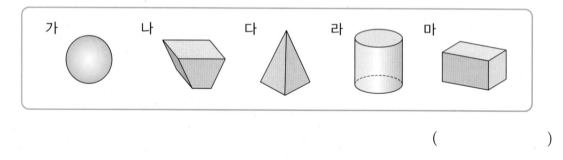

가   나   다   라   마

(   )

개념확인 2

면, 모서리, 꼭짓점 알아보기

오른쪽 직육면체를 보고 물음에 답하시오.

(1) 직육면체에서 선분으로 둘러싸인 부분을 무엇이라고 합니까?

(   )

(2) 직육면체에서 면과 면이 만나는 선분을 무엇이라고 합니까?

(   )

(3) 직육면체에서 모서리와 모서리가 만나는 점을 무엇이라고 합니까?

(   )

1 직육면체를 모두 고르시오. (   )

 ① ② ③

④ ⑤

2 직육면체에서 색칠한 부분의 모양을 그려 보시오.

 →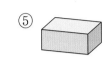

3 □ 안에 알맞은 말을 써넣으시오.

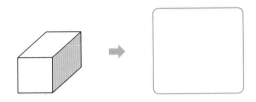

4 오른쪽 직육면체를 보고 관계있는 것끼리 선으로 이으시오.

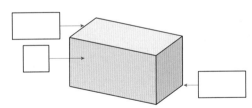

점 ㄱ   직사각형 ㄱㄴㄷㄹ   선분 ㄴㄷ
·   ·   ·

·   ·   ·
면   모서리   꼭짓점

5 직육면체에서 보이는 면을 모두 찾아 ○표 하시오.

(1) 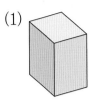   (2)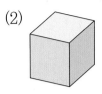

6 직육면체에서 보이는 모서리를 모두 찾아 □표 하시오.

(1) 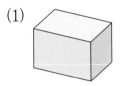   (2)

7 직육면체에서 보이는 꼭짓점을 모두 찾아 △표 하시오.

(1) 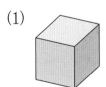   (2)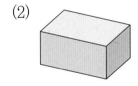

8 오른쪽 직육면체를 보고 물음에 답하시오.

(1) 보이는 면은 몇 개입니까?

(   )

(2) 보이는 모서리는 몇 개입니까?

(   )

(3) 보이는 꼭짓점은 몇 개입니까?

(   )

교과서 개념을 이해하고 확인 문제를 통해 익혀요.

🔄 정육면체

정사각형 6개로 둘러싸인 도형을 정육면체라고 합니다.

🔄 직육면체와 정육면체의 관계

• 직육면체와 정육면체의 같은 점과 다른 점

구분	같은 점			다른 점		
	면의 수	모서리의 수	꼭짓점의 수	면의 모양	크기가 같은 면	길이가 같은 모서리
직육면체	6	12	8	직사각형	2개씩 3쌍	4개씩 3쌍
정육면체	6	12	8	정사각형	모든 면의 크기가 같습니다.	모든 모서리의 길이가 같습니다.

• 정육면체는 직육면체의 특징을 모두 가지고 있으므로 직육면체라고 할 수 있습니다.

개념확인 1

정육면체 알아보기

☐ 안에 알맞은 말을 써넣으시오.

오른쪽 그림과 같이 정사각형 6개로 둘러싸인 도형을 ☐라고 합니다.

개념확인 2

정육면체 찾아보기

정육면체를 모두 찾아 기호를 쓰시오.

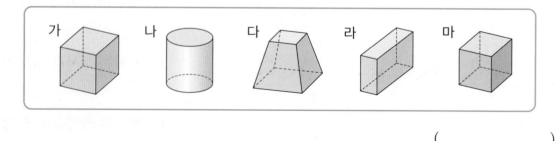

가   나   다   라   마

(   )

1 □ 안에 알맞은 말을 써넣으시오.

┌─────────────────────────────┐
│ [　　　] 6개로 둘러싸인 도형을 정육면체
│ 라고 합니다.
└─────────────────────────────┘

2 정육면체를 고르시오. (　　　)

① 　②

③ 　④

⑤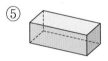

3 오른쪽 정육면체를 보고 물음에 답하시오.

(1) 정육면체의 면의 모양을 쓰시오.
　　　　　　　　　(　　　　)

(2) 정육면체의 면은 몇 개입니까?
　　　　　　　　　(　　　　)

(3) 정육면체의 모서리는 몇 개입니까?
　　　　　　　　　(　　　　)

(4) 정육면체의 꼭짓점은 몇 개입니까?
　　　　　　　　　(　　　　)

4 오른쪽 정육면체를 보고 물음에 답하시오.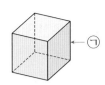

(1) 모서리 ㉠과 길이가 같은 모서리는 ㉠을 포함하여 모두 몇 개입니까?
　　　　　　　　　(　　　　)

(2) 정육면체의 모든 모서리의 길이는 같습니까? 다릅니까?
　　　　　　　　　(　　　　)

5 알맞은 말에 ○표 하시오.

(1) 정사각형은 직사각형이라고 할 수
　　　　　　　(있습니다, 없습니다).

(2) 정육면체는 직육면체라고 할 수
　　　　　　　(있습니다, 없습니다).

6 다음 중 설명이 옳지 <u>않은</u> 것을 모두 고르시오. (　　　　)

① 정육면체의 면은 크기가 모두 다릅니다.

② 정육면체의 모서리의 길이는 모두 같습니다.

③ 정육면체의 면은 모두 정사각형입니다.

④ 직육면체와 정육면체는 면, 모서리, 꼭짓점의 수가 서로 같습니다.

⑤ 직육면체는 정육면체라고 할 수 있습니다.

교과서 개념을 이해하고 확인 문제를 통해 익혀요.

⊙ 직육면체에서 마주 보고 있는 면의 관계

직육면체에서 색칠한 두 면처럼 계속 늘여도 만나지 않는 두 면을 서로 평행하다고 합니다. 이 두 면을 직육면체의 밑면이라고 합니다.

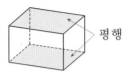

➡ 직육면체에서 서로 평행한 면은 3쌍이고 모두 밑면이 될 수 있습니다.

⊙ 직육면체에서 서로 만나는 면 사이의 관계

직육면체에서 색칠한 면끼리는 수직입니다.
직육면체에서 밑면과 수직인 면을 옆면이라고 합니다.

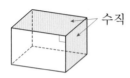

➡ 직육면체에서 한 면에 수직인 면은 4개입니다.

개·념·잡·기

⊙ 직육면체에서 서로 평행한 두 면은 모양과 크기가 같습니다.

⊙ 직육면체에서 서로 만나는 두 면이 이루는 각은 항상 직각입니다.

개념확인 **1**

직육면체에서 마주 보고 있는 면의 관계 알아보기
오른쪽 그림을 보고 ☐ 안에 알맞은 수나 말을 써넣으시오.

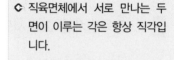

(1) 직육면체에서 색칠한 두 면처럼 마주 보고 있는 면은 서로 ☐ 합니다.

(2) 직육면체에서 서로 평행한 두 면을 ☐이라고 합니다.

(3) 직육면체에서 서로 평행한 면은 ☐쌍입니다.

개념확인 **2**

직육면체에서 서로 만나는 면 사이의 관계 알아보기
오른쪽 그림을 보고 ☐ 안에 알맞은 수나 말을 써넣으시오.

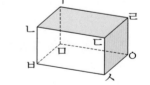

(1) 직육면체에서 면 ㄱㄴㄷㄹ과 면 ㄷㅅㅇㄹ은 서로 ☐으로 만납니다.

(2) 직육면체에서 밑면과 수직인 면을 ☐이라고 합니다.

(3) 직육면체에서 한 면에 수직인 면은 ☐개입니다.

기본 문제를 통해 교과서 개념을 다져요.

1 직육면체에서 색칠한 면과 평행한 면을 찾아 빗금을 그어 보시오.

(1) 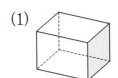　　(2)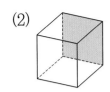

2 직육면체를 보고 물음에 답하시오.

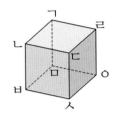

(1) 면 ㄱㄴㄷㄹ과 평행한 면을 찾아 쓰시오.
(　　　　)

(2) 면 ㄱㄴㅂㅁ과 평행한 면을 찾아 쓰시오.
(　　　　)

(3) 면 ㄴㅂㅅㄷ과 평행한 면을 찾아 쓰시오.
(　　　　)

(4) 직육면체에서 서로 평행한 면은 모두 몇 쌍입니까?
(　　　　)

3 직육면체에서 면 ㄱㄴㅂㅁ과 면 ㄴㅂㅅㄷ이 만나 이루는 각의 크기는 몇 도입니까?

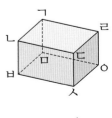

(　　　　)

4 오른쪽 직육면체를 보고 물음에 답하시오.

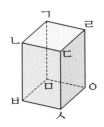

(1) 면 ㅁㅂㅅㅇ과 수직인 면을 모두 찾아 쓰시오.

_____

(2) 면 ㄱㅁㅇㄹ과 수직인 면을 모두 찾아 쓰시오.

_____

(3) 직육면체에서 한 면에 수직인 면은 몇 개입니까?
(　　　　)

5 오른쪽 직육면체를 보고 물음에 답하시오.

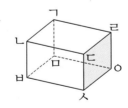

(1) 색칠한 면과 평행한 면을 찾아 쓰시오.
(　　　　)

(2) 색칠한 면과 수직인 면을 모두 찾아 쓰시오.

_____

직육면체의 겨냥도

직육면체 모양을 잘 알 수 있도록 하기 위해 보이는 모서리는 실선으로, 보이지 않는 모서리는 점선으로 그립니다. 이와 같은 그림을 직육면체의 겨냥도라고 합니다.

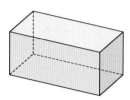

• 보이는 면 : 3개
• 보이는 모서리 : 9개
• 보이는 꼭짓점 : 7개

• 보이지 않는 면 : 3개
• 보이지 않는 모서리 : 3개
• 보이지 않는 꼭짓점 : 1개

직육면체의 겨냥도 그리기

① 평행한 모서리는 평행하게 그립니다.
② 보이는 모서리는 실선으로 그립니다.
③ 보이지 않는 모서리는 점선으로 그립니다.

개·념·잡·기

✿ 직육면체의 보이지 않는 면, 모서리, 꼭짓점까지 모두 나타낸 것이 겨냥도입니다.

✿ 직육면체의 겨냥도 찾는 방법
① 실선 9개와 점선 3개로 이루어져 있는지 확인합니다.
② 보이는 모서리와 보이지 않는 모서리를 바르게 나타냈는지 확인합니다.

개념확인 **1**

직육면체의 겨냥도 알아보기

직육면체의 겨냥도를 보고 빈칸에 알맞은 수를 써넣으시오.

	보이는 부분	보이지 않는 부분
면의 수(개)		
모서리의 수(개)		
꼭짓점의 수(개)		

개념확인 **2**

직육면체의 겨냥도 그리기

☐ 안에 알맞은 말을 써넣으시오.

직육면체의 겨냥도를 그릴 때에는 평행한 모서리는 ☐ 하게 그리고, 보이는 모서리는 ☐ 으로, 보이지 않는 모서리는 ☐ 으로 그립니다.

1 직육면체의 겨냥도를 바르게 그린 것은 어느 것입니까? (   )

①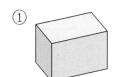

②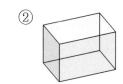

③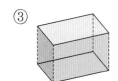

④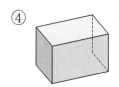

⑤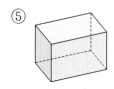

2 직육면체의 겨냥도를 그리는 방법으로 옳은 것을 모두 고르시오. (   )

① 보이지 않는 모서리는 그리지 않습니다.
② 보이는 모서리는 점선으로 그립니다.
③ 마주 보는 면은 서로 평행하게 그립니다.
④ 보이지 않는 모서리는 실선으로 그립니다.
⑤ 평행한 모서리는 평행하게 그립니다.

3 직육면체의 겨냥도에서 <u>잘못된</u> 부분을 찾아 바르게 고치시오.

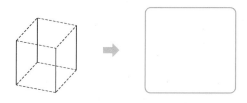

4 다음은 직육면체의 겨냥도의 일부분입니다. 빠진 부분을 그려 넣어 직육면체의 겨냥도를 완성하시오.

(1)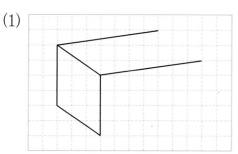

(2)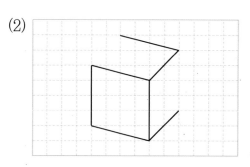

5 상자를 보고 겨냥도를 그려 보시오.

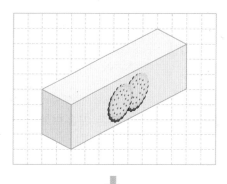

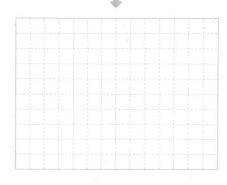

○ 정육면체와 직육면체의 전개도

- 정육면체의 모서리를 잘라서 펼쳐 놓은 그림을 정육면체의 전개도라고 합니다.
- 직육면체의 모서리를 잘라서 펼쳐 놓은 그림을 직육면체의 전개도라고 합니다.

정육면체의 전개도

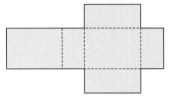

직육면체의 전개도

○ 직육면체의 전개도 그리기

① 잘리지 않은 모서리는 점선으로, 잘린 모서리는 실선으로 그립니다.
② 서로 마주 보는 면은 모양과 크기가 같게 그립니다.
③ 서로 만나는 변의 길이가 같게 그립니다.

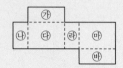

개념확인 1

정육면체의 전개도 알아보기

☐ 안에 알맞은 말을 써넣으시오.

> 정육면체의 모서리를 잘라서 펼쳐 놓은 그림을 정육면체의 ☐ 라고 합니다. 이러한
> 그림을 그릴 때에는 잘리지 않은 모서리는 ☐ , 잘린 모서리는 ☐ 으로 나타냅니다.

개념확인 2

직육면체의 전개도 알아보기

오른쪽 직육면체의 전개도를 보고 물음에 답하시오.

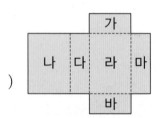

(1) 면 다와 모양과 크기가 같은 면을 찾아 쓰시오.

（　　　　　）

(2) 전개도에서 모양과 크기가 같은 면은 몇 쌍 있습니까?

（　　　　　）

(3) 전개도를 접어 직육면체를 만들 때 면 나와 평행한 면을 찾아 쓰시오.

（　　　　　）

(4) 전개도를 접어 직육면체를 만들 때 면 라에 수직인 면을 모두 찾아 쓰시오.

（　　　　　）

1 정육면체의 전개도를 바르게 그린 것은 어느 것입니까? (   )

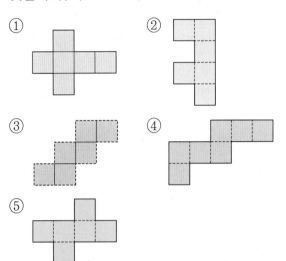

① ② ③ ④ ⑤

중요

2 직육면체의 전개도를 모두 찾아 기호를 쓰시오.

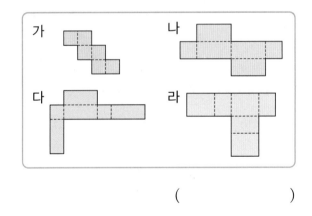

가　나　다　라

(　　　　　　　)

3 직육면체의 전개도를 접었을 때 선분 ㄱㅎ과 만나는 선분을 찾아 쓰시오.

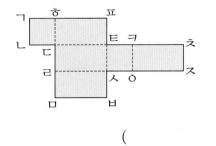

(　　　　　　　)

4 직육면체의 전개도를 접었을 때 색칠한 면과 평행한 면을 찾아 빗금을 그어 보시오.

5 직육면체의 전개도를 접었을 때 색칠한 면과 수직인 면을 모두 찾아 빗금을 그어 보시오.

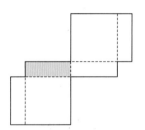

6 정육면체의 전개도를 완성하시오.

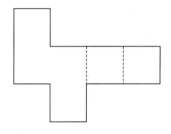

7 직육면체의 전개도를 완성하시오.

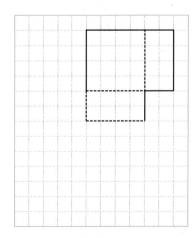

유형 **1** 직육면체 알아보기

• 직사각형 6개로 둘러싸인 도형을 직육면체라고 합니다.

• 직육면체에서 선분으로 둘러싸인 부분을 면이라 하고, 면과 면이 만나는 선분을 모서리라고 합니다. 또, 모서리와 모서리가 만나는 점을 꼭짓점이라고 합니다.

대표유형

1-1 오른쪽 직육면체를 보고 관계있는 것끼리 선으로 이으시오.

ㄱ •　　　　　• 면

ㄴ •　　　　　• 꼭짓점

ㄷ •　　　　　• 모서리

시험에 잘 나와요

1-2 도형을 보고 물음에 답하시오.

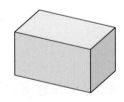

(1) 도형에서 보이는 면을 모두 찾아 ○표 하시오.

(2) 도형에서 보이는 모서리를 모두 찾아 □표 하시오.

(3) 도형에서 보이는 꼭짓점을 모두 찾아 △표 하시오.

1-3 직육면체에 대한 설명이 옳지 않은 것을 찾아 기호를 쓰시오.

> ㉠ 면과 면이 만나는 선분을 모서리라고 합니다.
> ㉡ 모서리와 모서리가 만나는 점을 꼭짓점이라고 합니다.
> ㉢ 사각형으로 둘러싸인 부분을 면이라고 합니다.

(　　　　　)

1-4 직육면체를 고르시오. (　　　)

① 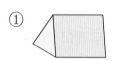　②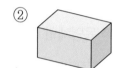

③ 　④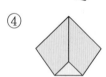

⑤

잘 틀려요

1-5 직육면체에서 보이는 면, 보이는 모서리, 보이는 꼭짓점 중에서 그 수가 가장 많은 것을 쓰시오.

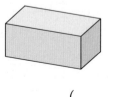

(　　　　　)

유형 ② 정육면체 알아보기

- 정사각형 6개로 둘러싸인 도형을 정육면체라고 합니다.
- 정육면체는 직육면체라고 할 수 있습니다.

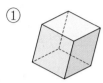

2-1 정육면체를 모두 고르시오. (   )

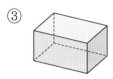

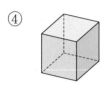

2-2 직육면체가 <u>아닌</u> 것을 모두 찾아 기호를 쓰시오.

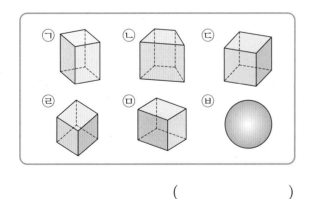

(   )

2-3 정육면체에서 면 ㉮를 본뜬 모양은 어떤 도형입니까?

(   )

2-4 빈칸에 알맞은 수를 써넣으시오.

도형	면의 수(개)	모서리의 수(개)	꼭짓점의 수(개)
정육면체			

시험에 잘 나와요

2-5 직육면체와 정육면체의 <u>다른</u> 점을 모두 고르시오. (   )

① 면의 모양　　② 면의 수
③ 모서리의 수　　④ 꼭짓점의 수
⑤ 모서리의 길이

잘 틀려요

2-6 직육면체와 정육면체에 대한 설명으로 옳은 것을 찾아 기호를 쓰시오.

> ㉠ 직육면체는 정육면체라고 할 수 있습니다.
> ㉡ 정육면체는 직육면체라고 할 수 있습니다.
> ㉢ 정육면체의 면은 모두 정육각형입니다.
> ㉣ 모든 정육면체의 크기는 같습니다.

(   )

2-7 정육면체에서 ☐ 안에 알맞은 수를 써넣으시오.

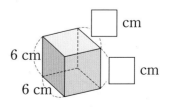

2-8 정육면체에서 색칠한 면의 둘레는 몇 cm 입니까?

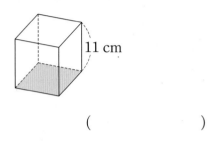
11 cm

( )

2-9 정육면체의 모든 모서리의 길이의 합은 몇 cm입니까?

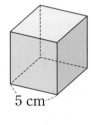
5 cm

( )

2-10 정육면체의 모든 모서리의 길이의 합은 84 cm입니다. 이 정육면체의 한 모서리의 길이는 몇 cm입니까?

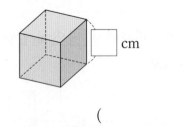
cm

( )

유형 ③ 직육면체의 성질 알아보기

• 직육면체에서 마주 보고 있는 면은 서로 평행하고 평행한 두 면을 밑면이라고 합니다.
• 직육면체에서 서로 만나는 두 면은 수직으로 만나고 밑면과 수직인 면을 옆면이라고 합니다.

대표유형

3-1 ☐ 안에 알맞은 수나 말을 써넣으시오.

(1) 직육면체에서 마주 보고 있는 면은 서로 ☐ 하다고 하고 이런 면은 모두 ☐ 쌍 있습니다.

(2) 직육면체에서 서로 만나는 두 면은 ☐ 으로 만나고 한 면에 수직인 면은 모두 ☐ 개 있습니다.

3-2 직육면체에서 색칠한 면과 평행한 면을 찾아 빗금을 그어 보시오.

(1) 　(2)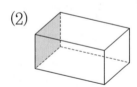

3-3 직육면체에서 색칠한 면과 평행한 면을 찾아 기호를 쓰시오.

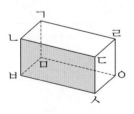

㉠ 면 ㄱㄴㄷㄹ　㉡ 면 ㄱㅁㅇㄹ
㉢ 면 ㅁㅂㅅㅇ　㉣ 면 ㄷㅅㅇㄹ

( )

시험에 잘 나와요

3-4 오른쪽 직육면체에서 면 ㄷㅅㅇㄹ과 수직인 면이 <u>아닌</u> 것은 어느 것 입니까? (   )

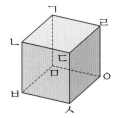

① 면 ㄱㄴㄷㄹ   ② 면 ㄱㄴㅂㅁ
③ 면 ㄴㅂㅅㄷ   ④ 면 ㅁㅂㅅㅇ
⑤ 면 ㄱㅁㅇㄹ

3-5 직육면체에서 색칠한 면과 수직인 면을 모두 찾아 쓰시오.

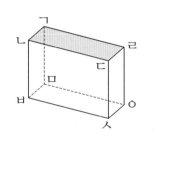

(   )

3-6 오른쪽 직육면체에서 면 ㄱㄴㄷㄹ과 수직인 면은 모두 몇 개입니까?

(   )

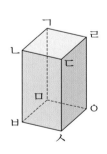

3-7 직육면체에서 서로 만나는 두 면끼리 이루는 각의 크기는 몇 도입니까? (   )

① 30°   ② 60°
③ 90°   ④ 120°
⑤ 150°

3-8 직육면체에서 색칠한 면과 평행한 면의 둘레는 몇 cm입니까?

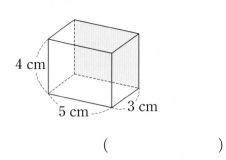

(   )

3-9 직육면체에서 색칠한 면과 수직인 면들의 각각의 둘레의 합은 몇 cm입니까?

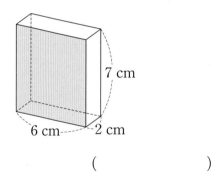

(   )

잘 틀려요

3-10 오른쪽 주사위는 마주 보고 있는 면의 눈의 합이 7입니다. 물음에 답하시오.

(1) 1의 눈이 그려진 면과 평행한 면의 눈의 수는 얼마입니까?

(   )

(2) 3의 눈이 그려진 면과 수직인 면들의 눈의 수의 합을 구하시오.

(   )

유형 **4** 직육면체의 겨냥도 그리기

직육면체의 모양을 잘 알 수 있도록 하기 위해 보이는 모서리는 실선으로, 보이지 않는 모서리는 점선으로 그린 그림을 직육면체의 겨냥도라고 합니다.

4-1 오른쪽 직육면체의 겨냥도를 보고 □ 안에 알맞은 말을 써넣으시오.

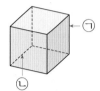

(1) 모서리 ㉠과 같이 보이는 모서리는 □ 으로 그립니다.

(2) 모서리 ㉡과 같이 보이지 않는 모서리는 □ 으로 그립니다.

대표유형

4-2 직육면체의 겨냥도를 완성하시오.

(1) 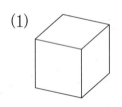   (2)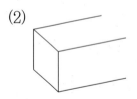

4-3 왼쪽 직육면체의 겨냥도에서 잘못된 부분을 찾아 바르게 그려 보시오.

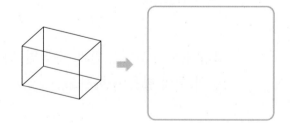

시험에 잘 나와요

4-4 직육면체의 겨냥도를 그리는 방법으로 옳지 않은 것을 모두 고르시오. ( )

① 모서리가 10개가 되도록 그립니다.
② 보이는 모서리는 실선으로 그립니다.
③ 보이지 않는 모서리는 점선으로 그립니다.
④ 평행한 모서리는 평행하게 그립니다.
⑤ 면이 12개가 되도록 그립니다.

4-5 직육면체의 겨냥도를 그리는 방법으로 옳은 것은 ○표, 옳지 않은 것은 ×표 하시오.

(1) 보이지 않는 꼭짓점은 그리지 않습니다. ( )
(2) 실선은 9개, 점선은 3개가 되도록 그립니다. ( )

4-6 직육면체의 겨냥도에서 보이는 모서리와 보이지 않는 모서리의 수의 차는 몇 개입니까?

( )

4-7 직육면체의 겨냥도에서 그 수가 가장 적은 것은 어느 것입니까? ( )

① 보이는 면의 수
② 보이는 꼭짓점의 수
③ 보이지 않는 면의 수
④ 보이지 않는 모서리의 수
⑤ 보이지 않는 꼭짓점의 수

유형 ⑤ 정육면체와 직육면체의 전개도 알아보기

- 정육면체의 모서리를 잘라서 펼쳐 놓은 그림을 정육면체의 전개도라고 합니다.
- 직육면체의 모서리를 잘라서 펼쳐 놓은 그림을 직육면체의 전개도라고 합니다.

시험에 잘 나와요

5-1 직육면체의 전개도가 아닌 것을 모두 고르시오. (   )

① 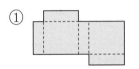   ②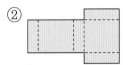

③ 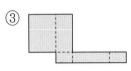   ④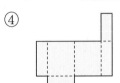

⑤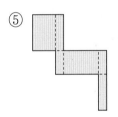

5-2 정육면체의 전개도를 보고 □ 안에 알맞게 써넣으시오.

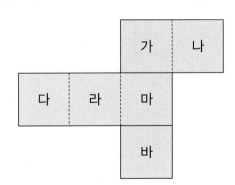

면 라와 평행한 면은 면 ☐ 이고, 면 가와 수직인 면은 면 ☐ , 면 ☐ , 면 ☐ , 면 ☐ 입니다.

5-3 오른쪽 직육면체의 전개도를 그린 것입니다. □ 안에 알맞은 수를 써넣으시오.

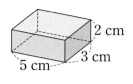

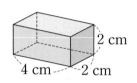

대표유형

5-4 오른쪽 직육면체의 전개도를 그려 보시오.

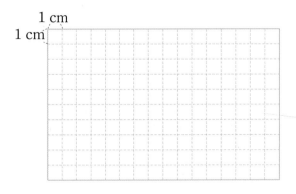

5-5 오른쪽 직육면체의 전개도를 그린 것입니다. □ 안에 알맞게 써넣으시오.

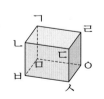

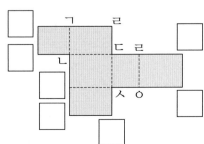

5. 직육면체 **161**

1 직육면체에서 길이가 6 cm인 모서리는 모
두 몇 개입니까?

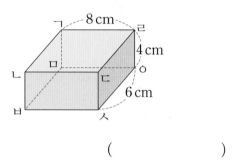

(   )

2 다음 도형이 직육면체가 <u>아닌</u> 이유를 써 보
시오.

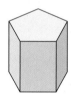

_____

_____

_____

3 다음 도형이 정육면체가 <u>아닌</u> 이유를 써 보
시오.

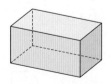

_____

_____

4 <u>틀린</u> 설명을 찾아 기호를 쓰고 바르게 고쳐
보시오.

> ㉠ 정사각형 6개로 둘러싸인 도형을 정육
> 면체라고 합니다.
> ㉡ 정육면체는 모든 모서리의 길이가 같습
> 니다.
> ㉢ 직육면체는 정육면체라고 할 수 있습니다.

_____

_____

5 ☐ 안에 알맞은 수를 써넣으시오.

(1)

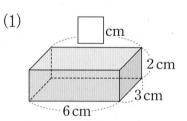

(2)

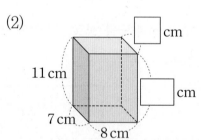

6 철사로 한 모서리의 길이가 5 cm인 정육
면체를 만들려고 합니다. 철사는 적어도
몇 cm가 필요합니까?

(   )

7 직육면체와 정육면체의 공통점을 모두 찾아 기호를 쓰시오.

> ㉠ 모서리의 개수가 같습니다.
> ㉡ 면의 크기가 모두 같습니다.
> ㉢ 모서리의 길이가 모두 같습니다.
> ㉣ 꼭짓점의 개수가 같습니다.

( )

8 직육면체를 잘못 설명한 사람을 쓰고 바르게 고쳐 보시오.

> 석기 : 서로 평행한 면은 모두 3쌍이야.
> 지혜 : 서로 평행한 두 면을 옆면이라고 해.
> 영수 : 한 면과 수직으로 만나는 면은 4개야.
> 예슬 : 한 꼭짓점에서 만나는 면은 모두 3개야.

_____

_____

新 경향문제

9 직육면체에서 보이지 않는 모서리를 모두 점선으로 그린 후 점선으로 그린 모서리의 길이의 합은 몇 cm인지 구하시오.

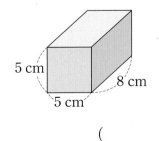

( )

10 직육면체의 겨냥도에서 보이는 모서리의 길이의 합은 몇 cm입니까?

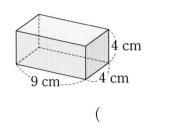

( )

11 오른쪽 직육면체의 겨냥도에서 보이지 않는 모서리의 길이의 합이 24 cm라면 모든 모서리의 길이의 합은 몇 cm입니까?

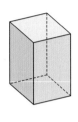

( )

12 직육면체를 위와 앞에서 본 모양을 보고 겨냥도를 그린 것입니다. □ 안에 알맞은 수를 써넣으시오.

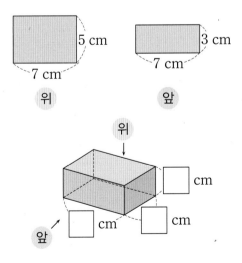

13 다음 직육면체의 겨냥도를 보고 개수가 다른 하나를 찾아 기호를 쓰시오.

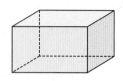

> ㉠ 보이는 면의 수
> ㉡ 보이지 않는 면의 수
> ㉢ 보이는 모서리의 수
> ㉣ 보이지 않는 모서리의 수

(   )

14 다음 직육면체의 겨냥도에서 보이는 모서리의 길이의 합과 보이지 않는 모서리의 길이의 합의 차를 구하시오.

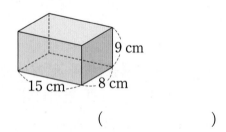

9 cm
15 cm   8 cm

(   )

15 정육면체의 전개도가 <u>아닌</u> 것을 찾아 기호를 쓰고 그 이유를 써 보시오.

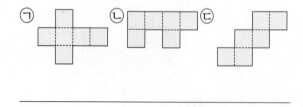

㉠   ㉡   ㉢

_____

_____

16 한 변의 길이가 3 cm인 정육면체의 전개도를 서로 다른 2가지 방법으로 그려 보시오.

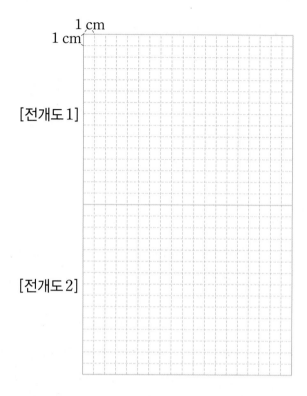

1 cm
1 cm

[전개도 1]

[전개도 2]

17 오른쪽 직육면체의 전개도를 서로 다른 2가지 방법으로 그려 보시오.

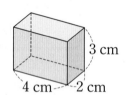

3 cm
4 cm   2 cm

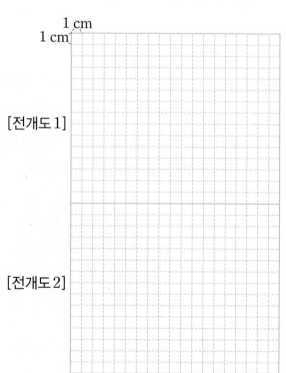

1 cm
1 cm

[전개도 1]

[전개도 2]

18 한 모서리의 길이가 8 cm인 정육면체의 전개도입니다. 전개도의 둘레의 길이는 몇 cm입니까?

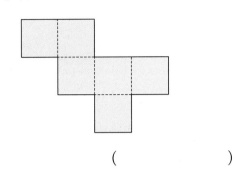

(   )

19 오른쪽 직육면체에서 면 ㄴㅂㅅㄷ과 평행한 면을 찾아 아래 전개도에 빗금으로 나타내어 보시오.

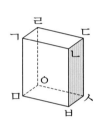

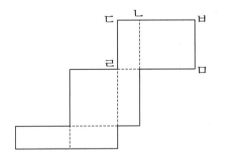

20 주사위에서 마주 보는 두 면의 눈의 수의 합은 7입니다. 주사위의 전개도를 완성하시오.

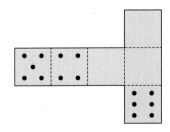

21 어느 정육면체의 전개도인지 찾아 기호를 쓰시오.

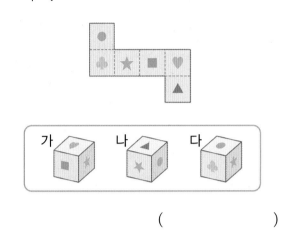

(   )

22 정육면체의 전개도에 다음과 같이 선을 그은 후 접었을 때 정육면체에는 어떻게 나타나는지 선을 그어 보시오.

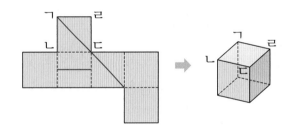

23 마주 보는 두 면의 수의 합이 15인 정육면체의 전개도입니다. 빈칸에 알맞은 수를 써넣으시오.

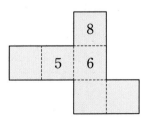

1 직육면체에서 보이는 모서리의 수는 보이는 꼭짓점의 수보다 몇 개 더 많은지 풀이 과정을 쓰고 답을 구하시오.

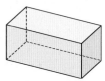

풀이 직육면체에서 보이는 모서리는 ☐ 개이고 보이는 꼭짓점은 ☐ 개입니다.

따라서 직육면체에서 보이는 모서리의 수는 보이는 꼭짓점의 수보다 ☐ − ☐ = ☐ (개) 더 많습니다.

답 _____ ☐ 개

1-1 정육면체에서 모서리의 수는 꼭짓점의 수보다 몇 개 더 많은지 풀이 과정을 쓰고 답을 구하시오.

풀이 따라하기 _____

_____

_____

_____

답 _____

2 직육면체의 모든 모서리의 길이의 합은 몇 cm인지 풀이 과정을 쓰고 답을 구하시오.

4 cm
10 cm
5 cm

풀이 직육면체에는 길이가 같은 모서리가 ☐ 개씩 3쌍 있습니다.

따라서 직육면체의 모든 모서리의 길이의 합은

(☐ + ☐ + ☐) × 4 = ☐ (cm) 입니다.

답 _____ ☐ cm

2-1 정육면체의 모든 모서리의 길이의 합은 몇 cm인지 풀이 과정을 쓰고 답을 구하시오.

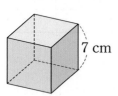

7 cm

풀이 따라하기 _____

_____

_____

_____

_____

답 _____

3 오른쪽 그림과 같이 직 육면체 모양의 상자를 끈으로 묶었습니다. 매 듭으로 사용한 끈의 길이가 25 cm라면 사 용한 끈의 길이는 모두 몇 cm인지 풀이 과 정을 쓰고 답을 구하시오.

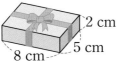

풀이 사용한 끈은 길이가 8 cm인 부분이 ☐개,

5 cm인 부분이 ☐개, 2 cm인 부분이 ☐개,

매듭으로 사용한 부분이 ☐cm입니다.

따라서 사용한 끈의 길이는 모두

$8 \times$ ☐ $+ 5 \times$ ☐ $+ 2 \times$ ☐ $+$ ☐

$=$ ☐ (cm)입니다.

답 _____ ☐ cm

3-1 오른쪽 그림과 같이 직육 면체 모양의 상자를 끈으 로 묶었습니다. 매듭으로 사용한 끈의 길이가 20 cm 라면 사용한 끈의 길이는 모두 몇 cm인지 풀이 과정을 쓰고 답을 구하시오.

풀이 따라하기 _____

_____

_____

_____

답 _____

4 직육면체의 전개도에서 사각형 ㄱㄴㅇㅈ의 둘레는 몇 cm인지 풀이 과정을 쓰고 답을 구하시오.

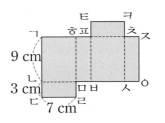

풀이 (선분 ㄱㅎ)=(선분 ㅍㅊ)=(선분 ㄴㅁ)=

(선분 ㅂㅅ)=☐ cm, (선분 ㅎㅍ)=(선분 ㅊㅈ)

=(선분 ㅁㅂ)=(선분 ㅅㅇ)=☐ cm,

(선분 ㄱㄴ)=(선분 ㅈㅇ)=☐ cm입니다.

따라서 사각형 ㄱㄴㅇㅈ의 둘레는

☐$\times 4 +$ ☐$\times 4 +$ ☐$\times 2 =$ ☐ (cm)

입니다.

답 _____ ☐ cm

4-1 직육면체의 전개도에서 사각형 ㄷㄹㅈㅊ의 둘레는 몇 cm인지 풀이 과정을 쓰고 답을 구하시오.

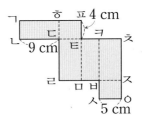

풀이 따라하기 _____

_____

_____

_____

답 _____

1 □ 안에 알맞은 말을 써넣으시오.

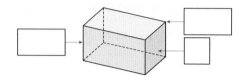

2 정육면체의 겨냥도를 완성하시오.

3 도형을 보고 물음에 답하시오.

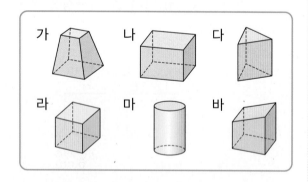

(1) 직육면체를 모두 찾아 기호를 쓰시오.
(   )

(2) 정육면체를 찾아 기호를 쓰시오.
(   )

4 직육면체를 보고 물음에 답하시오.

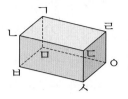

(1) 면 ㄱㅁㅇㄹ과 평행한 면을 찾아 쓰시오.
(   )

(2) 면 ㄴㅂㅅㄷ과 수직인 면을 모두 찾아 쓰시오.

_____

_____

5 직육면체의 전개도가 <u>아닌</u> 것을 모두 고르시오. (   )

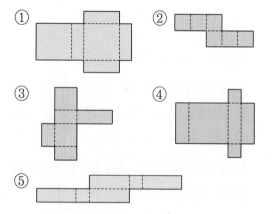

6 도형에서 보이는 모서리를 모두 찾아 **빨간색**으로 나타내고 보이는 꼭짓점을 모두 찾아 △표 하시오.

(1)   (2)

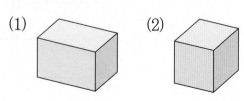

7 직육면체의 각 면을 본떠서 만들 수 있는 도형을 모두 고르시오. (   )

①   ②   ③

④   ⑤

8 직육면체에서 □ 안에 알맞은 수를 써넣으시오.

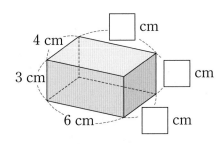

9 직육면체의 겨냥도에서 보이는 모서리의 수와 보이는 면의 수, 보이는 꼭짓점의 수의 합은 몇 개입니까?

(   )

10 오른쪽 직육면체의 겨냥도에서 보이는 모서리의 길이의 합은 몇 cm입니까?

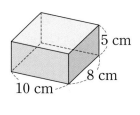

(   )

11 정육면체의 면의 수, 모서리의 수, 꼭짓점의 수의 합은 몇 개입니까?

(   )

12 오른쪽 정육면체의 모든 모서리의 길이의 합은 몇 cm입니까?

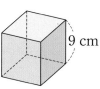

(   )

13 직육면체에 대한 설명으로 옳지 <u>않은</u> 것을 찾아 기호를 쓰시오.

┌─────────────────────────────┐
│ ㉠ 면은 6개이고 꼭짓점은 8개입니다. │
│ ㉡ 마주 보는 면은 서로 수직입니다. │
│ ㉢ 정육면체는 직육면체라고 할 수 있습니다. │
│ ㉣ 한 면에 수직인 면은 모두 4개입니다. │
└─────────────────────────────┘

(   )

14 직육면체에서 색칠한 면과 평행한 면의 둘레는 몇 cm입니까?

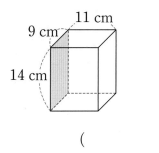

(   )

15 직육면체의 전개도를 보고 물음에 답하시오.

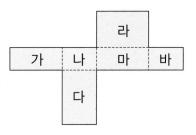

(1) 면 다와 평행한 면을 찾아 쓰시오.

(   )

(2) 면 나와 수직인 면을 모두 찾아 쓰시오.

(   )

16 직육면체의 전개도를 보고 물음에 답하시오.

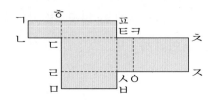

(1) 전개도를 접었을 때 점 ㄱ과 만나는 점을 모두 찾아 쓰시오.

(   )

(2) 전개도를 접었을 때 선분 ㅋㅊ과 만나는 선분을 찾아 쓰시오.

(   )

17 직육면체의 전개도입니다. □ 안에 알맞은 수를 써넣으시오.

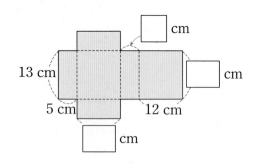

18 오른쪽 직육면체의 전개도를 그려 보시오.

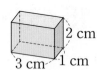

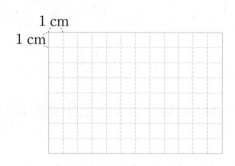

19 정육면체의 전개도를 접었을 때 5가 적혀 있는 면과 수직인 면들의 수의 합은 얼마입니까?

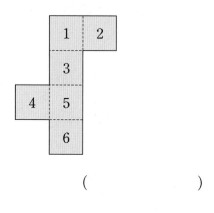

(   )

20 모든 모서리의 길이의 합이 72 cm인 정육면체의 한 모서리의 길이는 몇 cm입니까?

(   )

21 색 테이프로 직육면체 모양의 상자를 한 바퀴 둘러쌌습니다. 사용한 색 테이프의 길이는 몇 cm입니까?

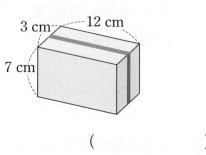

(   )

서술형

22 오른쪽 도형은 정육면체가 아닙니다. 그 이유를 설명하시오.

이유

_____
_____
_____
_____

23 오른쪽 그림은 잘못된 직육면체의 겨냥도입니다. 그 이유를 설명하시오.

이유

_____
_____
_____

24 직육면체의 모든 모서리의 길이의 합이 64 cm라면 ㉠은 몇 cm인지 풀이 과정을 쓰고 답을 구하시오.

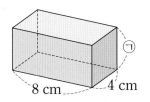
8 cm   4 cm

풀이

_____
_____
_____
_____
_____

답 _____

25 마주 보는 두 면의 눈의 합이 7인 주사위의 전개도입니다. 면 ㉠에 알맞은 눈의 수는 얼마인지 풀이 과정을 쓰고 답을 구하시오.

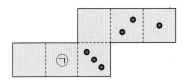

풀이

_____
_____
_____
_____
_____

답 _____

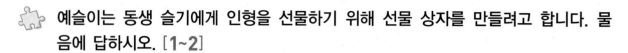

예슬이는 동생 슬기에게 인형을 선물하기 위해 선물 상자를 만들려고 합니다. 물음에 답하시오. [1~2]

1 예슬이는 오른쪽과 같은 인형이 알맞게 들어가는 선물 상자를 만들려고 합니다. 어떤 크기의 직육면체 상자를 만들어야 할지 생각하여 □ 안에 알맞게 써 넣으시오.

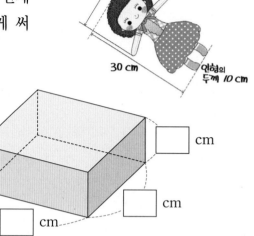

22 cm

30 cm

인형의 두께 10 cm

☐ cm

☐ cm

☐ cm

2 위 겨냥도에 따라 상자를 만들 수 있도록 전개도를 그려 보시오.

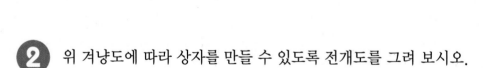

4 cm

4 cm

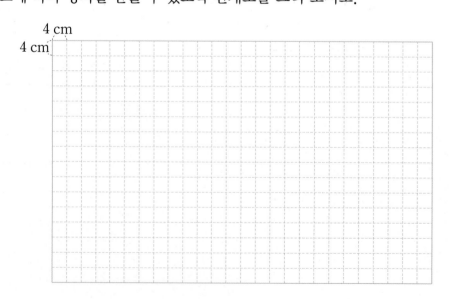

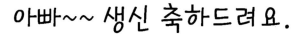

아빠~~ 생신 축하드려요.

가영이와 동생 가은이는 오늘 하루 종일 머리를 맞대고 궁리중입니다. 돌아오는 주 토요일이 아빠 생신인데 어떤 선물을 드리면 좋을지 아직 결정을 못했거든요. 그래서 지난 며칠 동안 아빠에게 필요한 물건이 무엇일까 알아보기 위해 아빠를 유심히 관찰했어요.

아빠는 매일 출근하실 때 양복을 입고 출근하세요. 그래서 하얀 와이셔츠에 엄마가 골라 주시는 넥타이를 매고 나가시죠. 그런데 차를 가지고 다니시지 않고 지하철을 타시느라 자주 뛰어 가시더라구요. 집에서 내려다보면 넥타이가 바람에 날려 아빠 얼굴을 강타하기도 해요. 가영이는 출근하실 때마다 와이셔츠를 입으시는 아빠께 넥타이핀을 사드리고 싶었어요.

동생 가은이도 열심히 아빠를 관찰했어요. 요즘에는 다들 스마트폰을 쓰는데 아빠는 아직 스마트폰을 쓰지 않으세요. 좋은 것으로 바꾸시라고 해도 지금 쓰시는데 아무 불편한 것이 없다고 안 하시겠다 그러시네요. 그래서 아빠 핸드폰에 어울리는 핸드폰 고리를 사 드리고 싶어졌어요.

그동안 열심히 모은 용돈으로 가영이와 가은이는 각자 넥타이핀과 핸드폰 고리를 사서예쁜 상자에 담았습니다.

그런데 가은이가 방에서 울고 있는 거예요. 가영이가 무슨 일이냐고 물어보니 아빠께 드릴 핸드폰 고리 상자를 예쁘게 포장하고 싶어서 포장지에 상자의 전개도를 그렸는데 잘못 그렸는지 포장이 안 된다는 거예요. 그래서 가영이가 그 전개도를 살펴보니 상자의 치수를 제대로 재지 않고 그려서 상자의 크기와 전개도의 크기가 맞지 않았어요.

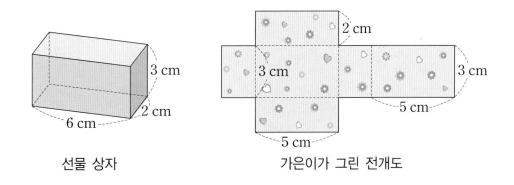

선물 상자   가은이가 그린 전개도

핸드폰 고리를 담은 상자의 길이를 재어 보니 가로가 6 cm, 세로가 2 cm, 높이가 3 cm였어요.

그래서 전개도에서 한 면을 기준으로 삼아 가은이에게 바른 전개도를 그려 줬지요.

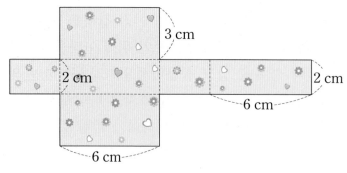

가영이가 그린 전개도

가은이는 언니가 그려준 전개로도 예쁘게 포장하고 편지를 써서 아빠께 드렸어요. 가영이도 예쁘게 포장한 넥타이핀과 편지를 아빠께 드렸지요. 아빠는 예쁜 두 딸의 선물에 무척이나 행복해 하셨답니다.

가영이가 그린 넥타이핀 상자의 전개도입니다. ☐ 안에 알맞은 숫자를 써넣으시오.

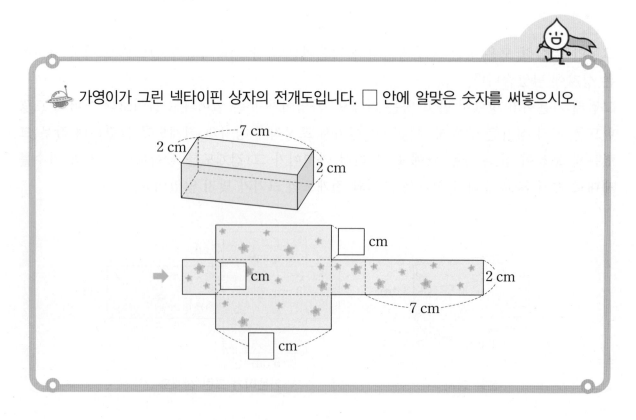

6 평균과 가능성

개념 탄탄   1. 평균을 알아보고 평균 구하기

교과서 개념을 이해하고 확인 문제를 통해 익혀요.

◐ 평균 알아보기

각 자료의 값을 모두 더하여 자료의 수로 나눈 값을 그 자료를 대표하는 값으로 정할 수 있습니다. 이 값을 평균이라고 합니다.

$$(평균)=\frac{(자료\ 값의\ 합)}{(자료의\ 수)}$$

◐ 평균 구하기

예슬이의 윗몸 일으키기 기록의 평균 구하기

회	1회	2회	3회	4회	5회
윗몸 일으키기 기록	25번	21번	24번	26번	24번

윗몸 일으키기 기록의 합 : $25+21+24+26+24=120$(번)

횟수 : 5회

➡ (평균)$=120\div5=24$(번)

개-념-잡-기

◐ 평균 : 그 자료를 대표하는 값
(평균)=(자료 값의 합)
          ÷(자료의 수)
➡ (자료 값의 합)
    =(평균)×(자료의 수)

개념확인 1

평균 알아보기

지혜네 모둠과 석기네 모둠 학생들이 지난 3개월 동안 읽은 동화책 수를 조사하여 나타낸 표입니다. 물음에 답하시오.

지혜네 모둠

이름	지혜	상연	신영	동민
동화책 수(권)	8	6	9	5

석기네 모둠

이름	석기	한초	웅이	효근	가영
동화책 수(권)	6	8	5	5	6

(1) 각 모둠의 학생 수는 몇 명입니까?

지혜네 모둠 (   ), 석기네 모둠 (   )

(2) 각 모둠 학생들이 읽은 동화책은 모두 몇 권입니까?

지혜네 모둠 (   ), 석기네 모둠 (   )

(3) 각 모둠별로 학생 한 명이 읽은 동화책 수의 평균을 구하시오.

지혜네 모둠 (   ), 석기네 모둠 (   )

(4) 어떤 방법으로 평균을 구할 수 있는지 말해 보시오.

 영수가 3월부터 6월까지 학교 도서관을 이용하고 받은 칭찬 도장의 수입니다. 물음에 답하시오. [1~2]

칭찬 도장 수

월	3	4	5	6
칭찬 도장 수(개)	6	3	2	5

1 영수가 받은 칭찬 도장의 수만큼 ○를 그려 나타낸 것입니다. ○를 옮겨 칭찬 도장의 수를 고르게 해 보시오.

○			
○			○
○			○
○	○		○
○	○	○	○
○	○	○	○
3월	4월	5월	6월

↓

3월	4월	5월	6월

2 영수가 받은 칭찬 도장의 평균은 몇 개입니까?

( )

3 용희네 모둠 학생들의 수학 점수를 조사하여 나타낸 표입니다. □ 안에 알맞은 수를 써넣으시오.

모둠 학생들의 수학 점수

이름	용희	예슬	가영	영수	동민
점수(점)	92	100	84	76	78

용희네 모둠 학생들의 수학 점수의 총점은

$92 + \boxed{} + \boxed{} + \boxed{} + \boxed{}$

$= \boxed{}$ (점)이고

용희네 모둠 학생 수는 $\boxed{}$ 명이므로

용희네 모둠 학생들의 평균 수학 점수는

$\boxed{} \div \boxed{} = \boxed{}$ (점)입니다.

 4 지혜네 학교 5학년 반별 학생 수를 조사하여 나타낸 표입니다. 물음에 답하시오.

5학년 반별 학생 수

반	1	2	3	4	5
학생 수(명)	22	24	23	26	25

(1) 지혜네 학교 5학년 학생 수는 모두 몇 명입니까?

( )

(2) 지혜네 학교 5학년 한 반당 평균 학생 수는 몇 명입니까?

( )

Step 1 개념 탄탄   2. 여러 가지 방법으로 평균 구하기

교과서 개념을 이해하고 확인 문제를 통해 익혀요.

➰ 여러 가지 방법으로 평균 구하기

예슬이네 모둠의 매달리기 기록의 평균을 두 가지 방법으로 구하기

매달리기 기록

이름	예슬	동민	한초	규형
매달리기 기록	35초	39초	37초	37초

[방법 ①] 예슬이는 한초보다 2초 덜 매달렸고
동민이는 한초보다 2초 더 매달렸습니다.
예슬이네 모둠의 매달리기 평균은 37초입니다.

[방법 ②] 예슬이네 모둠의 매달리기 기록의 합은 148초입니다.
예슬이네 모둠은 모두 4명이므로 예슬이네 모둠의
매달리기 평균은 $\dfrac{35+39+37+37}{4} = \dfrac{148}{4} = 37$(초)입니다.

> **개념 잡기**
>
> ➰ 평균 구하는 방법
> ① 일정한 기준을 정해 기준보다 많은 것을 부족한 쪽으로 채우며 평균을 구합니다.
> ② 주어진 자료 전체를 더한 값을 자료의 수로 나누어 평균을 구합니다.

개념확인 1

여러 가지 방법으로 평균 구하기

가영이의 제자리 멀리 뛰기 기록을 나타낸 표입니다. 물음에 답하시오.

멀리 뛰기 기록

회	1회	2회	3회	4회
기록(cm)	130	126	130	134

(1) 가영이의 멀리 뛰기 기록의 합은 몇 cm입니까?

$\boxed{} + \boxed{} + \boxed{} + \boxed{} = \boxed{}$ (cm)

(2) 가영이의 멀리 뛰기 기록은 평균 몇 cm입니까?

$(평균) = \dfrac{\boxed{}}{\boxed{}} = \boxed{}$ (cm)

(3) ☐ 안에 알맞은 수를 써넣으시오.

> 기준 수를 130으로 정하고 ($\boxed{}$, 134)를 더한 후
> $\boxed{}$ 로 나누면 $\boxed{}$ 입니다.
> 따라서 평균은 $\boxed{}$ cm입니다.

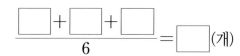

Step 2 핵심 쏙쏙

기본 문제를 통해 교과서 개념을 다져요.

1 지혜의 줄넘기 기록을 나타낸 표입니다. □ 안에 알맞은 수를 써넣으시오.

줄넘기 기록

회	1회	2회	3회	4회
줄넘기 기록	25번	21번	25번	25번

(1) 지혜는 줄넘기를 모두 ☐ 번 했습니다.

(2) 지혜의 줄넘기 기록은 평균
☐ ÷ ☐ = ☐ (번)입니다.

(3) 지혜의 줄넘기 기록은 4회 중 3회가 모두 25번이고, 2회째만 21번이므로 기준 수를 25로 하고 21과 25의 차 ☐ 를 4로 나누면 ☐ 이므로 평균은
25 − ☐ = ☐ (번)입니다.

2 영수네 모둠 학생들이 가지고 있는 구슬 수입니다. 영수네 모둠 학생들이 가지고 있는 구슬 수의 평균이 45개일 것이라 예상하고 물음에 답하시오.

20개	35개	42개
48개	70개	55개

(1) 구슬 수를 두 개씩 묶어 평균이 45개가 되려면 구슬 수 두 개의 합이 얼마가 되어야 합니까?

(   )

(2) 합이 (1)과 같이 되도록 구슬 수를 두 개씩 묶어 보시오.

(   )

(3) □ 안에 알맞은 수를 써넣으시오.

$$\frac{□ + □ + □}{6} = □ (개)$$

3 한별이네 가족의 나이를 나타낸 표입니다. 물음에 답하시오.

가족의 나이

가족	아빠	엄마	한별	한초
나이	42살	38살	12살	8살

(1) 한별이네 가족의 평균 나이는 몇 살입니까?

(   )

(2) 삼촌 한 명을 포함하면 평균 나이가 한 살 늘어납니다. 전체 나이의 합은 몇 살이 됩니까?

(   )

(3) 삼촌의 나이는 몇 살입니까?

(   )

4 자료의 평균을 두 가지 방법으로 구하시오.

79	92	88	105	96

① (☐ + ☐ + ☐ + ☐ + ☐)
÷ 5 = ☐

② 기준 수를 92로 정하고 (79, ☐),
(☐ , 96)을 각각 더한 후 2로 나누면
92이므로 평균은 ☐ 입니다.

3. 평균을 이용하여 문제 해결하기

교과서 개념을 이해하고 확인 문제를 통해 익혀요.

○ 평균을 이용하여 문제 해결하기

석기의 수학 성적을 나타낸 표를 보고 빈칸에 알맞은 수 구하기

수학 성적

회	1회	2회	3회	4회	평균
점수	88점	95점		92점	91점

평균이 91점이므로 4회까지의 총점은 $91 \times 4 = 364$(점)입니다.

따라서 3회의 수학 성적은 $364 - (88 + 95 + 92) = 89$(점)입니다.

개·념·잡·기

○ (평균)= $\dfrac{(자료 값의 합)}{(자료의 수)}$

(자료 값의 합)
= (평균)×(자료의 수)

개념확인 1

평균을 이용하여 문제 해결하기(1)

효근이네 학교에서 올해 개최한 미니 마라톤 대회의 참가자 수를 나타낸 표입니다. 물음에 답하시오.

미니 마라톤 대회 참가자 수

대회	1회	2회	3회	4회
5학년 참가자 수(명)	115	109	113	111
6학년 참가자 수(명)	115	116	111	114

(1) 각 학년의 미니 마라톤 대회 참가자 수의 평균을 구하시오.

5학년 (   ), 6학년 (   )

(2) 5학년은 모두 144명, 6학년은 모두 155명일 때 각 학년 학생 1명당 몇 번 참가했는지 반올림하여 소수 첫째 자리까지 나타내시오.

5학년 (   ), 6학년 (   )

(3) 몇 학년 학생들이 더 적극적으로 참여했다고 말할 수 있습니까?

(   )

개념확인 2

평균을 이용하여 문제 해결하기(2)

규형이와 지혜가 고리 던지기를 한 기록입니다. 누가 고리 던지기를 더 잘했습니까?

규형이의 고리 던지기 기록

회	1회	2회	3회	4회
걸린 고리 수(개)	7	5	8	9

지혜의 고리 던지기 기록

회	1회	2회	3회	4회	5회
걸린 고리 수(개)	8	6	6	7	8

(   )

1 가영이와 예슬이의 멀리뛰기 기록입니다. 두 학생의 평균 기록이 같을 때 물음에 답하시오.

가영이 기록

회	기록(cm)
1회	305
2회	222
3회	268
4회	213

예슬이 기록

회	기록(cm)
1회	276
2회	314
3회	216
4회	

(1) 가영이의 멀리뛰기 평균 기록은 몇 cm 입니까?

( )

(2) 예슬이의 4회 기록은 몇 cm입니까?

( )

2 한별이의 국어와 수학 성적입니다. 물음에 답하시오.

한별이의 성적

회	1회	2회	3회	4회
국어 점수(점)	92	90	91	95
수학 점수(점)	88	93	85	90

(1) 1회에서 4회까지의 성적은 어느 과목의 평균 점수가 몇 점 더 높습니까?

( )

(2) 한별이가 다음 시험에서 수학 평균 점수를 1점 올리려면 최소 몇 점을 받아야 합니까?

( )

3 동민이네 학교에서는 단체 줄넘기 대회를 했습니다. 6회까지의 평균이 23번이 되어야 예선을 통과할 수 있습니다. 물음에 답하시오.

5학년 단체 줄넘기 기록   (단위 : 번)

회	1회	2회	3회	4회	5회	6회
1반	21	25	23	24	27	24
2반	19	23	24	25	28	
3반	23	22	24	20	23	

(1) 1반은 예선을 통과할 수 있습니까?

( )

(2) 1반과 2반의 평균 기록이 같다면 2반의 6회 기록은 몇 번입니까?

( )

(3) 3반이 예선을 통과하려면 6회에 최소 몇 번을 넘어야 합니까?

( )

4 한솔이가 6개월 동안 읽은 책의 수를 나타낸 표입니다. 물음에 답하시오.

읽은 책의 수

월	3	4	5	6	7	8
책 수(권)	4	7	5	8	9	9

(1) 한 달 동안 평균 몇 권의 책을 읽었습니까?

( )

(2) 9월, 10월, 11월 더 열심히 책을 읽어 전체 평균을 2권 더 높이려고 합니다. 3개월 동안 몇 권을 더 읽어야 합니까?

( )

♻ 일이 일어날 가능성 알아보기

가능성은 어떠한 상황에서 특정한 일이 일어나길 기대할 수 있는 정도를 말합니다.

가능성의 정도는 '불가능하다.', '~ 아닐 것 같다.', '반반이다.', '~일 것 같다.', '확실하다.' 등으로 표현할 수 있습니다.

<개 · 념 · 잡 · 기>

♻ 일이 일어날 가능성을 '불가능하다.', '~아닐 것 같다.', '반반이다.', '~일 것 같다.', '확실하다.'로 표현할 수 있습니다.

〈일기 예보를 보고 비가 올 가능성 알아보기〉

날짜	오늘		내일		모레	
시각	오전	오후	오전	오후	오전	오후
날씨	☀	⛅	⛅	☁	☂	☂

• 오늘은 오전에는 맑고 오후에는 구름이 약간 있지만 비가 오지는 않을 것 같습니다.
• 내일은 오전에는 구름이 있지만 해가 보이고 오후에는 구름만 많이 끼고 비는 오지 않을 것 같습니다.
• 모레는 비가 올 것 같습니다.

개념확인 1

일이 일어날 가능성 알아보기(1)

일이 일어날 가능성에 대하여 자신의 생각에 ○표 하시오.

일	불가능하다.	반반이다.	확실하다.
(1) 계산기로 1×1을 누르면 1이 나올 것입니다.			
(2) 주사위를 던졌을 때 9의 눈이 나올 것입니다.			
(3) 동전을 던지면 그림 면이 나올 것입니다.			

개념확인 2

일이 일어날 가능성 알아보기(2)

일이 일어날 가능성을 생각하여 알맞게 선으로 이어 보시오.

다음 주 내내 비가 올 것입니다. •   • ~일 것 같다.

장마철에는 비가 자주 올 것입니다. •   • ~ 아닐 것 같다.

기본 문제를 통해 교과서 개념을 다져요.

1 일어날 가능성이 확실한 것은 어느 것입니까?

(   )

① 신생아가 남자 아이일 가능성
② 주사위를 던졌을 때 짝수의 눈이 나올 가능성
③ 내일 아침 해가 동쪽에서 뜰 가능성
④ 내일 눈이 올 가능성
⑤ 흰색 공만 들어 있는 주머니에서 검은색 공을 꺼낼 가능성

 2 일이 일어날 가능성에 대하여 자신의 생각에 ○표 하시오.

일	불가능하다.	~ 아닐 것 같다.	반반이다.	~일 것 같다.	확실하다.
우리 반에 11월 31일이 생일인 학생이 있을 가능성					
내일 결석하는 학생이 출석하는 학생보다 많을 가능성					
주사위를 던졌을 때 2의 배수의 눈이 나올 가능성					
겨울이 지나면 봄이 올 가능성					
흰색 공 3개, 검은색 공 1개가 들어 있는 주머니에서 공을 1개 꺼낼 때 흰색 공일 가능성					

 동민, 영수, 석기, 지혜, 예슬이는 빨간색과 노란색을 이용하여 회전판을 만들었습니다. 일이 일어날 가능성을 비교해 보시오. [3~6]

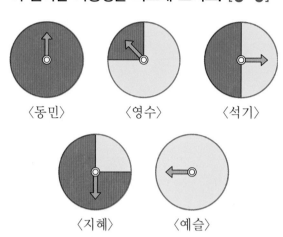

〈동민〉   〈영수〉   〈석기〉

〈지혜〉   〈예슬〉

3 화살이 빨간색에 멈추는 것이 불가능한 회전판은 누가 만든 회전판입니까?

(   )

4 화살이 빨간색에 멈추는 것이 확실한 회전판은 누가 만든 회전판입니까?

(   )

5 화살이 빨간색과 노란색에 멈출 가능성이 비슷한 회전판은 누가 만든 회전판입니까?

(   )

6 영수가 만든 회전판과 지혜가 만든 회전판 중 화살이 노란색에 멈출 가능성이 더 높은 회전판은 누가 만든 회전판입니까?

(   )

◑ 일이 일어날 가능성을 수로 나타내기

일이 일어날 가능성을 0, $\frac{1}{2}$, 1과 같은 수로 나타낼 수 있습니다.

⒠ 다음 주머니에서 공을 1개 꺼낼 때

• 꺼낸 공이 흰색일 가능성을 수로 나타내면 0입니다.
• 꺼낸 공이 빨간색일 가능성을 수로 나타내면 1입니다.

개·념·잡·기

◑ 가능성을 수로 나타내기
어떠한 일이 일어날 가능성이 확실한지 불가능한지, 또는 반반인지 생각하여 수로 나타냅니다.
⒠ 동전을 한 개 던졌을 때
  • 그림 면이 나올 가능성은 반반이므로 $\frac{1}{2}$입니다.
  • 숫자 면이 나올 가능성은 반반이므로 $\frac{1}{2}$입니다.

개념확인 1

일이 일어날 가능성을 수로 나타내기

한별, 한솔, 가영 세 사람이 말한 일이 일어날 가능성을 수로 나타내어 보시오.

┌───┐
한별 : 검은색 바둑돌만 들어 있는 통에서 바둑돌 1개를 꺼냈을 때 바둑돌이 검은색일 가능성

한솔 : 주사위 한 개를 던졌을 때 나온 눈의 수가 7일 가능성

가영 : 빨간색 구슬과 파란색 구슬이 각각 1개씩 있는 주머니에서 구슬을 1개 꺼냈을 때 빨간색 구슬이 나올 가능성
└───┘

(1) 한별이가 말한 일이 일어날 가능성을 0에서 1 사이의 어떤 수로 나타낼 수 있습니까?

(   )

(2) 한솔이가 말한 일이 일어날 가능성을 0에서 1 사이의 어떤 수로 나타낼 수 있습니까?

(   )

(3) 가영이가 말한 일이 일어날 가능성을 0에서 1 사이의 어떤 수로 나타낼 수 있습니까?

(   )

(4) 세 사람이 말한 일이 일어날 가능성을 나타낸 곳에 이름을 써 보시오.

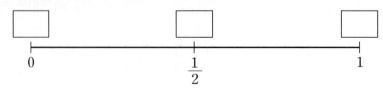

1 상자에 자두맛 사탕이 5개 들어 있습니다. 그중에서 사탕을 한 개 꺼낼 때 물음에 답하시오.

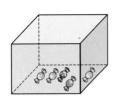

(1) 꺼낸 사탕이 포도맛 사탕일 가능성을 수로 나타내시오.

(   )

(2) 꺼낸 사탕이 자두맛 사탕일 가능성을 수로 나타내시오.

(   )

2 일이 일어날 가능성을 생각하여 알맞게 선으로 이으시오.

주사위 한 개를 던질 때 9의 눈이 나올 가능성	•	•	1
동전을 던질 때 숫자면이 나올 가능성	•	•	$\frac{1}{2}$
내일 아침에 동쪽에서 해가 뜰 가능성	•	•	0

3 □ 안에 알맞은 수를 써넣으시오.

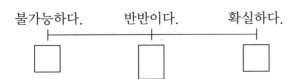

불가능하다.   반반이다.   확실하다.

4 주머니 속에 딸기맛 사탕이 5개, 포도맛 사탕이 5개 들어 있습니다. 이 주머니에서 사탕 1개를 꺼낼 때 물음에 답하시오.

(1) 꺼낸 사탕이 포도맛 사탕일 가능성을 수로 나타내시오.

(   )

(2) 꺼낸 사탕이 딸기맛 사탕일 가능성을 수로 나타내시오.

(   )

5 주사위 한 개를 던졌습니다. 물음에 답하시오.

(1) 3보다 큰 수의 눈이 나올 가능성을 수로 나타내시오.

(   )

(2) 8의 눈이 나올 가능성을 수로 나타내시오.

(   )

 6 오른쪽 주머니에서 공을 1개 꺼냈습니다. 물음에 답하시오.

(1) 꺼낸 공이 검은색일 가능성을 수로 나타내시오.

(   )

(2) 꺼낸 공이 빨간색일 가능성을 수로 나타내시오.

(   )

유형 **1** 평균을 알아보고 평균 구하기

- 각 자료의 값을 모두 더하여 자료의 수로 나눈 값을 평균이라고 합니다.
- 평균을 그 자료를 대표하는 값으로 정하면 편리합니다.

$$(평균)=\frac{(자료\ 값의\ 합)}{(자료의\ 수)}$$

대표유형

1-1 상연이의 과목별 시험 점수를 조사하여 나타낸 표입니다. 과목별 시험 점수의 평균은 몇 점입니까?

과목별 시험 점수

과목	국어	영어	수학	과학
점수(점)	78	86	92	84

( )

1-2 농장별 가축 수를 조사하여 나타낸 표입니다. 물음에 답하시오.

농장별 가축 수

농장	가	나	다	라
가축 수(마리)	154	168	132	146

(1) 네 농장의 평균 가축 수는 몇 마리입니까?

( )

(2) 가 농장의 가축 수는 평균에 비해 많은 편입니까, 적은 편입니까?

( )

1-3 어느 장난감 공장에서 하루에 평균 125개씩 장난감을 만든다고 합니다. 30일 동안에는 몇 개의 장난감을 만듭니까?

( )

1-4 한별이네 가족의 나이를 나타낸 표입니다. 물음에 답하시오.

가족의 나이

가족	아빠	엄마	누나	한별
나이(살)	44	40	16	12

(1) 한별이네 가족의 평균 나이를 두 가지 방법으로 구하려고 합니다. □ 안에 알맞은 수를 써넣으시오.

① $\dfrac{44+12}{2}=\boxed{}$, $\dfrac{40+16}{2}=\boxed{}$

➡ 평균 : $\boxed{}$살

② $\dfrac{44+\boxed{}+16+\boxed{}}{4}=\boxed{}$(살)

(2) 이모 1명을 포함하면 평균 나이가 한 살 늘어납니다. 이모 나이를 구하시오.

( )

1-5 효근이의 과목별 점수를 나타낸 표입니다. 평균 점수를 두 가지 방법으로 구하시오.

과목별 점수

과목	국어	수학	영어
점수(점)	92	86	89

①

②

유형 2 평균을 이용하여 문제 해결하기

평균을 이용하면 두 기록을 한눈에 알기 쉽게 비교할 수 있습니다.

예슬이의
오래 매달리기 기록

회	기록
1회	32초
2회	43초
3회	36초

가영이의
오래 매달리기 기록

회	기록
1회	35초
2회	36초
3회	31초
4회	38초

(예슬이 평균 기록) $= (32+43+36) \div 3$
$= 111 \div 3$
$= 37$(초)

(가영이 평균 기록) $= (35+36+31+38) \div 4$
$= 140 \div 4$
$= 35$(초)

➡ 예슬이가 가영이보다 오래 매달리기 기록이 더 좋습니다.

대표유형

2-1 규형이네 학교와 동민이네 학교에서 5일 동안 결석한 학생 수를 요일별로 조사하여 나타낸 표입니다. 하루 평균 결석한 학생 수는 누구네 학교가 더 많습니까?

규형이네 학교

요일	월	화	수	목	금
학생 수(명)	6	3	4	5	2

동민이네 학교

요일	월	화	수	목	금
학생 수(명)	3	6	5	6	5

(   )

2-2 석기네 모둠 학생들이 모은 붙임 딱지의 수를 조사하여 나타낸 표입니다. 물음에 답하시오.

붙임 딱지의 수

이름	석기	지혜	신영	효근	평균
붙임 딱지 수(장)		48	30	36	42

(1) 석기네 모둠 학생들이 모은 붙임 딱지는 모두 몇 장입니까?

(   )

(2) 석기가 모은 붙임 딱지는 몇 장입니까?

(   )

시험에 잘 나와요

2-3 영수의 수행평가 점수를 조사하여 나타낸 표입니다. 5회까지의 평균이 85점이 되려면 5회에는 몇 점을 받아야 합니까?

수행평가 점수

횟수	1회	2회	3회	4회
점수(점)	80	95	86	74

(   )

2-4 미술 학원 학생들의 나이를 조사하여 나타낸 표입니다. 물음에 답하시오.

미술 학원 학생들의 나이

이름	가영	동민	예슬	영수
나이(살)	16	19	18	15

(1) 미술 학원 학생들의 평균 나이는 몇 살입니까? (   )

(2) 학생이 한 명 더 들어와서 평균 나이가 1살 줄었다면 새로 온 학생의 나이는 몇 살입니까? (   )

유형 3 일이 일어날 가능성을 말로 표현하고 비교하기

가능성은 어떠한 상황에서 특정한 일이 일어나길 기대할 수 있는 정도를 말합니다.

대표유형

3-1 일이 일어날 가능성에 대하여 자신의 생각에 ○표 하시오.

일	~일 것이다.	~ 아닐 것이다.	확실하다.
주사위를 던지면 1 이상 5 이하의 눈이 나올 것입니다.			
동전을 3번 던지면 모두 숫자 면이 나올 것입니다			
계산기로 5×0을 누르면 0이 나올 것입니다.			
다음 주에는 일주일 내내 비가 올 것 같습니다.			

3-2 일이 일어날 가능성을 생각하여 알맞게 선으로 이어 보시오.

지렁이가 귀뚜라미처럼 뛸 가능성 •   • 확실하다.

동전을 던져서 그림 면이 나올 가능성 •   • 반반이다.

토끼가 거북이보다 빨리 달릴 가능성 •   • 불가능하다.

3-3 일이 일어날 가능성이 확실한 것은 어느 것입니까? (   )

① 생일이 2월 29일일 가능성
② 2+3이 6일 가능성
③ 흰색 공만 들어 있는 주머니에서 흰색 공을 꺼낼 가능성
④ 주사위를 던져 3의 눈이 나올 가능성
⑤ 쥐가 고양이를 물 가능성

3-4 일이 일어날 가능성이 불가능한 것은 어느 것입니까? (   )

① 내일 눈이 올 가능성
② 주사위를 던져 6의 눈이 나올 가능성
③ 가위, 바위, 보를 하여 이길 가능성
④ 검은색 공만 들어 있는 주머니에서 검은색 공을 꺼낼 가능성
⑤ 추첨함에 당첨제비가 들어 있지 않을 때 당첨될 가능성

3-5 일이 일어날 가능성을 찾아 기호를 쓰시오.

㉠ 불가능하다.   ㉡ ~ 아닐 것 같다.
㉢ 반반이다.   ㉣ ~일 것 같다.
㉤ 확실하다.

(1) 주사위 한 개를 던질 때 짝수의 눈이 나올 가능성

(   )

(2) 주사위 한 개를 던질 때 1 이상 6 이하의 눈이 나올 가능성

(   )

유형 ④ 일이 일어날 가능성을 수로 표현하기

- 일이 일어날 가능성을 0, $\frac{1}{2}$, 1과 같은 수로 나타낼 수 있습니다.
- 일이 일어날 가능성이 '불가능하다.'인 경우는 0으로 나타낼 수 있습니다.
- 일이 일어날 가능성이 '확실하다.'인 경우는 1로 나타낼 수 있습니다.
- 일이 일어날 가능성이 '반반이다.'인 경우는 $\frac{1}{2}$로 나타낼 수 있습니다.

대표유형

4-1 동전 한 개를 던졌을 때 숫자면이 나올 가능성을 수로 나타내려고 합니다. 물음에 답하시오.

(1) 동전 한 개를 던졌을 때 숫자면이 나올 가능성을 말로 표현해 보시오.

(   )

(2) 동전 한 개를 던졌을 때 숫자면이 나올 가능성을 수로 나타내시오.

(   )

4-2 오른쪽 상자 안에 빨간색 머리핀이 3개 들어 있습니다. 그중에서 1개를 꺼낼 때 물음에 답하시오.

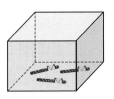

(1) 꺼낸 머리핀이 노란색일 가능성을 수로 나타내시오.

(   )

(2) 꺼낸 머리핀이 빨간색일 가능성을 수로 나타내시오.

(   )

4-3 오른쪽 주머니에서 공을 1개 꺼낼 때 물음에 답하시오.

(1) 꺼낸 공이 흰색일 가능성을 수로 나타내시오.

(   )

(2) 꺼낸 공이 파란색일 가능성을 수로 나타내시오.

(   )

(3) 꺼낸 공이 빨간색일 가능성을 수로 나타내시오.

(   )

4-4 바구니에 빨간색 장갑 1켤레와 빨간색 양말 1켤레가 담겨 있습니다. 그중에서 1개를 꺼낼 때 물음에 답하시오.

(1) 꺼낸 물건이 빨간색일 가능성을 수로 나타내시오.

(   )

(2) 꺼낸 물건이 장갑일 가능성을 수로 나타내시오.

(   )

(3) 꺼낸 물건이 모자일 가능성을 수로 나타내시오.

(   )

1 한별이네 모둠 학생들이 통학하는 데 걸리는 시간을 조사하여 나타낸 표입니다. 한별이네 모둠 학생들의 통학 시간은 평균 몇 분입니까?

통학하는 데 걸리는 시간

15분	8분	12분
8분	20분	9분

(   )

2 예슬이네 모둠 학생들이 지난 주말에 운동한 시간을 나타낸 표입니다. 운동 시간의 평균을 여러 가지 방법으로 구해 보시오.

모둠 학생들의 운동 시간

이름	예슬	석기	지혜	동민
운동 시간(분)	40	50	60	50

방법1

예상 평균 : (   )

방법2

3 2018년 국외 주요 도시별 초미세먼지 농도를 나타낸 표입니다. 물음에 답하시오.

국외 주요 도시별 초미세먼지 농도

국외 주요 도시	가	나	다	라
초미세먼지 농도 ($\mu g/m^3$)	14	16	12	

(1) 네 도시 가, 나, 다, 라의 초미세먼지 농도의 평균이 세 도시 가, 나, 다의 평균보다 높다고 할 때 도시 라의 초미세먼지 농도를 예상해 보시오.

_____

_____

(2) 네 도시 가, 나, 다, 라의 초미세먼지 농도의 평균이 세 도시 가, 나, 다의 평균보다 낮다고 할 때 도시 라의 초미세먼지 농도를 예상해 보시오.

_____

_____

4 전체 학생 수가 같은 동민이네 학교와 용희네 학교에서 결석한 학생 수를 요일별로 조사하여 나타낸 표입니다. 어느 학교 학생들이 결석을 더 많이 한다고 할 수 있습니까?

결석한 학생 수   (단위 : 명)

요일	월	화	수	목	금
동민이네 학교	8	3	0	4	5
용희네 학교	1	6	2	4	2

(   )

新 경향문제

5 가, 나 두 모둠의 훌라후프 기록에 대해 잘못 말한 친구를 고르고, 그 이유를 써 보시오.

> 가영 : 두 모둠의 훌라후프 최고 기록을 비교해 보면 가 모둠은 58개, 나 모둠은 56개이니까 가 모둠이 더 잘했다고 볼 수 있어.
>
> 영수 : 단순히 각 모둠의 최고 기록만으로 어느 모둠이 더 잘했는지 판단하기 어려워.
>
> 한별 : 훌라후프를 가 모둠은 총 248개, 나 모둠은 총 256개를 했으니까 나 모둠이 더 잘했어.
>
> 지혜 : 두 모둠의 훌라후프 기록의 평균을 구해 보면 어느 모둠이 더 잘했는지 비교할 수 있어.

이름 (   )

⬤이유

----

6 동민이네 모둠 학생들의 몸무게를 조사하여 나타낸 표입니다. 몸무게가 평균보다 많이 나가는 학생은 누구입니까?

학생들의 몸무게

이름	동민	예슬	용희	가영
몸무게(kg)	34.5	38	45.3	39.2

(   )

7 한별이네 수영 동아리 회원의 나이를 조사하여 나타낸 표입니다. 회원 1명이 더 들어와서 평균 나이가 1살 늘었다면 새로운 회원의 나이는 몇 살입니까?

회원의 나이

이름	한별	신영	가영	용희	예슬
나이(살)	16	18	12	10	14

(   )

8 상연이네 모둠과 한별이네 모둠 학생들이 축구공을 각각 10번씩 차서 골인된 횟수를 나타낸 표입니다. 물음에 답하시오.

상연이네 모둠

이름	횟수
상연	7회
석기	4회
신영	5회
한초	6회

한별이네 모둠

이름	횟수
한별	8회
동민	7회
한솔	3회

(1) 상연이네 모둠의 평균 골인 횟수와 한별이네 모둠의 평균 골인 횟수를 구하시오.

상연이네 (   )

한별이네 (   )

(2) 어느 모둠의 기록이 더 좋습니까?

(   )

9 어느 초등학교의 월별 양호실 이용자 수를 나타낸 표입니다. 표를 보고 물음에 답하시오.

월별 양호실 이용자 수

월	3	4	5	6	7
이용자 수(명)	45	48	107	139	111

(1) 양호실의 월별 이용자 수의 평균은 몇 명입니까?

( )

(2) 4월의 양호실 이용자 수가 10명 더 많았다면 이용자 수의 평균은 지금보다 몇 명 더 많아집니까?

( )

10 어느 공원을 이용하는 사람 수가 하루 평균 725명이라고 합니다. 30일 동안에는 모두 몇 명이 이용하겠습니까?

( )

11 가영이와 예슬이의 멀리뛰기 기록입니다. 두 학생의 평균 기록이 같을 때 예슬이의 4회 기록은 몇 cm입니까?

멀리뛰기 기록 (단위 : cm)

이름 \ 회	1회	2회	3회	4회
가영	205	122	168	113
예슬	176	214	116	

( )

12 예슬이네 반 남녀 학생들의 윗몸 일으키기 평균 기록을 나타낸 표입니다. 이 반 전체 학생들의 윗몸 일으키기 평균 기록을 반올림하여 소수 첫째 자리까지 구하시오.

남학생 12명	28번
여학생 14명	24번

( )

13 세 자연수 A, B, C가 있습니다. A와 B의 평균은 33, B와 C의 평균은 35, A와 C의 평균은 28입니다. A, B, C의 평균은 얼마입니까?

( )

新 경향문제

14 조건에 알맞은 회전판이 되도록 색칠해 보시오.

조건
• 화살이 빨간색에 멈출 가능성이 가장 높습니다.
• 화살이 노란색에 멈출 가능성이 초록색에 멈출 가능성의 2배입니다.

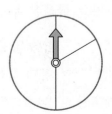

15 주사위 한 개를 던졌을 때 3의 배수의 눈이 나올 가능성을 수로 나타내시오.

(   )

16 오른쪽 주머니에서 공을 한 개 꺼내려고 합니다. 물음에 답하시오.

(1) 꺼낸 공이 검은색 공일 가능성을 수로 나타내시오.

(   )

(2) 꺼낸 공이 빨간색 공일 가능성을 수로 나타내시오.

(   )

(3) 꺼낸 공이 파란색 공일 가능성을 수로 나타내시오.

(   )

(4) 꺼낸 공이 흰색 공일 가능성을 수로 나타내시오.

(   )

17 동전 두 개를 던졌을 때 그림 면과 숫자 면이 각각 한 개씩 나올 가능성을 수로 나타내시오.

(   )

18 주변에서 일이 일어날 가능성을 나타내는 상황을 써 보시오.

가능성	상황
확실하다.	
반반이다.	
불가능하다.	

19 일이 일어날 가능성이 가장 큰 것부터 차례로 기호를 쓰시오.

> ㉠ 12월 31일이 여름 방학일 가능성
> ㉡ 주사위를 던졌을 때 홀수 눈이 나올 가능성
> ㉢ 해가 서쪽으로 질 가능성
> ㉣ 1부터 4까지 쓰여진 4장의 숫자 카드에서 1을 뽑을 가능성
> ㉤ 4장의 제비 중 당첨 제비가 한 장일 때 당첨 제비를 뽑지 못할 가능성

(   )

1 신영이네 모둠에서 한 달 동안 마신 물의 양을 측정하여 나타낸 표입니다. 신영이네 모둠원이 한 달 동안 마신 물의 양은 평균 몇 L인지 풀이 과정을 쓰고 답을 구하시오.

마신 물의 양

이름	신영	석기	지혜	웅이
물의 양(L)	160	205	187	240

풀이 (한 달 동안 마신 물의 양의 합)

$= 160 + 205 + \boxed{} + \boxed{}$

$= \boxed{}$ (L)

이므로 한 달 동안 마신 물의 양은 평균

$\boxed{} \div 4 = \boxed{}$ (L)입니다.

답 $\boxed{}$ L

1-1 농장별 가축 수를 조사하여 나타낸 표입니다. 네 농장의 가축 수는 평균 몇 마리인지 풀이 과정을 쓰고 답을 구하시오.

농장별 가축 수

농장	가	나	다	라
가축 수(마리)	156	160	156	152

풀이 따라하기 _____

_____

_____

_____

_____

답 _____

2 웅이의 과학 점수를 나타낸 표입니다. 3회에는 몇 점을 받았는지 풀이 과정을 쓰고 답을 구하시오.

과학 점수

회	1회	2회	3회	4회	평균
점수(점)	85	80		83	81

풀이 4회까지의 점수의 총합은

$\boxed{} \times 4 = \boxed{}$ (점)입니다.

따라서 3회에 받은 점수는

$\boxed{} - (85 + \boxed{} + \boxed{}) = \boxed{}$ (점)

입니다.

답 $\boxed{}$ 점

2-1 상연이의 공 던지기 기록을 나타낸 표입니다. 2회의 기록은 몇 m인지 풀이 과정을 쓰고 답을 구하시오.

공 던지기 기록

회	1회	2회	3회	4회	평균
기록(m)	48		50	56	52

풀이 따라하기 _____

_____

_____

_____

_____

답 _____

3 예슬, 가영, 신영 세 사람의 수학 점수의 평균은 78점이고, 이 세 사람과 한별이의 수학 점수의 평균은 82점입니다. 한별이의 수학 점수는 몇 점인지 풀이 과정을 쓰고 답을 구하시오.

풀이 (예슬, 가영, 신영이의 수학 점수의 합)

= ☐ ×3= ☐ (점)

(예슬, 가영, 신영, 한별이의 수학 점수의 합)

= ☐ ×4= ☐ (점)

따라서 한별이의 수학 점수는

☐ − ☐ = ☐ (점)

답 _____ ☐ 점

3-1 웅이, 효근, 동민 세 사람의 국어 점수의 평균은 86점이고, 이 세 사람과 지혜의 국어 점수의 평균은 87점입니다. 지혜의 국어 점수는 몇 점인지 풀이 과정을 쓰고 답을 구하시오.

풀이 따라하기 _____

_____

_____

_____

_____

답 _____

4 주머니에 빨간색 공 6개와 파란색 공 2개가 들어 있습니다. 그중에서 1개를 꺼낼 때, 꺼낸 공이 빨간색 공일 가능성을 수로 나타내면 얼마인지 풀이 과정을 쓰고 답을 구하시오.

풀이 공은 모두 6+2= ☐ (개)이고

그중에서 빨간색 공은 ☐ 개입니다.

따라서 꺼낸 공이 빨간색일 가능성은

$\dfrac{☐}{8} = \dfrac{☐}{4}$ 입니다.

답 $\dfrac{☐}{4}$

4-1 주머니에 빨간색 공 2개, 파란색 공 5개, 노란색 공 3개가 들어 있습니다. 그중에서 1개를 꺼낼 때, 꺼낸 공이 파란색 공일 가능성을 수로 나타내면 얼마인지 풀이 과정을 쓰고 답을 구하시오.

풀이 따라하기 _____

_____

_____

_____

_____

답 _____

1 사과 5개의 무게를 조사한 것입니다. 사과 한 개의 평균 무게는 몇 g입니까?

> 185 g   180 g   179 g   181 g   175 g

( )

2 효근이네 모둠 학생들이 가지고 있는 연필의 수를 조사하여 나타낸 것입니다

연필의 수 (단위 : 자루)

8	10	5
7	15	9

효근이네 모둠의 연필의 수는 평균 몇 자루입니까?

( )

3 어느 지역의 마을별 인구 수를 조사하여 나타낸 표입니다. 한 마을당 평균 인구 수는 몇 명입니까?

마을별 인구 수

마을	가	나	다	라
인구 수(명)	580	470	620	530

( )

4 가영이네 모둠 학생들의 제기차기 기록을 조사하여 나타낸 표입니다. 기록이 평균보다 낮은 학생은 누구입니까?

제기차기 기록

이름	가영	석기	신영	웅이
기록	22번	24번	25번	24번

( )

 동민이와 영수가 각각 일주일, 8일 동안 접어서 만든 종이학의 수를 나타낸 것입니다. 물음에 답하시오. [5~6]

> • 동민 : 일주일 동안 84개를 만들었어.
> • 영수 : 8일 동안 104개를 만들었어.

5 동민이와 영수는 각각 하루에 평균 몇 개의 종이학을 만들었는지 구하시오.

동민 ( )
영수 ( )

6 동민이와 영수 중 누가 하루에 종이학을 더 많이 만들었습니까?

( )

 석기가 일주일 동안 공부한 시간을 조사하여 나타낸 표입니다. 물음에 답하시오. [7~8]

일주일 동안 공부한 시간 (단위 : 시간)

요일	일	월	화	수	목	금	토
시간	3	5	2		3	5	0

7 석기는 하루 평균 3시간씩 공부를 했습니다. 일주일 동안 모두 몇 시간을 공부한 것입니까?

( )

8 석기가 수요일에 공부한 시간은 몇 시간입니까?

( )

9 규형이와 신영이의 과목별 성적을 나타낸 표입니다. 누구의 성적이 더 좋습니까?

과목별 성적

이름＼과목	국어	수학	사회	과학
규형	86	90	80	82
신영	85	78	89	88

( )

10 지혜는 하루에 평균 38쪽의 책을 읽는다고 합니다. 일주일 동안에는 몇 쪽을 읽겠습니까?

( )

11 신영이는 전체 쪽수가 225쪽인 책을 15일 동안 다 읽으려고 합니다. 하루에 평균 몇 쪽씩 읽어야 합니까?

( )

12 어느 문구점에서는 일주일에 616자루의 연필이 팔린다고 합니다. 하루 평균 몇 자루의 연필이 팔리는 셈입니까?

( )

13 영수의 시험 점수가 국어는 수학보다 12점 더 높고, 사회는 국어보다 15점 더 높습니다. 수학 점수가 69점일 때, 세 과목의 평균 점수는 몇 점인지 구하시오.

( )

14 동민이네 모둠의 단체 줄넘기 기록입니다. 평균 기록이 30번이 되려면 6회에는 몇 번을 넘어야 합니까?

단체 줄넘기 기록

회	1회	2회	3회	4회	5회	6회
기록(번)	26	33	30	28	28	

( )

6단원

15 다음 일이 일어날 가능성을 생각하여 알맞게 선으로 이어 보시오.

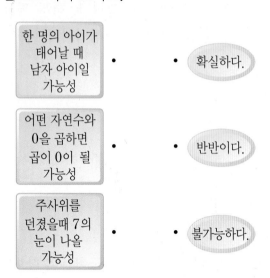

한 명의 아이가 태어날 때 남자 아이일 가능성 •

어떤 자연수와 0을 곱하면 곱이 0이 될 가능성 •

주사위를 던졌을때 7의 눈이 나올 가능성 •

• 확실하다.

• 반반이다.

• 불가능하다.

16 □ 안에 알맞은 수를 써넣으시오.

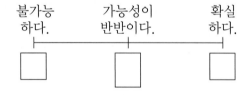

불가능 하다.　　가능성이 반반이다.　　확실 하다.

17 상자 안에 딸기맛 사탕이 5개 들어 있습니다. 이 상자에서 사탕 1개를 꺼낼 때 다음의 가능성을 수직선에 나타내시오.

┌─────────────────────────┐
│ ㉠ 꺼낸 사탕이 딸기맛일 가능성 │
│ ㉡ 꺼낸 사탕이 포도맛일 가능성 │
└─────────────────────────┘

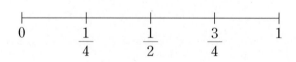

$0 \quad \dfrac{1}{4} \quad \dfrac{1}{2} \quad \dfrac{3}{4} \quad 1$

  주머니 속에 흰색 공이 3개, 검은색 공이 1개 있습니다. 그중에서 1개를 꺼낼 때 물음에 답하시오. [18~20]

18 꺼낸 공이 흰색일 가능성을 수로 나타내시오.

(　　　　　　)

19 꺼낸 공이 검은색일 가능성을 수로 나타내시오.

(　　　　　　)

20 꺼낸 공이 빨간색일 가능성을 수로 나타내시오.

(　　　　　　)

21 주사위 한 개를 던졌습니다. 물음에 답하시오.

(1) 4보다 작은 수의 눈이 나올 가능성을 수로 나타내시오.

(　　　　　　)

(2) 10보다 작은 수의 눈이 나올 가능성을 수로 나타내시오.

(　　　　　　)

서술형

22 5개의 수의 평균이 48일 때, □ 안에 알맞은 수는 얼마인지 풀이 과정을 쓰고 답을 구하시오.

| 38 | 45 | 60 | □ | 50 |

풀이

답

23 가영이의 수학 점수를 월별로 나타낸 표입니다. 평균이 95점 이상이 되려면 10월에는 최소한 몇 점을 받아야 하는지 풀이 과정을 쓰고 답을 구하시오.

가영이의 수학 점수

월	3	4	5	6	9	10
점수(점)	92	88	96	98	100	

풀이

답

24 석기네 반 남학생과 여학생의 평균 키를 나타낸 표입니다. 석기네 반 전체 학생들의 평균 키를 구하는 풀이 과정을 쓰고 답을 구하시오.

남학생 18명	156.2 cm
여학생 12명	152.5 cm

풀이

답

25 바구니에 머리핀이 3개, 옷핀이 3개 들어 있습니다. 그중에서 1개를 꺼낼 때 머리핀을 꺼낼 가능성을 수로 나타내면 얼마인지 설명하시오.

설명

 영수와 석기는 다음과 같은 규칙으로 회전판 돌리기를 하려고 합니다. 물음에 답하시오. [1~3]

〈놀이1〉
영수는 회전판의 화살이 '동물 이름'에 멈추면 1점을 얻고, 석기는 회전판의 화살이 '채소 이름'에 멈추면 1점을 얻습니다.

〈놀이2〉
영수는 회전판의 화살이 초록색에 멈추면 1점을 얻고, 석기는 회전판의 화살이 노란색에 멈추면 1점을 얻습니다.

〈놀이3〉
영수는 회전판의 화살이 '3글자 낱말'에 멈추면 1점을 얻고, 석기는 회전판의 화살이 '2글자 낱말'에 멈추면 1점을 얻습니다.

1 〈놀이1〉은 영수와 석기 중 누구에게 더 유리한 놀이입니까?

(   )

2 〈놀이2〉는 영수와 석기 중 누구에게 더 유리한 놀이입니까?

(   )

3 공정한 놀이가 되려면 〈놀이1〉, 〈놀이2〉, 〈놀이3〉 중 어느 방법으로 해야 합니까?

(   )

윷놀이 속에 숨은 가능성

내일이면 주말이에요. 이번 주말에는 할머니 생신을 축하하기 위해 친척들이 모여 식사를 하기로 했어요. 지혜는 사촌 동생들을 볼 생각에 벌써부터 들떠 있어요.

"예슬아, 너는 이번 주말에 뭐하니?"

"가족과 함께 영화를 보러 가려고. 이번에 개봉하는 영화 꼭 보고 싶었는데 가족과 다 함께 보러 가서 더 좋아."

"나는 동생이랑 '방방이'(트램펄린 : 철제 틀에 넓은 그물망이 스프링으로 연결되어 있어서 그 위에 올라가 점프를 하는 기구) 타러 가려구."

"우리 가족은 이번 주말에 민속박물관에 가. 그거 알아? 한복을 입고 민속박물관에 가면 입장료가 무료야. 투호, 굴렁쇠, 제기차기 등 민속놀이 체험도 하고 타악 공연과 탈춤, 민속음악 공연도 해."

"우와~ 완전 '전통 종합선물세트'네. 나는 할머니 댁에서 윷놀이를 하려구. 정말 재미있을 거야."

윷놀이는 삼국시대 전부터 즐겨온 놀이예요. 고대 부여에서 다섯 종류의 가축을 5개 마을에 나눠 기르게 한 것에서 유래했습니다. 도는 돼지, 개는 개, 걸은 양, 윷은 소, 모는 말에 비유한 것입니다.

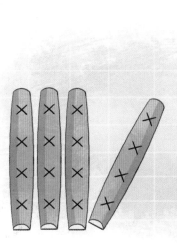 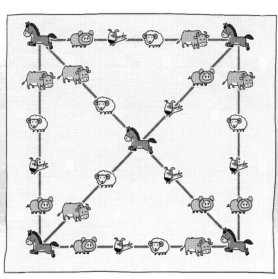

게임 방법은 두 사람 이상 여러 사람으로 편을 나누어 4개의 윷을 던져 그 모양에 따라 말을 이동하면 됩니다. 도는 1칸, 개는 2칸, 걸은 3칸, 윷은 4칸, 모는 5칸씩 말을 움직이고 자기편 말이 모두 도착 지점으로 먼저 들어오면 승리한답니다.

그런데 윷놀이를 해 보면 유독 '개'가 자주 나오는 데 그 이유가 뭘까요?

그것은 '가능성'으로 설명할 수 있습니다. 가능성은 어떤 일이 일어날 수 있는 경우의 수를 말합니다.

윷에서 앞을 A, 뒤를 B라고 하면

'도'가 나올 가능성은 $\frac{4}{16}$(AAAB, AABA, ABAA, BAAA ➡ 4가지),

'개'는 $\frac{6}{16}$(AABB, ABAB, BAAB, BBAA, BABA, ABBA ➡ 6가지),

'걸'은 $\frac{4}{16}$(BBBA, BBAB, BABB, ABBB ➡ 4가지),

'윷'과 '모'는 $\frac{1}{16}$(AAAA 또는 BBBB ➡ 각각 1가지)입니다. 즉, 개>도(걸)>윷(모) 순서로 많이 나타날 수 있다는 거죠. 재미로 즐기는 윷놀이에도 이렇게 수학 원리가 숨어 있답니다. 지혜네 가족과 친척들은 남자팀과 여자팀으로 나누어 윷놀이를 했어요. 지금 남자팀 말은 윷칸에 가 있고, 여자팀 말은 도칸에 가 있어요. 이번엔 여자팀 순서인데 지혜는 남자팀 말을 꼭 잡고 싶어지네요.

 여자팀이 남자팀을 잡으려고 합니다. 윷을 한 번만 던져서 남자팀을 잡을 가능성은 얼마입니까?

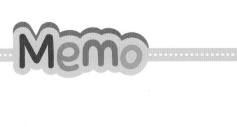

Memo

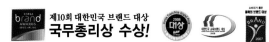

개념을 다지고
실력을 키우는

왕수학

기본편

5·2

정답과
풀이

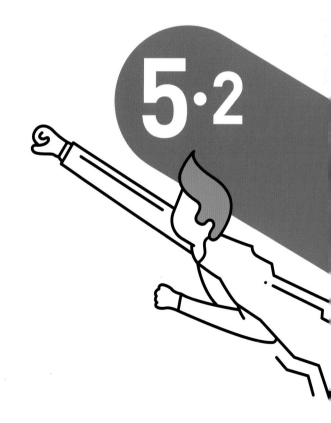

(주)에듀왕
www.왕수학.com

정답 및 풀이

1 수의 범위와 어림하기

Step 1 개념 탄탄　　　　　　　6쪽

1 (1) 지혜　　　　　(2) 한초, 신영

　　(3) 한초, 신영, 지혜 (4) 한별, 웅이

　　(5) 한별, 웅이, 지혜

2 (1) 7, 8, 9, 10, 이상

　　(2) 3, 2, 1, 이하

Step 2 핵심 쏙쏙　　　　　　　7쪽

1 45, 90　　　　　**2** 1, 20, 80

3 9, 12, 9.7, 17, 15.2

4 9, 12, 5.5, 9.7　**5** 9, 12, 9.7

6 영수, 동민　　　**7** 가영, 솔별, 웅이

8 가영, 한초

1 45보다 크거나 같은 수를 찾습니다.

2 80보다 작거나 같은 수를 찾습니다.

5 9 이상인 수와 15 이하인 수를 모두 만족하는 수를 찾습니다.

Step 1 개념 탄탄　　　　　　　8쪽

1 (1) 35　　　　　　(2) 상연, 석기, 가영

　　(3) 한별, 효근, 예슬

2 (1) 6, 7, 8, 9, 10, 초과

　　(2) 4, 3, 2, 1, 미만

Step 2 핵심 쏙쏙　　　　　　　9쪽

1 17, 29　　　　　**2** 2, 10

3 37.4, 83, 54.1, 62

4 37.4, 28, 54.1, 35

5 37.4, 54.1　　　**6** 웅이, 석기

7 동민, 효근, 한초　**8** 한초, 한별

1 16보다 큰 수를 찾습니다.

16은 포함되지 않습니다.

2 13보다 작은 수를 찾습니다.

13은 포함되지 않습니다.

5 37 초과인 수와 62 미만인 수를 모두 만족하는 수를 찾습니다.

Step 1 개념 탄탄　　　　　　　10쪽

1 (1) 청장　　　　　(2) 45, 50

　(3) ←|―⊕―●―|―|―|―|―|―|―|―|―|→
　　　 40 45 50 55 60 65 70 75 80 85 90

Step 2 핵심 쏙쏙　　　　　　　11쪽

1 8, 11　　　　　**2** 45, 49, 38.7

3 (1) 초과　　　　(2) 이상, 이하

　　(3) 이상, 미만

4 (1)
(number line: 40 41 42 43 44 45 46 47, closed dot at 45 with line going left)

(2)
(number line: 26 27 28 29 30 31 32 33, closed dot at 27, open circle at 31)

(3)
(number line: 12 13 14 15 16 17 18 19, open circle at 15, closed dot at 18)

5 (1) 45 미만인 수
　　(2) 21 초과 24 이하인 수

6 동민, 석기

---

1 8보다 크거나 같고 16보다 작은 수를 찾습니다.

2 23보다 크고 49보다 작거나 같은 수를 찾습니다.

6 44 kg보다 무겁고 47 kg보다 가볍거나 같은 몸무게를 찾아봅니다.

1-1 이상		**1-2** ④, ⑤	
1-3 (1) 47, 40		(2) 30, 27, 25	

1-4 3개

1-5 △10 △11 △12 △13 ⑭ ⑮ ⑯ ⑰

1-6 (1) 가영, 한초, 웅이
　　(2) 상연, 한별, 효근, 웅이

1-7 143 cm, 140 cm, 140.2 cm, 163 cm

1-8 3명	**1-9** 예 1 m 36 cm

1-10 탈 수 있습니다.

2-1 (1) 31.1	(2) 20
2-2 37, 39, 36	**2-3** 8개
2-4 6	**2-5** 나
2-6 2명	**2-7** 예 300 cm

3-1 13, 15.7

3-2 ㉢	**3-3** 이상, 미만

3-4
(number line: 2 3 4 5 6 7 8 9 10 11 12, closed dot at 6, open circle at 11)

3-5 23 초과 28 미만인 수

3-6 13, 14, 15, 16, 17, 18

3-7 55 kg 초과 60 kg 이하

3-8 용사급	**3-9** 청장급

1-1 ■보다 크거나 같은 수 ➡ ■ 이상인 수

1-2 28과 같거나 큰 수를 찾으면 ④, ⑤입니다.

1-4 52 이하인 수는 52보다 작거나 같은 수이므로 48, 50, 52로 모두 3개입니다.

1-8 영화를 볼 수 없는 사람은 8세, 10세, 14세로 모두 3명입니다.

1-9 1 m 35 cm인 웅이는 못 탔지만 1 m 36 cm인 지혜는 탔으므로 1 m 36 cm 이상이 되어야 합니다.

2-2 35 초과인 수 : 37, 39, 43, 40, 36
　　40 미만인 수 : 29, 35, 37, 39, 31, 36
　　➡ 35 초과이고 40 미만인 수 : 37, 39, 36

2-3 1, 2, 3, 4, 5, 6, 7, 8 ➡ 8개

2-4 5 초과인 자연수는 6, 7, 8, ……이므로 가장 작은 수는 6입니다.

2-5 정원이 12명이므로 12명 초과인 승강기를 찾습니다.

2-6 수학 성적이 65점 미만인 학생은 64점인 지혜, 59점인 예슬이므로 모두 2명입니다.

2-7 육교를 통과하는 차들 중에서 높이가 가장 높은 것은 299 cm이고 300 cm는 육교를 통과하지 못하므로 300 cm 미만이어야 합니다.

3-2 ㉠ 34 이상 39 이하인 수
　　㉡ 34 이상 39 미만인 수
　　㉢ 34 초과 39 이하인 수
　　㉣ 34 초과 39 미만인 수

3-3 5는 포함되고 13은 포함되지 않으므로 5 이상 13 미만인 수입니다.

3-6 수직선에 나타낸 수의 범위는 13 이상 19 미만인 수입니다.

3-7 한초의 몸무게는 60 kg이므로 55 kg 초과 60 kg 이하인 범위에 속합니다.

3-9 경장급 ➡ 웅이
소장급 ➡ 석기
용장급 ➡ 동민, 한별
용사급 ➡ 한초, 한솔
역사급 ➡ 상연
장사급 ➡ 영수

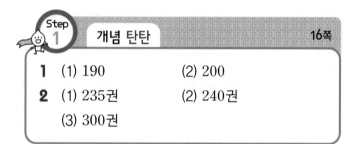

Step 1 개념 탄탄   16쪽

1 (1) 190   (2) 200
2 (1) 235권   (2) 240권
    (3) 300권

2 (2) 230권을 사고 5권이 더 필요하므로 10권씩 1 묶음을 더 사야 합니다. ➡ 230+10=240(권)
(3) 200권을 사고 35권이 더 필요하므로 100권씩 1묶음을 더 사야 합니다.
     ➡ 200+100=300(권)

Step 2 핵심 쏙쏙   17쪽

1 (1) 2460   (2) 2500
    (3) 3000
2 (1) 15000   (2) 26000
    (3) 64000   (4) 29000
3 53700, 53700, 54000 /
    69860, 69900, 70000 /
    20360, 20400, 21000 /
    45410, 45500, 46000
4 (1) 2.8   (2) 4.03

---

5 (1) 28개   (2) 7개
    (3) 29개
6 400 cm

---

1 (1) 245$\underline{8}$ ➡ 2460
    (2) 2$\underline{4}$58 ➡ 2500
    (3) $\underline{2}$458 ➡ 3000

2 (1) 14$\underline{8}$52 ➡ 15000 (2) 25$\underline{6}$98 ➡ 26000
    (3) 63$\underline{2}$34 ➡ 64000 (4) 28$\underline{0}$35 ➡ 29000

3 5369$\underline{8}$ ➡ 53700, 536$\underline{9}$8 ➡ 53700,
    53$\underline{6}$98 ➡ 54000
    6985$\underline{2}$ ➡ 69860, 698$\underline{5}$2 ➡ 69900,
    69$\underline{8}$52 ➡ 70000
    2035$\underline{2}$ ➡ 20360, 203$\underline{5}$2 ➡ 20400,
    20$\underline{3}$52 ➡ 21000
    4540$\underline{3}$ ➡ 45410, 454$\underline{0}$3 ➡ 45500,
    45$\underline{4}$03 ➡ 46000

4 (1) 2.7$\underline{6}$5 ➡ 2.8   (2) 4.02$\underline{1}$ ➡ 4.03

5 287÷10=28···7
10개씩 담은 상자는 28개이고, 남은 사과 7개도 담아야 하므로 사과를 모두 담으려면 상자는 적어도 29개 필요합니다.

6 325÷100=3···25
100 cm씩 300 cm를 사면 25 cm가 부족하므로 400 cm를 사야 합니다.

Step 1 개념 탄탄   18쪽

1 (1) 예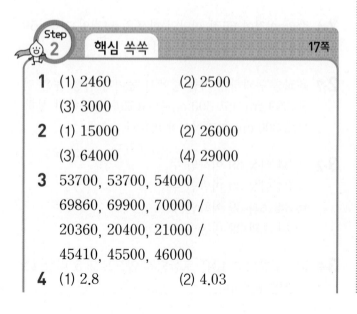

    (2) 3상자   (3) 30권
2 (1) 3도막, 15 cm   (2) 없습니다.
    (3) 3개

2 (1) 1 m＝100 cm이므로 315÷100＝3 ⋯ 15에
서 3도막이 되고, 15 cm가 남습니다.
(3) 남은 끈 15 cm로는 포장할 수 없으므로 상자를
3개까지 포장할 수 있습니다.

6 671÷100＝6 ⋯ 71
설탕을 100 g씩 6봉지에 담으면 71 g이 남습니다.
따라서 팔 수 있는 설탕 봉지는 6개입니다.

Step 2 핵심 쏙쏙 19쪽

1 (1) 6850 (2) 6800
(3) 6000
2 (1) 63000 (2) 58000
(3) 19000 (4) 28000
3 13570, 13500, 13000 /
36840, 36800, 36000 /
45080, 45000, 45000 /
96850, 96800, 96000
4 (1) 6.8 (2) 4.15
5 (1) 2340 (2) 2300
(3) 2000
6 6봉지

---

1 (1) 6852 ➡ 6850
(2) 6852 ➡ 6800
(3) 6852 ➡ 6000

2 (1) 63581 ➡ 63000 (2) 58987 ➡ 58000
(3) 19852 ➡ 19000 (4) 28000 ➡ 28000

3 13579 ➡ 13570, 13579 ➡ 13500,
13579 ➡ 13000
36845 ➡ 36840, 36845 ➡ 36800,
36845 ➡ 36000
45089 ➡ 45080, 45089 ➡ 45000,
45089 ➡ 45000
96853 ➡ 96850, 96853 ➡ 96800,
96853 ➡ 96000

4 (1) 6.879 ➡ 6.8 (2) 4.156 ➡ 4.15

Step 1 개념 탄탄 20쪽

1 (1)

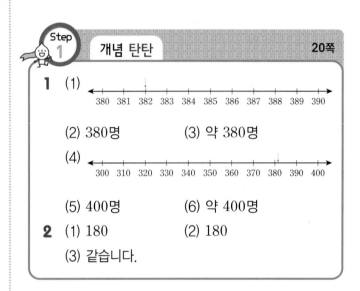

(2) 380명 (3) 약 380명
(4)

(5) 400명 (6) 약 400명
2 (1) 180 (2) 180
(3) 같습니다.

---

1 (1) 수직선에서 눈금 한 칸은 1명을 나타냅니다.
(4) 수직선에서 눈금 한 칸은 10명을 나타냅니다.

Step 2 핵심 쏙쏙 21쪽

1 (1)

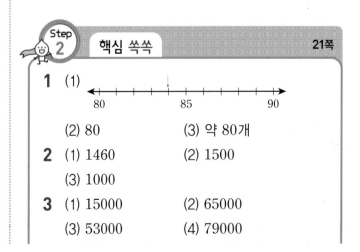

(2) 80 (3) 약 80개
2 (1) 1460 (2) 1500
(3) 1000
3 (1) 15000 (2) 65000
(3) 53000 (4) 79000

4 65900, 65900, 66000 /
23160, 23200, 23000 /
41510, 41500, 42000 /
66380, 66400, 66000

5 (1) 6.9 　　　　　(2) 3.08

6 약 10 cm

1 (1) 수직선에서 눈금 한 칸은 1개를 나타냅니다.

2 (1) 145<u>8</u> ➡ 1460
(2) 14<u>5</u>8 ➡ 1500
(3) 1<u>4</u>58 ➡ 1000

3 (1) 1458<u>9</u> ➡ 15000
(2) 650<u>9</u>7 ➡ 65000
(3) 534<u>7</u>5 ➡ 53000
(4) 789<u>1</u>2 ➡ 79000

4 6589<u>7</u> ➡ 65900, 6589<u>7</u> ➡ 65900,
6589<u>7</u> ➡ 66000
2315<u>9</u> ➡ 23160, 2315<u>9</u> ➡ 23200,
2315<u>9</u> ➡ 23000
4150<u>6</u> ➡ 41510, 4150<u>6</u> ➡ 41500,
4150<u>6</u> ➡ 42000
6638<u>1</u> ➡ 66380, 6638<u>1</u> ➡ 66400,
6638<u>1</u> ➡ 66000

5 (1) 6.8<u>7</u>2 ➡ 6.9 　　(2) 3.08<u>4</u> ➡ 3.08

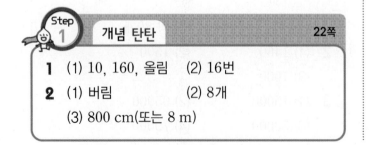

개념 탄탄 　　　　　　　　　22쪽

1 (1) 10, 160, 올림　　(2) 16번
2 (1) 버림　　　　　(2) 8개
　　(3) 800 cm(또는 8 m)

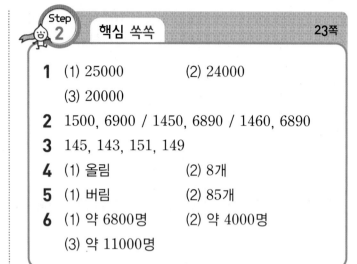

핵심 쏙쏙 　　　　　　　　23쪽

1 (1) 25000　　　　　(2) 24000
　　(3) 20000

2 1500, 6900 / 1450, 6890 / 1460, 6890

3 145, 143, 151, 149

4 (1) 올림　　　　　(2) 8개

5 (1) 버림　　　　　(2) 85개

6 (1) 약 6800명　　　(2) 약 4000명
　　(3) 약 11000명

4 (2) 782÷100＝7 … 82이므로 상자는 적어도
　　7＋1＝8(개) 필요합니다.

5 (2) 852÷10＝85 … 2이므로 85개까지 만들 수
　　있습니다.

6 (3) 전체 관중 수는 6750＋4125＝10875(명)이므
　　로 약 11000명이라고 할 수 있습니다.

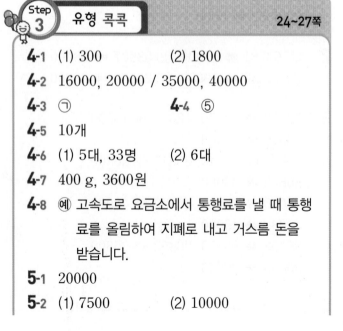

유형 콕콕 　　　　　　　24~27쪽

4-1 (1) 300　　　　　(2) 1800
4-2 16000, 20000 / 35000, 40000
4-3 ㉠　　　　　　**4-4** ⑤
4-5 10개
4-6 (1) 5대, 33명　　(2) 6대
4-7 400 g, 3600원
4-8 예 고속도로 요금소에서 통행료를 낼 때 통행
　　료를 올림하여 지폐로 내고 거스름 돈을
　　받습니다.
5-1 20000
5-2 (1) 7500　　　　　(2) 10000

5-3 64000, 60000 / 58000, 50000

5-4 ②, ③   **5-5** ㉠

5-6 10개   **5-7** 13포대

5-8 예 동전을 지폐로 바꿀 때 최대로 바꿀 수 있는 돈이 얼마인지 알아볼 때 버림을 사용합니다.

6-1 (1) 2610   (2) 3000

6-2 11000, 10000 / 46000, 50000

6-3 ③   **6-4** 75, 83, 80

6-5 백의 자리   **6-6** 풀이 참조, 349, 250

6-7 300명   **6-8** 약 124 cm

7-1 (1) 64300   (2) 64000
     (3) 64300   (4) 60000

7-2 25000, 36000 / 24600, 35700 /
     24600, 35800

7-3 (1) 올림   (2) 13번

7-4 (1) 버림   (2) 52개
     (3) 520개

7-5 약 45960000명

4-2 15109 ➡ 16000, 15109 ➡ 20000
     34682 ➡ 35000, 34682 ➡ 40000

4-3 ㉠ 7500 ➡ 7500
     ㉡ 7504 ➡ 7600
     ㉢ 7600 ➡ 7600

4-4 ① 3564 ➡ 4000   ② 3000 ➡ 3000
     ③ 3700 ➡ 4000   ④ 4000 ➡ 4000
     ⑤ 4001 ➡ 5000

4-5 11, 12, 13, 14, 15, 16, 17, 18, 19, 20으로 모두 10개입니다.

4-6 (1) 258÷45=5 ⋯ 33이므로 정원을 채워 5대에 타면 33명이 타지 못합니다.
     (2) 모두 타려면 버스가 1대 더 있어야 하므로 버스는 적어도 5+1=6(대) 있어야 합니다.

4-7 327÷100=3 ⋯ 27이므로 콩을 300 g 사면 27 g을 더 사야 합니다. 따라서 100 g을 더 사야 하므로 콩은 400 g을 사야 하고 100 g에 900원이므로 400 g은 900×4=3600(원)입니다.

5-2 구하려는 자리 아래 수를 버려서 나타냅니다.

5-3 64657 ➡ 64000, 64657 ➡ 60000
     58072 ➡ 58000, 58072 ➡ 50000

5-4 ① 26941 ➡ 26000   ② 27000 ➡ 27000
     ③ 27001 ➡ 27000   ④ 28000 ➡ 28000
     ⑤ 28453 ➡ 28000

5-5 ㉠ 20940 ➡ 20940   ㉡ 20940 ➡ 20900
     ㉢ 20940 ➡ 20000   ㉣ 20940 ➡ 20000

5-6 50, 51, 52, 53, 54, 55, 56, 57, 58, 59로 모두 10개입니다.

5-7 270÷20=13 ⋯ 10이므로
     20 kg씩 13포대에 담으면 10 kg이 남습니다.
     따라서 지혜네 집에서 팔 수 있는 쌀은 13포대입니다.

6-1 (1) 2614 ➡ 2610
         └➡ 5보다 작으므로 버립니다.
     (2) 2614 ➡ 3000
          └➡ 5보다 크므로 올립니다.

6-2 10936 ➡ 11000, 10936 ➡ 10000
     46003 ➡ 46000, 46003 ➡ 50000

6-3 65108을 각 자리에서 반올림하여 나타냅니다.
     • 일의 자리 : 65108 ➡ 65110
     • 십의 자리 : 65108 ➡ 65100
     • 백의 자리 : 65108 ➡ 65000
     • 천의 자리 : 65108 ➡ 70000

6-4 반올림하여 십의 자리까지 나타내었을 때 80이 되는 수는 75와 같거나 크고 85보다 작은 수입니다.

6-6

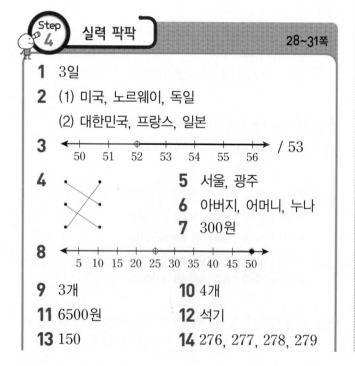

십의 자리에서 반올림하여 300이 되는 수는 250보다 크거나 같고 350보다 작은 수이므로 250 이상 350 미만인 수입니다. 이 중에서 가장 큰 자연수는 349이고 가장 작은 자연수는 250입니다.

6-7 학생 수는 3학년이 가장 많습니다.
283 ➡ 300
└➡ 5보다 크므로 올립니다.

6-8 123.8 cm는 123 cm와 124 cm 중에서 124 cm에 더 가까우므로 약 124 cm입니다.

7-3 (2) 125÷10=12…5이므로 코끼리 열차는 적어도 12+1=13(번) 운행해야 합니다.

7-4 10개가 안 되는 사과는 상자에 담아 팔 수 없으므로 버림하여 십의 자리까지 나타냅니다.

7-5 몇만 명까지 나타내어야 하므로 천의 자리에서 반올림합니다.
45958602 ➡ 45960000
└➡ 5보다 크므로 올립니다.

Step 4 실력 팍팍

28~31쪽

1 3일

2 (1) 미국, 노르웨이, 독일
(2) 대한민국, 프랑스, 일본

3
```
←─┼──┼──●──┼──┼──┼──→  / 53
  50  51  52  53  54  55  56
```

4

5 서울, 광주

6 아버지, 어머니, 누나

7 300원

8
```
←─┼──┼──┼──┼──○──┼──┼──┼──┼──●→
  5  10  15  20  25  30  35  40  45  50
```

9 3개   **10** 4개

11 6500원   **12** 석기

13 150   **14** 276, 277, 278, 279

---

15 9   **16** 백의 자리

17 8700

18 745 이상 755 미만인 자연수

19 728개

20 12000, 10000, 21000, 13000, 40000

21

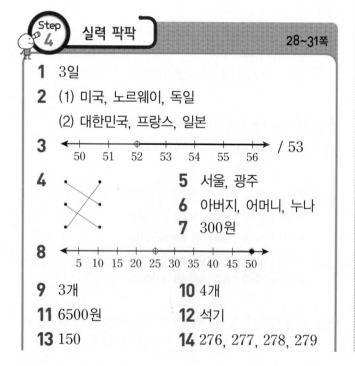

: 만 톤
: 천 톤

22 가영   **23** 석기

1 윗몸일으키기 횟수가 25번 이상인 경우는 28번, 30번, 25번입니다.

3 52보다 큰 수 중에서 가장 작은 자연수는 53입니다.

4 ●은 이상 또는 이하, ○는 초과 또는 미만을 나타냅니다.

5 10월 기온이 15 ℃ 초과 17 ℃ 이하인 도시는 서울(15.4 ℃), 광주(16.0 ℃)입니다.

6 투표할 수 있는 나이는 만 19세 이상이므로 아버지(48세), 어머니(45세), 누나(19세)가 투표할 수 있습니다.

7 17 g은 5 g 초과 25 g 이하인 범위에 속하므로
300원을 내야 합니다.

8 25 g 초과 50 g 이하인 수의 범위를 나타냅니다.

9 ㉠ 25, 26, 27, 28, 29, 30
㉡ 28, 29, 30, 31, 32, 33, 34, 35
따라서 ㉠과 ㉡을 모두 만족하는 자연수는 28, 29, 30이므로 모두 3개입니다.

10 자연수 부분은 6, 7이고 소수 첫째 자리 숫자는 2, 3입니다.
따라서 조건에 알맞게 만들 수 있는 소수는 6.2, 6.3, 7.2, 7.3이므로 모두 4개입니다.

11 예슬 : 어린이 요금(1000원)
오빠 : 청소년 요금(1500원)
아버지, 어머니 : 성인 요금(2000원)
할아버지 : 무료
➡ 1000＋1500＋2000×2＝6500(원)

12 석기 : 48100 ➡ 49000

13 천의 자리 아래 수를 올림하여 나타낸 수는 4000이고, 십의 자리 아래 수를 올림하여 나타낸 수는 3850입니다.
➡ 4000－3850＝150

14 십의 자리 아래 수를 버림하여 나타냈을 때 270이 되는 자연수는 270부터 279까지입니다. 이 중에서 275보다 큰 수는 276, 277, 278, 279입니다.

15 십의 자리 아래 수를 버림하여 나타냈을 때 70이 되는 자연수는 70부터 79까지입니다. 이 중에서 8로 나누어떨어지는 수는 72이므로 지혜가 처음에 생각한 자연수는 9입니다.

16 일의 자리에서 반올림 : 43650
십의 자리에서 반올림 : 43700
백의 자리에서 반올림 : 44000
천의 자리에서 반올림 : 40000

17 숫자 카드를 모두 사용하여 만들 수 있는 가장 큰 네 자리 수는 8742입니다.
8742를 반올림하여 백의 자리까지 나타내면 8700입니다.

18 일의 자리에서 반올림하여 나타냈을 때 750이 되는 자연수는 745부터 754까지입니다. 따라서 수의 범위를 이상과 미만을 사용하여 나타내면 745 이상 755 미만인 자연수입니다.

19 반올림하여 십의 자리까지 나타내었을 때 360이 되는 수는 355부터 364까지입니다.

따라서 영화관에 온 사람이 가장 많을 때는 364명이므로 기념품을 적어도 364×2＝728(개) 준비해야 합니다.

20 천의 자리까지 나타내려면 백의 자리에서 반올림합니다.

22 영수, 상연 → 버림
가영 → 반올림

23 지혜가 어림한 방법은 버림, 석기가 어림한 방법은 올림, 한별이가 어림한 방법은 반올림입니다. 지혜와 한별이가 어림한 돈으로는 선물을 살 수 없으므로 어림한 방법이 가장 적절한 사람은 석기입니다.

서술 유형 익히기   32~33쪽

1 적은, 4, 상연 / 상연

1-1 풀이 참조, 지혜, 웅이

2 25, 30, 28, 29, 30, 5 / 5

2-1 풀이 참조, 7개

3 14000, 13600, 14000 / 14000

3-1 풀이 참조, 33000

4 35, 80, 35, 80, 버림 / 버림

4-1 풀이 참조, 버림

1-1 85점 이상은 85점보다 높거나 같은 점수입니다.
따라서 붙임 딱지를 받을 수 있는 학생은 91점인 지혜와 85점인 웅이입니다.

2-1 47 이상 54 미만인 자연수는 47과 같거나 크고 54보다 작은 자연수이므로 47, 48, 49, 50, 51, 52, 53입니다.
따라서 47 이상 54 미만인 자연수는 모두 7개입니다.

3-1 32568을 천의 자리에서 반올림하여 나타낸 수는 30000이고, 반올림하여 천의 자리까지 나타낸 수는 33000입니다. 따라서 더 큰 수는 32568을 반올림하여 천의 자리까지 나타낸 수인 33000입니다.

4-1 1210÷70=17 ⋯ 20이므로 17개의 빵을 만들 수 있고, 나머지 20 g으로는 빵 한 개를 만들 수 없습니다.
따라서 사용해야 하는 방법은 버림입니다.

단원 평가 (34~37쪽)

1 (1) 초과   (2) 이하
    (3) 이상   (4) 미만

2 3600, 3600

3 16000, 15000, 16000

4 53, 54, 55, 56

5 2명   **6** 2명

7 3명   **8** ㉢

9 ◄──┼──┼──┼──┼──●──┼──┼──┼──⊕──┼──►
    26 27 28 29 30 31 32 33 34 35 36

10 37 미만인 수   **11** ②, ⑤

12 ②   **13** 21000원

14 약 20000원   **15** 19000원

16 ◄──┼──┼──●──┼──┼──┼──┼──⊕──┼──┼──►
    40   50   60

17 ◄──┼──┼──┼──●──┼──┼──⊕──┼──┼──┼──►
    30 40 50 60 70 80 90 100

18 2700개   **19** 70000원

20 한별   **21** 4시, 5시

22 풀이 참조, 6개   **23** 풀이 참조, 8개

24 풀이 참조, 약 7000명

25 풀이 참조, 400

---

4 53보다 크거나 같고 57보다 작은 자연수는 53, 54, 55, 56입니다.

5 몸무게가 34 kg보다 적게 나가는 친구는 30.2 kg, 33.4 kg으로 모두 2명입니다.

6 몸무게가 36 kg보다 많이 나가는 친구는 38.1 kg, 40 kg으로 모두 2명입니다.

7 몸무게가 33 kg보다 많이 나가거나 같고 35 kg보다 적게 나가거나 같은 친구는 33.4 kg, 35 kg, 34 kg으로 모두 3명입니다.

8 ㉠ 21, 22, ⋯⋯, 30 ➡ 10개
㉡ 21, 22, ⋯⋯, 29 ➡ 9개
㉢ 20, 21, ⋯⋯, 30 ➡ 11개
㉣ 20, 21, ⋯⋯, 29 ➡ 10개

11 ① 1800 ➡ 1800   ② 1980 ➡ 2000
③ 2020 ➡ 2100   ④ 1099 ➡ 1100
⑤ 1908 ➡ 2000

12 26 초과 30 이하인 수 중 가장 큰 자연수는 30이고, 가장 작은 자연수는 27이므로 합은
30+27=57입니다.

13 20600 ➡ 21000
    └─➤ 5보다 크므로 올립니다.

14 반올림하여 만 원 단위까지 나타냅니다.

15 요금이 가장 많은 지역은 서울에서 부산까지 33200원이고, 가장 적은 지역은 서울에서 대전까지 14600원입니다.
따라서 33200−14600=18600(원)을 반올림하여 천의 자리까지 나타내면 19000원입니다.

16 일의 자리에서 반올림하여 50이 되는 수는
45 이상 55 미만인 수입니다.

18 2710÷100=27 ⋯ 10이므로
100개씩 27봉지에 넣으면 10개가 남습니다.
따라서 팔 수 있는 사탕은 27×100=2700(개)입니다.

19 10000원짜리 지폐 7장으로 바꾸고 8900원이 남습니다.
따라서 바꿀 수 있는 돈은 70000원입니다.

20 몸무게가 45 kg보다 많이 나가고 50 kg보다 적거나 같게 나가는 학생은 50 kg인 한별입니다.

21 온도가 18℃보다 낮거나 같으면 난방기가 작동합니다.

39~40쪽

5대

서술형

22 15 이상 20 이하인 자연수에는 15와 20이 포함됩니다. 따라서 15, 16, 17, 18, 19, 20으로 모두 6개입니다.

23 2500÷300＝8 … 100이므로 붕어빵을 8개 사면 남는 100원으로는 붕어빵을 살 수 없습니다.
따라서 붕어빵은 8개까지 살 수 있습니다.

24 관중 수를 약 몇천 명으로 나타내려면 백의 자리에서 반올림해야 합니다.
따라서 관중 수는 약 7000명입니다.

25 9647을 반올림하여 천의 자리까지 나타내면 10000이고, 반올림하여 백의 자리까지 나타내면 9600입니다.
따라서 어림한 두 수의 차는 10000－9600＝400입니다.

탐구 수학
38쪽

1

```
◄──┼──┼──┼──┼──●──┼──┼──┼──●──┼──┼──┼──►
   10          20          30
```

2 6 이상 9 미만

3 42, 나쁨

2 분수의 곱셈

1 4, 4, $1\frac{1}{3}$

2 (1) 20, 3, 20, $6\frac{2}{3}$ (2) 3, 4, 20, $6\frac{2}{3}$

1 $\frac{1}{3} \times 4$는 $\frac{1}{3}$을 4번 더한 것과 같습니다.

1 3, 9, $1\frac{4}{5}$

2 (1) 4, 5, 2, 5 / $2\frac{1}{2}$

  (2) 1, 2, 5, $2\frac{1}{2}$

  (3) 2, 1, 5, $2\frac{1}{2}$

3 (1) $\frac{1}{4} \times \overset{5}{10} = \frac{5}{2} = 2\frac{1}{2}$

  (2) $\underset{1}{\frac{2}{3}} \times \overset{3}{9} = 6$

4 (1) $\frac{5}{7}$ (2) $\frac{4}{9}$

  (3) $3\frac{1}{3}$ (4) $8\frac{3}{4}$

5 (1) $2\frac{4}{5}$ (2) $12\frac{1}{2}$

6 $2\frac{4}{5}$, $8\frac{2}{5}$ **7** $8\frac{2}{5}$ L

3 보기 는 주어진 곱셈에서 바로 약분하여 계산한 것입니다.

4 (3) $\underset{3}{\frac{5}{12}} \times \overset{2}{8} = \frac{10}{3} = 3\frac{1}{3}$

  (4) $\underset{4}{\frac{7}{8}} \times \overset{5}{10} = \frac{35}{4} = 8\frac{3}{4}$

5 (1) $\frac{2}{5} \times 7 = \frac{14}{5} = 2\frac{4}{5}$

  (2) $\underset{2}{\frac{5}{6}} \times \overset{5}{15} = \frac{25}{2} = 12\frac{1}{2}$

6 $\underset{5}{\frac{7}{10}} \times \overset{2}{4} = \frac{14}{5} = 2\frac{4}{5}$

  $\underset{5}{\frac{7}{10}} \times \overset{6}{12} = \frac{42}{5} = 8\frac{2}{5}$

7 $\frac{3}{5} \times 14 = \frac{42}{5} = 8\frac{2}{5}$ (L)

1 3, 3, 3, 9 / 3, 2, 1, $5\frac{1}{4}$

2 (1) 4, 4, 3, 2, 8, 2, $8\frac{2}{3}$

  (2) 13, 3, 2, 26, $8\frac{2}{3}$

1 $1\frac{3}{4} \times 3$은 $1\frac{3}{4}$을 3번 더한 것과 같습니다.

1 2, 2 / 4, 4, 4, 1, 1 / $5\frac{1}{3}$

2 (1) 1 / 5, 1 / 5, 5 / 5, 1, 1, $6\frac{1}{4}$

  (2) 5, 25 / $6\frac{1}{4}$

3 (1) $3\frac{5}{6} \times 9 = \frac{23}{6} \times \overset{3}{9} = \frac{69}{2} = 34\frac{1}{2}$

  (2) $2\frac{7}{12} \times 4 = \underset{3}{\frac{31}{12}} \times \overset{1}{4} = \frac{31}{3} = 10\frac{1}{3}$

4 (1) $4\frac{5}{7}$ (2) $34\frac{2}{5}$

5 20, 40   **6** 75 kg

3 는 대분수를 가분수로 고친 후 분수와 자연수를 곱한 것입니다.

4 (1) $1\dfrac{4}{7} \times 3 = \dfrac{11}{7} \times 3 = \dfrac{33}{7} = 4\dfrac{5}{7}$

(2) $4\dfrac{3}{10} \times 8 = \dfrac{43}{\underset{5}{10}} \times \overset{4}{8} = \dfrac{172}{5} = 34\dfrac{2}{5}$

5 $2\dfrac{2}{9} \times 9 = \dfrac{20}{\underset{1}{9}} \times \overset{1}{9} = 20$

$2\dfrac{2}{9} \times 18 = \dfrac{20}{\underset{1}{9}} \times \overset{2}{18} = 40$

6 $7\dfrac{1}{2} \times 10 = \dfrac{15}{\underset{1}{2}} \times \overset{5}{10} = 75\,(\text{kg})$

Step 1 개념 탄탄 46쪽

1 4, 4, 4, 60, 12

2 (1) 3, 2, 3, $1\dfrac{1}{2}$ (2) 1, 2, 3, $1\dfrac{1}{2}$

(3) 1, 2, 3, $1\dfrac{1}{2}$

Step 2 핵심 쏙쏙 47쪽

1 2, 2 / 2, 8, $2\dfrac{2}{3}$

2 (1) 5, 15, 2, 15 / $7\dfrac{1}{2}$

(2) 3, 2, 15, $7\dfrac{1}{2}$

(3) 3, 2, 15, $7\dfrac{1}{2}$

3 (1) $\overset{4}{12} \times \dfrac{4}{\underset{3}{9}} = \dfrac{16}{3} = 5\dfrac{1}{3}$

(2) $\overset{4}{20} \times \dfrac{3}{\underset{1}{5}} = 12$

---

4 (1) 6 (2) 21

(3) $4\dfrac{4}{5}$ (4) $6\dfrac{1}{4}$

5 $5\dfrac{1}{3}$

6 (1) $<$ (2) $>$

7 20장

---

3 는 주어진 곱셈에서 바로 약분하여 계산한 것입니다.

4 (1) $\overset{3}{27} \times \dfrac{2}{\underset{1}{9}} = 6$ (2) $\overset{3}{33} \times \dfrac{7}{\underset{1}{11}} = 21$

(3) $\overset{8}{16} \times \dfrac{3}{\underset{5}{10}} = \dfrac{24}{5} = 4\dfrac{4}{5}$

(4) $\overset{5}{45} \times \dfrac{5}{\underset{4}{36}} = \dfrac{25}{4} = 6\dfrac{1}{4}$

5 $\overset{2}{14} \times \dfrac{8}{\underset{3}{21}} = \dfrac{16}{3} = 5\dfrac{1}{3}$

6 (1) $\overset{4}{24} \times \dfrac{7}{\underset{3}{18}} = \dfrac{28}{3} = 9\dfrac{1}{3}$

(2) $\overset{5}{25} \times \dfrac{9}{\underset{2}{10}} = \dfrac{45}{2} = 22\dfrac{1}{2}$

다른 풀이
자연수와 진분수의 곱셈에서 곱은 자연수보다 항상 작습니다.

7 $\overset{4}{36} \times \dfrac{5}{\underset{1}{9}} = 20\,(\text{장})$

Step 1 개념 탄탄 48쪽

1 1, 2, 2, 1, 6, 4, 10

2 (1) 1, 2, 2, 1, 3, 8, 2, $8\dfrac{2}{3}$

(2) 2, 13, 3, 26, $8\dfrac{2}{3}$

1 $1, 3 / 5, 15 / 5, 3, 3, 8\frac{3}{4}$

2   (1) $2, 4, 5, 3 / 16, 20 / 16, 6, 2 / 22\frac{2}{3}$

     (2) $4, 17, 3, 68 / 22\frac{2}{3}$

3   (1) $6 \times 3\frac{1}{4} = \overset{3}{6} \times \frac{13}{\underset{2}{4}} = \frac{39}{2} = 19\frac{1}{2}$

     (2) $15 \times 2\frac{7}{9} = \overset{5}{15} \times \frac{25}{\underset{3}{9}} = \frac{125}{3} = 41\frac{2}{3}$

4   (1) $6\frac{1}{2}$ (2) $18\frac{3}{4}$

5   **6** $58\frac{1}{2}$ kg

3   보기 는 대분수를 가분수로 고친 후 자연수와 분수를 곱한 것입니다.

4   (1) $5 \times 1\frac{3}{10} = \overset{1}{5} \times \frac{13}{\underset{2}{10}} = \frac{13}{2} = 6\frac{1}{2}$

     (2) $9 \times 2\frac{1}{12} = \overset{3}{9} \times \frac{25}{\underset{4}{12}} = \frac{75}{4} = 18\frac{3}{4}$

5 $12 \times 1\frac{3}{4} = \overset{3}{12} \times \frac{7}{\underset{1}{4}} = 21,$

    $10 \times 3\frac{2}{5} = \overset{2}{10} \times \frac{17}{\underset{1}{5}} = 34,$

    $15 \times 2\frac{1}{3} = \overset{5}{15} \times \frac{7}{\underset{1}{3}} = 35$

6 $36 \times 1\frac{5}{8} = \overset{9}{36} \times \frac{13}{\underset{2}{8}} = \frac{117}{2} = 58\frac{1}{2} \text{(kg)}$

1-1   (1) $3\frac{3}{4}$ (2) $6\frac{2}{3}$

---

       (3) $4\frac{1}{5}$ (4) $8\frac{2}{3}$

1-2 $1\frac{1}{2}$ **1-3** $6, 4\frac{2}{3}$

1-4 $<$ **1-5**   ②, ③

1-6 $6\frac{3}{4}$ g   **1-7** $4\frac{1}{2}$ cm

2-1   (1) 6 (2) $16\frac{1}{2}$

      (3) $26\frac{1}{4}$ (4) $38\frac{2}{3}$

2-2   **2-3**   ㉠

2-4 6 **2-5** $18\frac{2}{5}$ L

2-6 $30\frac{2}{5}$ **2-7**   오전 10시 28분

3-1   (1) 4 (2) $7\frac{1}{2}$

3-2 15

3-3   (시계 방향으로) $12\frac{3}{5}, 7, 10\frac{1}{2}, 10$

3-4   (   ) (   ) (○)

3-5 $\frac{1}{2}$ 시간   **3-6**   24장

3-7 $22\frac{2}{5}$ cm²   **4-1** $14, 22\frac{2}{3}$

4-2 $15, 25\frac{1}{2}$ **4-3** $>$

4-4 $13, 14$ **4-5**   99송이

4-6   112 km   **4-7** $17\frac{1}{3}$

1-1   (1) $\frac{3}{\underset{4}{8}} \times \overset{5}{10} = \frac{15}{4} = 3\frac{3}{4}$

     (2) $\frac{5}{\underset{3}{9}} \times \overset{4}{12} = \frac{20}{3} = 6\frac{2}{3}$

     (3) $\frac{7}{\underset{5}{10}} \times \overset{3}{6} = \frac{21}{5} = 4\frac{1}{5}$

     (4) $\frac{13}{\underset{3}{21}} \times \overset{2}{14} = \frac{26}{3} = 8\frac{2}{3}$

1-2 $\dfrac{1}{\underset{2}{6}} \times \overset{3}{9} = \dfrac{3}{2} = 1\dfrac{1}{2}$

1-3 $\dfrac{3}{\underset{1}{4}} \times \overset{2}{8} = 6$, $\dfrac{7}{\underset{3}{12}} \times \overset{2}{8} = \dfrac{14}{3} = 4\dfrac{2}{3}$

1-4 $\dfrac{3}{\underset{1}{5}} \times \overset{5}{25} = 15$, $\dfrac{5}{\underset{2}{6}} \times \overset{7}{21} = \dfrac{35}{2} = 17\dfrac{1}{2}$

1-5 ① $\dfrac{4}{\underset{1}{7}} \times \overset{4}{28} = 16$ ② $\dfrac{2}{\underset{3}{9}} \times \overset{4}{12} = \dfrac{8}{3} = 2\dfrac{2}{3}$

③ $\dfrac{3}{\underset{2}{10}} \times \overset{3}{15} = \dfrac{9}{2} = 4\dfrac{1}{2}$

④ $\dfrac{7}{\underset{1}{8}} \times \overset{3}{24} = 21$ ⑤ $\dfrac{5}{\underset{1}{12}} \times \overset{3}{36} = 15$

> **다른 풀이**
> 진분수의 분모가 곱하는 자연수의 약수가 아닌 것을 찾습니다.
> ② 9는 12의 약수가 아닙니다.
> ③ 10은 15의 약수가 아닙니다.

1-6 $\dfrac{3}{\underset{4}{8}} \times \overset{9}{18} = \dfrac{27}{4} = 6\dfrac{3}{4}$(g)

1-7 정오각형은 변의 길이가 모두 같습니다.

$\dfrac{9}{\underset{2}{10}} \times \overset{1}{5} = \dfrac{9}{2} = 4\dfrac{1}{2}$(cm)

2-1 (1) $1\dfrac{1}{2} \times 4 = \dfrac{3}{\underset{1}{2}} \times \overset{2}{4} = 6$

(2) $2\dfrac{3}{4} \times 6 = \dfrac{11}{\underset{2}{4}} \times \overset{3}{6} = \dfrac{33}{2} = 16\dfrac{1}{2}$

(3) $2\dfrac{5}{8} \times 10 = \dfrac{21}{\underset{4}{8}} \times \overset{5}{10} = \dfrac{105}{4} = 26\dfrac{1}{4}$

(4) $3\dfrac{2}{9} \times 12 = \dfrac{29}{\underset{3}{9}} \times \overset{4}{12} = \dfrac{116}{3} = 38\dfrac{2}{3}$

2-2 $2\dfrac{3}{8} \times 2 = \dfrac{19}{\underset{4}{8}} \times \overset{1}{2} = \dfrac{19}{4} = 4\dfrac{3}{4}$

$3\dfrac{1}{16} \times 4 = \dfrac{49}{\underset{4}{16}} \times \overset{1}{4} = \dfrac{49}{4} = 12\dfrac{1}{4}$

$1\dfrac{5}{12} \times 9 = \dfrac{17}{\underset{4}{12}} \times \overset{3}{9} = \dfrac{51}{4} = 12\dfrac{3}{4}$

2-3 ㉠ $1\dfrac{3}{4} \times 10 = \dfrac{7}{\underset{2}{4}} \times \overset{5}{10} = \dfrac{35}{2} = 17\dfrac{1}{2}$

㉡ $2\dfrac{7}{9} \times 6 = \dfrac{25}{\underset{3}{9}} \times \overset{2}{6} = \dfrac{50}{3} = 16\dfrac{2}{3}$

2-4 $1\dfrac{5}{6} \times 3 = \dfrac{11}{\underset{2}{6}} \times \overset{1}{3} = \dfrac{11}{2} = 5\dfrac{1}{2}$

$5\dfrac{1}{2} < \square$이므로 $\square$ 안에 들어갈 수 있는 가장 작은 자연수는 6입니다.

2-5 $2\dfrac{3}{10} \times 8 = \dfrac{23}{\underset{5}{10}} \times \overset{4}{8} = \dfrac{92}{5} = 18\dfrac{2}{5}$(L)

2-6 만들 수 있는 가장 큰 대분수 : $7\dfrac{3}{5}$

$7\dfrac{3}{5} \times 4 = \dfrac{38}{5} \times 4 = \dfrac{152}{5} = 30\dfrac{2}{5}$

2-7 (6일 동안 빨라지는 시간) $= 4\dfrac{2}{3} \times 6$

$= \dfrac{14}{\underset{1}{3}} \times \overset{2}{6} = 28$(분)

따라서 이 시계가 나타내는 시각은
오전 10시 $+$ 28분 $=$ 오전 10시 28분입니다.

3-1 (1) $\overset{2}{10} \times \dfrac{2}{\underset{1}{5}} = 4$ (2) $\overset{3}{12} \times \dfrac{5}{\underset{2}{8}} = \dfrac{15}{2} = 7\dfrac{1}{2}$

3-2 18의 $\dfrac{5}{6}$ ➡ $\overset{3}{18} \times \dfrac{5}{\underset{1}{6}} = 15$

3-3 $\overset{7}{14} \times \dfrac{1}{\underset{1}{2}} = 7$, $\overset{7}{14} \times \dfrac{3}{\underset{2}{4}} = \dfrac{21}{2} = 10\dfrac{1}{2}$,

$\overset{2}{14} \times \dfrac{5}{\underset{1}{7}} = 10$, $\overset{7}{14} \times \dfrac{9}{\underset{5}{10}} = \dfrac{63}{5} = 12\dfrac{3}{5}$

3-4 $\overset{4}{\cancel{12}} \times \dfrac{2}{\underset{1}{\cancel{3}}} = 8,\ \overset{5}{\cancel{15}} \times \dfrac{4}{\underset{3}{\cancel{9}}} = \dfrac{20}{3} = 6\dfrac{2}{3},$

$\overset{5}{\cancel{20}} \times \dfrac{7}{\underset{3}{\cancel{12}}} = \dfrac{35}{3} = 11\dfrac{2}{3}$

3-5 $\overset{1}{\cancel{3}} \times \dfrac{1}{\underset{2}{\cancel{6}}} = \dfrac{1}{2}$(시간)

3-6 (한초에게 준 딱지 수)$= \overset{6}{\cancel{54}} \times \dfrac{5}{\underset{1}{\cancel{9}}} = 30$(장)

(한별이에게 남은 딱지 수)$=54-30=24$(장)

> **다른 풀이**
>
> (한별이에게 남은 딱지 수)
>
> $= 54 \times \left(1 - \dfrac{5}{9}\right) = \overset{6}{\cancel{54}} \times \dfrac{4}{\underset{1}{\cancel{9}}} = 24$(장)

3-7 (전체 직사각형의 넓이)$= 8 \times 4 = 32 (\text{cm}^2)$

색칠한 부분은 전체의 $\dfrac{7}{10}$이므로 넓이는

$\overset{16}{\cancel{32}} \times \dfrac{7}{\underset{5}{\cancel{10}}} = \dfrac{112}{5} = 22\dfrac{2}{5}(\text{cm}^2)$입니다.

4-1 $10 \times 1\dfrac{2}{5} = \overset{2}{\cancel{10}} \times \dfrac{7}{\underset{1}{\cancel{5}}} = 14$

$10 \times 2\dfrac{4}{15} = \overset{2}{\cancel{10}} \times \dfrac{34}{\underset{3}{\cancel{15}}} = \dfrac{68}{3} = 22\dfrac{2}{3}$

4-2 $4 \times 3\dfrac{3}{4} = \overset{1}{\cancel{4}} \times \dfrac{15}{\underset{1}{\cancel{4}}} = 15$

$15 \times 1\dfrac{7}{10} = \overset{3}{\cancel{15}} \times \dfrac{17}{\underset{2}{\cancel{10}}} = \dfrac{51}{2} = 25\dfrac{1}{2}$

4-3 24의 $\dfrac{9}{10}$ ➡ $\overset{12}{\cancel{24}} \times \dfrac{9}{\underset{5}{\cancel{10}}} = \dfrac{108}{5} = 21\dfrac{3}{5} = 21\dfrac{12}{20}$

10의 $2\dfrac{1}{8}$ ➡ $10 \times 2\dfrac{1}{8} = \overset{5}{\cancel{10}} \times \dfrac{17}{\underset{4}{\cancel{8}}} = \dfrac{85}{4}$

$= 21\dfrac{1}{4} = 21\dfrac{5}{20}$

4-4 $7 \times 1\dfrac{11}{14} = \overset{1}{\cancel{7}} \times \dfrac{25}{\underset{2}{\cancel{14}}} = \dfrac{25}{2} = 12\dfrac{1}{2},$

$8 \times 1\dfrac{5}{6} = \overset{4}{\cancel{8}} \times \dfrac{11}{\underset{3}{\cancel{6}}} = \dfrac{44}{3} = 14\dfrac{2}{3}$

따라서 $12\dfrac{1}{2} < \square < 14\dfrac{2}{3}$이므로

$\square$ 안에 들어갈 수 있는 자연수는 13, 14입니다.

4-5 $36 \times 2\dfrac{3}{4} = \overset{9}{\cancel{36}} \times \dfrac{11}{\underset{1}{\cancel{4}}} = 99$(송이)

4-6 1시간 20분$= 1\dfrac{20}{60}$시간$= 1\dfrac{1}{3}$시간

$84 \times 1\dfrac{1}{3} = \overset{28}{\cancel{84}} \times \dfrac{4}{\underset{1}{\cancel{3}}} = 112(\text{km})$

4-7 (어떤 수)$= 32$의 $\dfrac{3}{8}$ ➡ $\overset{4}{\cancel{32}} \times \dfrac{3}{\underset{1}{\cancel{8}}} = 12$

따라서 12의 $1\dfrac{4}{9}$배는

$12 \times 1\dfrac{4}{9} = \overset{4}{\cancel{12}} \times \dfrac{13}{\underset{3}{\cancel{9}}} = \dfrac{52}{3} = 17\dfrac{1}{3}$입니다.

> **다른 풀이**
>
> $32 \times \dfrac{3}{8} \times 1\dfrac{4}{9} = \overset{4}{\cancel{32}} \times \dfrac{\overset{1}{\cancel{3}}}{\underset{1}{\cancel{8}}} \times \dfrac{13}{\underset{3}{\cancel{9}}} = \dfrac{52}{3} = 17\dfrac{1}{3}$

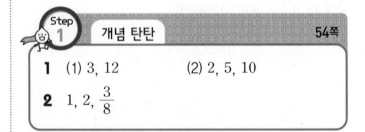

Step 1 개념 탄탄   54쪽

1 (1) 3, 12   (2) 2, 5, 10

2 1, 2, $\dfrac{3}{8}$

1 (1) $\dfrac{1}{4} \times \dfrac{1}{3}$은 전체를 똑같이 4×3으로 나눈 것 중의 하나와 같습니다.

    (2) $\dfrac{1}{2} \times \dfrac{1}{5}$은 전체를 똑같이 2×5로 나눈 것 중의 하나와 같습니다.

Step 2 핵심 쏙쏙　　　　　　　　　　55쪽

1 (1) 7, 21　　　　(2) 6, 4, 24

2 (1) 1, 4, 9, $\dfrac{1}{36}$　　(2) 1, 8, 6, $\dfrac{5}{48}$

　　(3) 7, 8, $\dfrac{1}{56}$　　(4) 10, 5, $\dfrac{7}{50}$

3 (1) $\dfrac{1}{63}$　　　　(2) $\dfrac{1}{96}$

　　(3) $\dfrac{3}{88}$　　　　(4) $\dfrac{5}{144}$

4 $\dfrac{1}{22}$

5 $\dfrac{1}{15}$, $\dfrac{1}{48}$, $\dfrac{1}{40}$, $\dfrac{1}{18}$

6 (1) <　　　　　(2) >

7 $\dfrac{1}{8}$ L

---

3 (1) $\dfrac{1}{9} \times \dfrac{1}{7} = \dfrac{1}{9 \times 7} = \dfrac{1}{63}$

　(2) $\dfrac{1}{6} \times \dfrac{1}{16} = \dfrac{1}{6 \times 16} = \dfrac{1}{96}$

　(3) $\dfrac{3}{11} \times \dfrac{1}{8} = \dfrac{3}{11 \times 8} = \dfrac{3}{88}$

　(4) $\dfrac{5}{12} \times \dfrac{1}{12} = \dfrac{5}{12 \times 12} = \dfrac{5}{144}$

4 $\dfrac{1}{2} \times \dfrac{1}{11} = \dfrac{1}{2 \times 11} = \dfrac{1}{22}$

5 $\dfrac{1}{5} \times \dfrac{1}{3} = \dfrac{1}{5 \times 3} = \dfrac{1}{15}$

　$\dfrac{1}{8} \times \dfrac{1}{6} = \dfrac{1}{8 \times 6} = \dfrac{1}{48}$

　$\dfrac{1}{5} \times \dfrac{1}{8} = \dfrac{1}{5 \times 8} = \dfrac{1}{40}$

　$\dfrac{1}{3} \times \dfrac{1}{6} = \dfrac{1}{3 \times 6} = \dfrac{1}{18}$

6 (1) $\dfrac{1}{7} \times \dfrac{1}{6} = \dfrac{1}{7 \times 6} = \dfrac{1}{42}$

　(2) $\dfrac{7}{20} \times \dfrac{1}{9} = \dfrac{7}{20 \times 9} = \dfrac{7}{180}$

7 $\dfrac{1}{4} \times \dfrac{1}{2} = \dfrac{1}{4 \times 2} = \dfrac{1}{8}$ (L)

Step 1 개념 탄탄　　　　　　　　　56쪽

1 3, $\dfrac{9}{20}$　　　　　**2** 3, 3, 4, 3, 1

1 $\dfrac{3}{4} \times \dfrac{3}{5}$ 은 전체를 (4×5) 만큼 나눈 것 중의 (3×3) 만큼입니다.

Step 2 핵심 쏙쏙　　　　　　　　　57쪽

1 4, 3, $\dfrac{8}{15}$

2 (1) 3, 14, $\dfrac{3}{14}$　　(2) 1, 2, $\dfrac{3}{14}$

　　(3) 2, 1, $\dfrac{3}{14}$

3 (1) $\dfrac{\overset{1}{\cancel{5}}}{6} \times \dfrac{3}{\underset{2}{\cancel{10}}} = \dfrac{1}{4}$　(2) $\dfrac{\overset{1}{\cancel{4}}}{11} \times \dfrac{7}{\underset{5}{\cancel{20}}} = \dfrac{7}{55}$

4 (1) $\dfrac{9}{20}$　　　　(2) $\dfrac{63}{80}$

　　(3) $\dfrac{7}{12}$　　　　(4) $\dfrac{3}{28}$

5 $\dfrac{3}{28}$

6 (시계 방향으로) $\dfrac{4}{15}$, $\dfrac{8}{21}$, $\dfrac{2}{15}$, $\dfrac{5}{27}$

7 $\dfrac{7}{10}$ m

---

3 보기 는 주어진 곱셈에서 바로 약분하여 계산한 것입니다.

4 (1) $\dfrac{3}{4} \times \dfrac{3}{5} = \dfrac{3 \times 3}{4 \times 5} = \dfrac{9}{20}$

　(2) $\dfrac{9}{10} \times \dfrac{7}{8} = \dfrac{9 \times 7}{10 \times 8} = \dfrac{63}{80}$

2. 분수의 곱셈 **17**

(3) $\dfrac{\overset{1}{\cancel{5}}}{\underset{4}{\cancel{8}}} \times \dfrac{\overset{7}{\cancel{14}}}{\underset{3}{\cancel{15}}} = \dfrac{7}{12}$　　(4) $\dfrac{\overset{3}{\cancel{18}}}{\underset{7}{\cancel{35}}} \times \dfrac{\overset{1}{\cancel{5}}}{\underset{4}{\cancel{24}}} = \dfrac{3}{28}$

5 $\dfrac{2}{7} \times \dfrac{3}{4} \times \dfrac{1}{2} = \dfrac{2 \times 3 \times 1}{7 \times 4 \times 2} = \dfrac{6}{56} = \dfrac{3}{28}$

6 $\dfrac{4}{\underset{3}{\cancel{9}}} \times \dfrac{\overset{2}{\cancel{6}}}{7} = \dfrac{8}{21}$, $\dfrac{\cancel{4}}{\underset{3}{\cancel{9}}} \times \dfrac{\overset{1}{\cancel{3}}}{\underset{5}{\cancel{10}}} = \dfrac{2}{15}$,

$\dfrac{\cancel{4}}{9} \times \dfrac{5}{\underset{3}{\cancel{12}}} = \dfrac{5}{27}$, $\dfrac{4}{\underset{3}{\cancel{9}}} \times \dfrac{\overset{1}{\cancel{3}}}{5} = \dfrac{4}{15}$

7 $\dfrac{7}{\underset{2}{\cancel{8}}} \times \dfrac{\overset{1}{\cancel{4}}}{5} = \dfrac{7}{10}(\text{m})$

Step 1　**개념 탄탄**　58쪽

1 (1) $\dfrac{1}{6}$　　　　　(2) 50칸

　(3) $8\dfrac{1}{3}$　　　　(4) 10, 5, 50, 25, $8\dfrac{1}{3}$

2 (1) 14, 11, 14, 11, 154, 77, $12\dfrac{5}{6}$

　(2) 7, 11, 2, 77, $12\dfrac{5}{6}$

1 (3) 색칠한 부분은 $\dfrac{1}{6}$이 50칸이므로

$\dfrac{50}{6} = \dfrac{25}{3} = 8\dfrac{1}{3}$입니다.

Step 2　**핵심 쏙쏙**　59쪽

1 5, 11, 5, 11 / 55, $4\dfrac{7}{12}$

---

2 (1) 5, 1, 5, 4 / 25, $6\dfrac{1}{4}$

　(2) 9, 5, 21, 4 / 189, $9\dfrac{9}{20}$

3 (1) $1\dfrac{5}{6} \times 3\dfrac{1}{3} = \dfrac{11}{\underset{3}{\cancel{6}}} \times \dfrac{\overset{5}{\cancel{10}}}{3} = \dfrac{55}{9} = 6\dfrac{1}{9}$

　(2) $2\dfrac{1}{7} \times 2\dfrac{4}{5} = \dfrac{\overset{3}{\cancel{15}}}{\underset{1}{\cancel{7}}} \times \dfrac{\overset{2}{\cancel{14}}}{\underset{1}{\cancel{5}}} = 6$

4 (1) $10\dfrac{2}{7}$　　　(2) $9\dfrac{1}{24}$

　(3) $6\dfrac{3}{10}$　　　(4) $13\dfrac{7}{9}$

5 (1) $4\dfrac{2}{3}$　　　(2) $9\dfrac{5}{8}$

6 $6\dfrac{19}{25} \text{ cm}^2$

---

3 〔보기〕는 대분수를 가분수로 고친 후 약분하여 분모
는 분모끼리, 분자는 분자끼리 곱한 것입니다.

4 (1) $4\dfrac{1}{2} \times 2\dfrac{2}{7} = \dfrac{9}{\underset{1}{\cancel{2}}} \times \dfrac{\overset{8}{\cancel{16}}}{7} = \dfrac{72}{7} = 10\dfrac{2}{7}$

　(2) $3\dfrac{4}{9} \times 2\dfrac{5}{8} = \dfrac{31}{\underset{3}{\cancel{9}}} \times \dfrac{\overset{7}{\cancel{21}}}{8} = \dfrac{217}{24} = 9\dfrac{1}{24}$

　(3) $1\dfrac{3}{4} \times 3\dfrac{3}{5} = \dfrac{7}{\underset{2}{\cancel{4}}} \times \dfrac{\overset{9}{\cancel{18}}}{5} = \dfrac{63}{10} = 6\dfrac{3}{10}$

　(4) $2\dfrac{7}{12} \times 5\dfrac{1}{3} = \dfrac{31}{\underset{3}{\cancel{12}}} \times \dfrac{\overset{4}{\cancel{16}}}{3} = \dfrac{124}{9} = 13\dfrac{7}{9}$

5 (1) $3\dfrac{1}{3} \times 1\dfrac{2}{5} = \dfrac{\overset{2}{\cancel{10}}}{3} \times \dfrac{7}{\underset{1}{\cancel{5}}} = \dfrac{14}{3} = 4\dfrac{2}{3}$

　(2) $1\dfrac{5}{6} \times 5\dfrac{1}{4} = \dfrac{11}{\underset{2}{\cancel{6}}} \times \dfrac{\overset{7}{\cancel{21}}}{4} = \dfrac{77}{8} = 9\dfrac{5}{8}$

6 $2\dfrac{3}{5} \times 2\dfrac{3}{5} = \dfrac{13}{5} \times \dfrac{13}{5} = \dfrac{169}{25} = 6\dfrac{19}{25}(\text{cm}^2)$

60~63쪽

Step 3 유형 콕콕

5-1 (1) 3, 5, 15   (2) 2, 3, 4, 2, 1

5-2 (1) $\dfrac{1}{10}$ (2) $\dfrac{1}{32}$

     (3) $\dfrac{4}{63}$ (4) $\dfrac{1}{12}$

5-3 $\dfrac{1}{36}$

5-4 (시계 방향으로) $\dfrac{1}{88}$, $\dfrac{1}{24}$, $\dfrac{1}{72}$, $\dfrac{1}{56}$

5-5 18

5-6 (1) $<$ (2) $>$

5-7 $\dfrac{1}{40}$ kg

6-1 (1) $\dfrac{2}{5}$ (2) $\dfrac{8}{35}$

     (3) $\dfrac{21}{40}$ (4) $\dfrac{11}{14}$

6-2 (1) $\dfrac{5}{6} \times \dfrac{1}{4} \times \dfrac{3}{7} = \dfrac{5 \times 1 \times \overset{1}{\cancel{3}}}{\underset{2}{\cancel{6}} \times 4 \times 7} = \dfrac{5}{56}$

     (2) $\dfrac{7}{8} \times \dfrac{3}{7} \times \dfrac{1}{2} = \dfrac{\overset{1}{\cancel{7}} \times 3 \times 1}{8 \times \underset{1}{\cancel{7}} \times 2} = \dfrac{3}{16}$

6-3 $\dfrac{3}{8}$ **6-4** $\dfrac{15}{22}$, $\dfrac{1}{9}$, $\dfrac{3}{4}$, $\dfrac{11}{90}$

6-5 $\dfrac{1}{16}$ **6-6** (   )(○)

6-7 $\dfrac{4}{15}$ **6-8** ②

6-9 $\dfrac{1}{2}$ m   **6-10** $\dfrac{63}{125}$ m²

6-11 $\dfrac{3}{5}$ m   **7-1** 풀이 참조, $3\dfrac{11}{15}$

7-2 (1) 8, 5 / 40, 10, 3, 1

     (2) 3, 7, 1 / 21, 4, 1

7-3 $3\dfrac{3}{5} \times 1\dfrac{2}{9} = 4\dfrac{2}{5}$ / $4\dfrac{2}{5}$

7-4 7   **7-5**

7-6 $=$ **7-7** 가, $\dfrac{7}{16}$ cm²

7-8 $3\dfrac{1}{4}$ kg   **7-9** $5\dfrac{5}{6}$

5-2 (1) $\dfrac{1}{2} \times \dfrac{1}{5} = \dfrac{1}{2 \times 5} = \dfrac{1}{10}$

     (2) $\dfrac{1}{4} \times \dfrac{1}{8} = \dfrac{1}{4 \times 8} = \dfrac{1}{32}$

     (3) $\dfrac{4}{7} \times \dfrac{1}{9} = \dfrac{4}{7 \times 9} = \dfrac{4}{63}$

     (4) $\dfrac{5}{6} \times \dfrac{1}{10} = \dfrac{5}{6 \times 10} = \dfrac{5}{60} = \dfrac{1}{12}$

5-3 $\dfrac{1}{3} \times \dfrac{1}{12} = \dfrac{1}{3 \times 12} = \dfrac{1}{36}$

5-4 $\dfrac{1}{8} \times \dfrac{1}{3} = \dfrac{1}{8 \times 3} = \dfrac{1}{24}$

     $\dfrac{1}{8} \times \dfrac{1}{9} = \dfrac{1}{8 \times 9} = \dfrac{1}{72}$

     $\dfrac{1}{8} \times \dfrac{1}{7} = \dfrac{1}{8 \times 7} = \dfrac{1}{56}$

     $\dfrac{1}{8} \times \dfrac{1}{11} = \dfrac{1}{8 \times 11} = \dfrac{1}{88}$

5-5 $\dfrac{1}{6} \times \dfrac{1}{7} = \dfrac{1}{6 \times 7} = \dfrac{1}{42}$ ➡ ㉠$=42$

     $\dfrac{1}{12} \times \dfrac{1}{5} = \dfrac{1}{12 \times 5} = \dfrac{1}{60}$ ➡ ㉡$=60$

     따라서 ㉡$-$㉠$=60-42=18$입니다.

5-6 (1) $\dfrac{1}{5} \times \dfrac{1}{11} = \dfrac{1}{5 \times 11} = \dfrac{1}{55}$

     $\dfrac{1}{9} \times \dfrac{1}{4} = \dfrac{1}{9 \times 4} = \dfrac{1}{36}$

     (2) $\dfrac{3}{10} \times \dfrac{1}{7} = \dfrac{1}{10 \times 7} = \dfrac{3}{70}$

     $\dfrac{3}{13} \times \dfrac{1}{6} = \dfrac{3}{13 \times 6} = \dfrac{3}{78}$

> **보충**
> 분자가 같으면 분모가 작을수록 큰 수입니다.

5-7 $\dfrac{1}{10} \times \dfrac{1}{4} = \dfrac{1}{10 \times 4} = \dfrac{1}{40}$ (kg)

6-1 (1) $\dfrac{3}{5} \times \dfrac{2}{3} = \dfrac{3 \times 2}{5 \times 3} = \dfrac{6}{15} = \dfrac{2}{5}$

     (2) $\dfrac{4}{7} \times \dfrac{2}{5} = \dfrac{4 \times 2}{7 \times 5} = \dfrac{8}{35}$

(3) $\dfrac{7}{10} \times \dfrac{3}{4} = \dfrac{7 \times 3}{10 \times 4} = \dfrac{21}{40}$

(4) $\dfrac{11}{12} \times \dfrac{6}{7} = \dfrac{11 \times 6}{12 \times 7} = \dfrac{66}{84} = \dfrac{11}{14}$

6-3 $\dfrac{\overset{3}{\cancel{15}}}{\underset{4}{\cancel{28}}} \times \dfrac{\overset{}{\cancel{7}}}{\underset{2}{\cancel{10}}} = \dfrac{3}{8}$

6-4 $\dfrac{5}{\underset{2}{\cancel{6}}} \times \dfrac{\overset{3}{\cancel{9}}}{11} = \dfrac{15}{22}$, $\quad \dfrac{5}{\underset{3}{\cancel{6}}} \times \dfrac{\overset{}{\cancel{2}}}{\underset{3}{\cancel{15}}} = \dfrac{1}{9}$,

$\dfrac{\overset{1}{\cancel{11}}}{\underset{4}{\cancel{12}}} \times \dfrac{\overset{3}{\cancel{9}}}{\underset{1}{\cancel{11}}} = \dfrac{3}{4}$, $\quad \dfrac{11}{\underset{6}{\cancel{12}}} \times \dfrac{\overset{1}{\cancel{2}}}{15} = \dfrac{11}{90}$

6-5 ㉠ $\dfrac{\overset{1}{\cancel{3}}}{\underset{4}{\cancel{20}}} \times \dfrac{\overset{1}{\cancel{5}}}{\underset{12}{\cancel{36}}} = \dfrac{1}{48}$ ㉡ $\dfrac{\overset{1}{\cancel{4}}}{\underset{3}{\cancel{21}}} \times \dfrac{\overset{1}{\cancel{7}}}{\underset{8}{\cancel{32}}} = \dfrac{1}{24}$

따라서

㉠+㉡$= \dfrac{1}{48} + \dfrac{1}{24} = \dfrac{1}{48} + \dfrac{2}{48} = \dfrac{3}{48} = \dfrac{1}{16}$

입니다.

6-6 $\dfrac{\overset{3}{\cancel{9}}}{16} \times \dfrac{\overset{1}{\cancel{4}}}{\underset{5}{\cancel{15}}} = \dfrac{3}{20}$, $\quad \dfrac{5}{\underset{4}{\cancel{12}}} \times \dfrac{\overset{3}{\cancel{9}}}{\underset{4}{\cancel{20}}} = \dfrac{3}{16}$

6-7 $\dfrac{\overset{2}{\cancel{8}}}{\underset{3}{\cancel{9}}} \times \dfrac{\overset{1}{\cancel{3}}}{\underset{1}{\cancel{4}}} \times \dfrac{2}{5} = \dfrac{4}{15}$

6-8 ① $\dfrac{\overset{}{\cancel{4}}}{\underset{1}{\cancel{9}}} \times \dfrac{\overset{1}{\cancel{9}}}{\underset{5}{\cancel{10}}} = \dfrac{2}{5}$ ② $\dfrac{7}{\underset{5}{\cancel{10}}} \times \dfrac{\overset{1}{\cancel{2}}}{\underset{1}{\cancel{7}}} = \dfrac{1}{5}$

③ $\dfrac{\overset{3}{\cancel{9}}}{\underset{5}{\cancel{10}}} \times \dfrac{2}{3} = \dfrac{3}{5}$ ④ $\dfrac{\overset{2}{\cancel{6}}}{\underset{1}{\cancel{7}}} \times \dfrac{14}{\underset{5}{\cancel{15}}} = \dfrac{4}{5}$

⑤ $\dfrac{\overset{1}{\cancel{11}}}{\underset{5}{\cancel{20}}} \times \dfrac{\overset{2}{\cancel{8}}}{\underset{1}{\cancel{11}}} = \dfrac{2}{5}$

6-9 색칠한 부분은 전체를 똑같이 9로 나눈 것 중의 5 입니다.

따라서 색칠한 부분의 길이는 $\dfrac{\overset{1}{\cancel{9}}}{\underset{2}{\cancel{10}}} \times \dfrac{\overset{1}{\cancel{5}}}{\underset{1}{\cancel{9}}} = \dfrac{1}{2}$(m)

입니다.

6-10 $\dfrac{7}{\underset{5}{\cancel{10}}} \times \dfrac{\overset{9}{\cancel{18}}}{25} = \dfrac{63}{125}$(m²)

6-11 $\dfrac{\overset{3}{\cancel{9}}}{\underset{5}{\cancel{10}}} \times \dfrac{\overset{1}{\cancel{2}}}{\underset{1}{\cancel{3}}} = \dfrac{3}{5}$(m)

7-1

7-5 $3\dfrac{3}{4} \times 2\dfrac{2}{3} = \dfrac{\overset{5}{\cancel{15}}}{\underset{1}{\cancel{4}}} \times \dfrac{\overset{2}{\cancel{8}}}{\underset{1}{\cancel{3}}} = 10$

$2\dfrac{2}{5} \times 2\dfrac{1}{4} = \dfrac{12}{5} \times \dfrac{\overset{3}{\cancel{9}}}{\underset{1}{\cancel{4}}} = \dfrac{27}{5} = 5\dfrac{2}{5}$

$4\dfrac{2}{7} \times 1\dfrac{5}{9} = \dfrac{\overset{10}{\cancel{30}}}{\underset{1}{\cancel{7}}} \times \dfrac{\overset{2}{\cancel{14}}}{\underset{3}{\cancel{9}}} = \dfrac{20}{3} = 6\dfrac{2}{3}$

7-6 $4\dfrac{1}{6} \times 1\dfrac{4}{5} = \dfrac{\overset{5}{\cancel{25}}}{\underset{2}{\cancel{6}}} \times \dfrac{\overset{3}{\cancel{9}}}{\underset{1}{\cancel{5}}} = \dfrac{15}{2} = 7\dfrac{1}{2}$

$1\dfrac{3}{7} \times 5\dfrac{1}{4} = \dfrac{\overset{5}{\cancel{10}}}{\underset{1}{\cancel{7}}} \times \dfrac{\overset{3}{\cancel{21}}}{\underset{2}{\cancel{4}}} = \dfrac{15}{2} = 7\dfrac{1}{2}$

7-7 (가의 넓이)$= 4\dfrac{2}{5} \times 2\dfrac{1}{2} = \dfrac{\overset{11}{\cancel{22}}}{\underset{1}{\cancel{5}}} \times \dfrac{\overset{1}{\cancel{5}}}{\underset{1}{\cancel{2}}} = 11$(cm²)

(나의 넓이)$= 3\dfrac{1}{4} \times 3\dfrac{1}{4} = \dfrac{13}{4} \times \dfrac{13}{4} = \dfrac{169}{16}$

$= 10\dfrac{9}{16}$(cm²)

따라서 가가 나보다 $11 - 10\dfrac{9}{16} = \dfrac{7}{16}$(cm²)

더 넓습니다.

7-8 $2\dfrac{3}{5} \times 1\dfrac{1}{4} = \dfrac{13}{\underset{1}{\cancel{5}}} \times \dfrac{\overset{1}{\cancel{5}}}{4} = \dfrac{13}{4} = 3\dfrac{1}{4}$(kg)

7-9 (어떤 수)$\div 2\frac{5}{8}=2\frac{2}{9}$,

(어떤 수)$=2\frac{2}{9}\times 2\frac{5}{8}=\frac{\overset{5}{\cancel{20}}}{\underset{3}{\cancel{9}}}\times\frac{\overset{7}{\cancel{21}}}{\underset{2}{\cancel{8}}}=\frac{35}{6}=5\frac{5}{6}$

Step 4 실력 팍팍

1 20	**2** $14\frac{2}{5}$ cm
3 ㉢, $1\frac{3}{7}\times 4=\frac{10}{7}\times 4=\frac{40}{7}=5\frac{5}{7}$	
4 55	**5** 풀이 참조
6 풀이 참조	**7** 24
8 예슬	**9** ㉣
10 4	**11** 50 cm
12 45 L	**13** 20장
14 480원	**15** 4시간
16 ④	**17** 3개
18 $\frac{1}{20}$	**19** $\frac{1}{9}$
20 $\frac{1}{10}$	**21** $8\frac{1}{2}$
22 ㉢, ㉡, ㉣, ㉠	**23** $8\frac{4}{5}$ km
24 $35\frac{13}{21}$	**25** 키위
26	
27 ㉠	**28** $\frac{3}{5}$ L

1 ㉠ $\frac{2}{3}\times 8=\frac{16}{3}=5\frac{1}{3}$

㉡ $1\frac{2}{9}\times 12=\frac{11}{\underset{3}{\cancel{9}}}\times\overset{4}{\cancel{12}}=\frac{44}{3}=14\frac{2}{3}$

㉠+㉡$=5\frac{1}{3}+14\frac{2}{3}=20$

2 $2\frac{2}{5}\times 6=\frac{12}{5}\times 6=\frac{72}{5}=14\frac{2}{5}$(cm)

4 $3\frac{3}{8}\times 16=\frac{27}{\underset{1}{\cancel{8}}}\times\overset{2}{\cancel{16}}=54$이므로 □ 안에 들어갈

수 있는 자연수 중 가장 작은 수는 55입니다.

5 예 〈문제〉 우유가 $\frac{3}{8}$ L씩 5개의 컵에 들어 있습니다.
우유는 모두 몇 L입니까?

〈답〉 $1\frac{7}{8}$ L

6 **방법1** 예 $3\times 1\frac{1}{4}=(3\times 1)+(3\times\frac{1}{4})$

$=3+\frac{3}{4}=3\frac{3}{4}$

방법2 예 $3\times 1\frac{1}{4}=3\times\frac{5}{4}=\frac{15}{4}=3\frac{3}{4}$

7 ㉠ $\overset{5}{\cancel{15}}\times\frac{2}{\underset{1}{\cancel{3}}}=10$ ㉡ $4\times\frac{3}{5}=\frac{12}{5}=2\frac{2}{5}$

➡ ㉠×㉡$=10\times 2\frac{2}{5}=\overset{2}{\cancel{10}}\times\frac{12}{\underset{1}{\cancel{5}}}=24$

8 한별 : 1시간의 $\frac{1}{4}$은 15분입니다.

석기 : 1 m의 $\frac{1}{2}$은 50 cm입니다.

9 6에 어떤 진분수를 곱하면 6보다 작은 수가 됩니다.

10 (어떤 수)$=\overset{8}{\cancel{64}}\times\frac{3}{\underset{1}{\cancel{8}}}=24$이므로

어떤 수의 $\frac{1}{6}$은 $\overset{4}{\cancel{24}}\times\frac{1}{\underset{1}{\cancel{6}}}=4$입니다.

11 $\overset{25}{\cancel{75}}\times\frac{2}{\underset{1}{\cancel{3}}}=50$(cm)

12 90초$=1\frac{30}{60}$분$=1\frac{1}{2}$분

➡ $30\times 1\frac{1}{2}=\overset{15}{\cancel{30}}\times\frac{3}{\underset{1}{\cancel{2}}}=45$(L)

2. 분수의 곱셈 **21**

13 어제 : $40 \times \dfrac{1}{4} = 10$(장)

오늘 : $(40-10) \times \dfrac{1}{3} = 10$(장)

➡ $10 + 10 = 20$(장)

14 $200 \times 2\dfrac{2}{5} = \overset{40}{200} \times \dfrac{12}{\underset{1}{5}} = 480$(원)

15 $24 \times \dfrac{1}{4} \times \dfrac{2}{3} = 4$(시간)

16 ① $\dfrac{1}{5} \times \dfrac{1}{13} = \dfrac{1}{5 \times 13} = \dfrac{1}{65}$

② $\dfrac{1}{9} \times \dfrac{1}{10} = \dfrac{1}{9 \times 10} = \dfrac{1}{90}$

③ $\dfrac{1}{11} \times \dfrac{1}{8} = \dfrac{1}{11 \times 8} = \dfrac{1}{88}$

④ $\dfrac{1}{15} \times \dfrac{1}{3} = \dfrac{1}{15 \times 3} = \dfrac{1}{45}$

⑤ $\dfrac{1}{20} \times \dfrac{1}{4} = \dfrac{1}{20 \times 4} = \dfrac{1}{80}$

17 $\dfrac{1}{28} < \dfrac{1}{7 \times \square}$에서 $7 \times \square < 28$입니다.

따라서 □ 안에 들어갈 수 있는 자연수는 1, 2, 3으로 모두 3개입니다.

18 어제 읽고 난 나머지는 전체의 $1 - \dfrac{3}{4} = \dfrac{1}{4}$입니다.

따라서 오늘 읽은 부분은 전체의 $\dfrac{1}{4} \times \dfrac{1}{5} = \dfrac{1}{20}$

입니다.

19 $\square < \dfrac{\overset{1}{\cancel{11}}}{\underset{8}{24}} \times \dfrac{\overset{3}{\cancel{3}}}{\underset{1}{11}} = \dfrac{1}{8}$이므로 □ 안에 들어갈 수 있는

단위분수는 $\dfrac{1}{9}$, $\dfrac{1}{10}$, $\dfrac{1}{11}$, ……입니다.

그중에서 분모가 10보다 작은 수는 $\dfrac{1}{9}$입니다.

20 $\left(1 - \dfrac{3}{5}\right) \times \dfrac{1}{4} = \dfrac{2}{5} \times \dfrac{1}{\underset{2}{4}} = \dfrac{1}{10}$

21 가장 큰 수 : $5\dfrac{1}{10}$, 가장 작은 수 : $1\dfrac{2}{3}$

$5\dfrac{1}{10} \times 1\dfrac{2}{3} = \dfrac{\overset{17}{\cancel{51}}}{\underset{2}{10}} \times \dfrac{\overset{1}{\cancel{5}}}{\underset{1}{3}} = \dfrac{17}{2} = 8\dfrac{1}{2}$

22 ㉠ $1\dfrac{3}{10} \times 1\dfrac{7}{13} = \dfrac{\overset{1}{\cancel{13}}}{\underset{1}{10}} \times \dfrac{\overset{2}{\cancel{20}}}{\underset{1}{13}} = 2$

㉡ $1\dfrac{7}{8} \times 2\dfrac{2}{3} = \dfrac{\overset{5}{\cancel{15}}}{\underset{1}{8}} \times \dfrac{\overset{1}{\cancel{8}}}{\underset{1}{3}} = 5$

㉢ $2\dfrac{1}{5} \times 2\dfrac{8}{11} = \dfrac{\overset{1}{\cancel{11}}}{\underset{1}{5}} \times \dfrac{\overset{6}{\cancel{30}}}{\underset{1}{11}} = 6$

㉣ $2\dfrac{1}{3} \times 1\dfrac{2}{7} = \dfrac{\overset{1}{\cancel{7}}}{\underset{1}{3}} \times \dfrac{\overset{3}{\cancel{9}}}{\underset{1}{7}} = 3$

23 2시간 45분$= 2\dfrac{45}{60}$시간$= 2\dfrac{3}{4}$시간

$3\dfrac{1}{5} \times 2\dfrac{3}{4} = \dfrac{16}{5} \times \dfrac{11}{\underset{1}{\cancel{4}}^{4}} = \dfrac{44}{5} = 8\dfrac{4}{5}$(km)

24 가장 큰 대분수 : $9\dfrac{3}{7}$, 가장 작은 대분수 : $3\dfrac{7}{9}$

$9\dfrac{3}{7} \times 3\dfrac{7}{9} = \dfrac{\overset{22}{\cancel{66}}}{7} \times \dfrac{34}{\underset{3}{9}} = \dfrac{748}{21} = 35\dfrac{13}{21}$

25 $1\dfrac{4}{5} \times 3\dfrac{1}{3} = \dfrac{\overset{3}{\cancel{9}}}{\underset{1}{5}} \times \dfrac{\overset{2}{\cancel{10}}}{\underset{1}{3}} = 6$ (위쪽)

$1\dfrac{3}{4} \times 1\dfrac{5}{9} = \dfrac{7}{\underset{2}{\cancel{4}}} \times \dfrac{\overset{7}{\cancel{14}}}{9} = \dfrac{49}{18} = 2\dfrac{13}{18}$ (오른쪽)

$2\dfrac{1}{10} \times 2\dfrac{2}{7} = \dfrac{\overset{3}{\cancel{21}}}{\underset{5}{10}} \times \dfrac{\overset{8}{\cancel{16}}}{\underset{1}{7}} = \dfrac{24}{5} = 4\dfrac{4}{5}$ (오른쪽)

26 $\overset{5}{\cancel{10}} \times \dfrac{3}{4} \times \dfrac{1}{\underset{1}{2}} = \dfrac{15}{4} = 3\dfrac{3}{4}$

$4 \times \dfrac{3}{10} \times 1\dfrac{7}{8} = \overset{1}{\cancel{4}} \times \dfrac{3}{\underset{2}{10}} \times \dfrac{\overset{3}{\cancel{15}}}{\underset{2}{8}} = \dfrac{9}{4} = 2\dfrac{1}{4}$

27 ㉠ $\dfrac{4}{\underset{1}{5}} \times \dfrac{\overset{2}{\cancel{10}}}{\underset{1}{11}} \times \overset{2}{\cancel{22}} = 16$

ⓛ $7\frac{1}{2} \times \frac{3}{5} \times 5\frac{1}{3} = \frac{\overset{3}{15}}{\underset{1}{2}} \times \frac{3}{\underset{1}{5}} \times \frac{\overset{8}{16}}{\underset{1}{3}} = 24$

ⓒ $8\frac{1}{6} \times 1\frac{1}{7} \times 1\frac{3}{4} = \frac{49}{\underset{3}{6}} \times \frac{\overset{\overset{1}{2}}{8}}{7} \times \frac{\overset{1}{7}}{\underset{1}{4}} = \frac{49}{3} = 16\frac{1}{3}$

28 $1\frac{3}{4} \times \frac{2}{7} \times 1\frac{1}{5} = \frac{\overset{1}{7}}{\underset{\underset{1}{2}}{4}} \times \frac{2}{\underset{1}{7}} \times \frac{\overset{3}{6}}{5} = \frac{3}{5}(L)$

서술유형 익히기   68~69쪽

1 4, 12, 12, 13, 12, 78 / 78

1-1 풀이 참조, $82\frac{1}{2}$ L

2 3, 15000, 15000, 12000 / 12000

2-1 풀이 참조, 28800원

3 12, 2, 2, 2, 2, 12, 7, 21, 4, 1 / 4, 1

3-1 풀이 참조, $7\frac{4}{5}$ km

4 12, 9, 9, 12, 243 / 243

4-1 풀이 참조, $437\frac{2}{5}$ cm²

1-1 물을 받은 시간이 $5 \times 2 = 10$(분)이므로 받은 물은
모두 $8\frac{1}{4} \times 10 = \frac{33}{\underset{2}{4}} \times \overset{5}{10} = \frac{165}{2} = 82\frac{1}{2}(L)$
입니다.

2-1 6명의 전체 입장료는 $8000 \times 6 = 48000$(원)
이므로 할인 기간에는
$\overset{9600}{48000} \times \frac{3}{\underset{1}{5}} = 28800$(원)을 내야 합니다.

3-1 (1시간 동안 걷는 거리)
$= 1\frac{4}{5} \times 2 = \frac{9}{5} \times 2 = \frac{18}{5} = 3\frac{3}{5}(km)$
따라서 효근이는 $2\frac{1}{6}$시간 동안
$3\frac{3}{5} \times 2\frac{1}{6} = \frac{18}{5} \times \frac{13}{\underset{1}{6}} = \frac{39}{5} = 7\frac{4}{5}(km)$를 걸을
수 있습니다.

4-1 타일 한 장의 넓이는 $(5\frac{2}{5} \times 5\frac{2}{5})$ cm²입니다.
따라서 타일 15장이 붙어 있는 벽의 넓이는
$5\frac{2}{5} \times 5\frac{2}{5} \times 15 = \frac{27}{\underset{1}{5}} \times \frac{27}{5} \times \overset{3}{15}$
$= \frac{2187}{5} = 437\frac{2}{5}(cm^2)$
입니다.

단원 평가   70~73쪽

1 (1) $4 \times \frac{1}{2}$ (2) $\frac{5}{9} \times \frac{3}{10}$

2 (1) $10\frac{1}{2}$ (2) 99

     (3) $\frac{5}{14}$ (4) 12

3 ⓒ   **4** 155

5 (1) <   (2) >

6 $33\frac{1}{3}$, $32\frac{1}{2}$, 52, $20\frac{5}{6}$

7 $1\frac{4}{5}$ m   **8** 15명

9 $37\frac{4}{5}$ L

10   **11** ⓔ

12 ④   **13** $8\frac{4}{5}$, $5\frac{1}{2}$

14 ㉡   **15** $\frac{7}{12}$

16 $8\frac{3}{4}$ kg   **17** 80 cm²

18 $49\frac{1}{2}$ **19** 6

20 $5\frac{7}{10}$ cm²   **21** 2700원

22 풀이 참조, $2\frac{1}{4}$ L   **23** 풀이 참조, 3개

24 풀이 참조

25 풀이 참조, 오전 11시 48분

2
(1) $\frac{7}{\overset{}{\underset{2}{8}}} \times \overset{3}{12} = \frac{21}{2} = 10\frac{1}{2}$

(2) $2\frac{1}{5} \times 45 = \frac{11}{\overset{}{\underset{1}{5}}} \times \overset{9}{45} = 99$

(3) $\frac{\overset{1}{4}}{7} \times \frac{5}{\overset{}{\underset{2}{8}}} = \frac{5}{14}$

(4) $3\frac{1}{3} \times 3\frac{3}{5} = \frac{\overset{2}{10}}{\overset{}{\underset{1}{3}}} \times \frac{\overset{6}{18}}{\overset{}{\underset{1}{5}}} = 12$

3 ㉢ $\frac{2}{9} \times 1\frac{1}{2} = \frac{\overset{1}{2}}{\overset{}{\underset{3}{9}}} \times \frac{\overset{1}{3}}{\overset{}{\underset{1}{2}}} = \frac{1}{3}$

4 $4\frac{3}{7} \times 42 \times \frac{5}{6} = \frac{31}{\overset{}{\underset{1}{7}}} \times \overset{\overset{1}{6}}{42} \times \frac{5}{\overset{}{\underset{1}{6}}} = 155$

5
(1) $\overset{2}{6} \times \frac{2}{\overset{}{\underset{3}{9}}} = \frac{4}{3} = 1\frac{1}{3}$, $\overset{4}{8} \times \frac{3}{\overset{}{\underset{5}{10}}} = \frac{12}{5} = 2\frac{2}{5}$

(2) $\frac{9}{\overset{}{\underset{4}{16}}} \times \overset{5}{20} = \frac{45}{4} = 11\frac{1}{4}$,

$\frac{16}{\overset{}{\underset{5}{25}}} \times \overset{3}{15} = \frac{48}{5} = 9\frac{3}{5}$

6 $16 \times 2\frac{1}{12} = \overset{4}{16} \times \frac{25}{\overset{}{\underset{3}{12}}} = \frac{100}{3} = 33\frac{1}{3}$,

$3\frac{1}{4} \times 10 = \frac{13}{\overset{}{\underset{2}{4}}} \times \overset{5}{10} = \frac{65}{2} = 32\frac{1}{2}$,

---

$16 \times 3\frac{1}{4} = \overset{4}{16} \times \frac{13}{\overset{}{\underset{1}{4}}} = 52$,

$2\frac{1}{12} \times 10 = \frac{25}{\overset{}{\underset{6}{12}}} \times \overset{5}{10} = \frac{125}{6} = 20\frac{5}{6}$

7 $\frac{9}{\overset{}{\underset{5}{20}}} \times \overset{1}{4} = \frac{9}{5} = 1\frac{4}{5}$(m)

8 $\overset{3}{42} \times \frac{5}{\overset{}{\underset{1}{14}}} = 15$(명)

9 3주일은 21일입니다.

$1\frac{4}{5} \times 21 = \frac{9}{5} \times 21 = \frac{189}{5} = 37\frac{4}{5}$(L)

10 $\frac{1}{12} \times \frac{1}{4} = \frac{1}{48}$ $\frac{1}{10} \times \frac{1}{9} = \frac{1}{90}$

$\frac{1}{21} \times \frac{1}{6} = \frac{1}{126}$ $\frac{1}{3} \times \frac{1}{16} = \frac{1}{48}$

$\frac{1}{18} \times \frac{1}{5} = \frac{1}{90}$ $\frac{1}{9} \times \frac{1}{14} = \frac{1}{126}$

11 ㉠ $\frac{2}{\overset{}{\underset{3}{9}}} \times \frac{\overset{1}{3}}{5} = \frac{2}{15}$ ㉡ $\frac{5}{\overset{}{\underset{3}{6}}} \times \frac{\overset{4}{8}}{\overset{}{\underset{3}{15}}} = \frac{4}{9}$

㉢ $\frac{\overset{1}{5}}{\overset{}{\underset{8}{16}}} \times \frac{\overset{7}{14}}{\overset{}{\underset{5}{25}}} = \frac{7}{40}$ ㉣ $\frac{11}{\overset{}{\underset{4}{12}}} \times \frac{\overset{5}{15}}{\overset{}{\underset{2}{22}}} = \frac{5}{8}$

12 ① $2\frac{1}{4} \times 3\frac{3}{5} = \frac{9}{\overset{}{\underset{2}{4}}} \times \frac{\overset{9}{18}}{5} = \frac{81}{10} = 8\frac{1}{10}$

② $1\frac{5}{6} \times 1\frac{2}{3} = \frac{11}{6} \times \frac{5}{3} = \frac{55}{18} = 3\frac{1}{18}$

③ $3\frac{1}{7} \times 4\frac{3}{8} = \frac{\overset{11}{22}}{\overset{}{\underset{1}{7}}} \times \frac{\overset{5}{35}}{\overset{}{\underset{4}{8}}} = \frac{55}{4} = 13\frac{3}{4}$

④ $2\frac{2}{9} \times 1\frac{4}{5} = \frac{\overset{4}{20}}{\overset{}{\underset{1}{9}}} \times \frac{\overset{1}{9}}{\overset{}{\underset{1}{5}}} = 4$

⑤ $1\frac{1}{15} \times 2\frac{7}{10} = \frac{\overset{8}{16}}{\overset{}{\underset{5}{15}}} \times \frac{\overset{9}{27}}{\overset{}{\underset{5}{10}}} = \frac{72}{25} = 2\frac{22}{25}$

13

$2\dfrac{3}{4} \times 3\dfrac{1}{5} = \dfrac{11}{\overset{}{\underset{1}{4}}} \times \dfrac{\overset{4}{16}}{5} = \dfrac{44}{5} = 8\dfrac{4}{5}$

$8\dfrac{4}{5} \times \dfrac{5}{8} = \dfrac{\overset{11}{44}}{\underset{1}{5}} \times \dfrac{\overset{1}{5}}{\underset{2}{8}} = \dfrac{11}{2} = 5\dfrac{1}{2}$

14 ㉠ $\dfrac{\overset{1}{9}}{\underset{2}{10}} \times \dfrac{\overset{1}{5}}{\underset{3}{24}} \times \dfrac{\overset{\overset{2}{4}}{32}}{\underset{5}{45}} = \dfrac{2}{15}$

㉡ $\dfrac{1}{3} \times \overset{2}{12} \times \dfrac{1}{\underset{1}{6}} = \dfrac{2}{3} = \dfrac{10}{15}$

㉢ $\dfrac{\overset{1}{5}}{\underset{1}{7}} \times \dfrac{\overset{1}{2}}{\underset{3}{15}} \times \dfrac{\overset{1}{7}}{\underset{5}{10}} = \dfrac{1}{15}$

15 $\dfrac{\overset{1}{3}}{4} \times \dfrac{7}{\underset{3}{9}} = \dfrac{7}{12}$

16 $3\dfrac{1}{8} \times 2\dfrac{4}{5} = \dfrac{\overset{5}{25}}{\underset{4}{8}} \times \dfrac{\overset{7}{14}}{\underset{1}{5}} = \dfrac{35}{4} = 8\dfrac{3}{4}\,(\text{kg})$

17 $\overset{\overset{80}{160}}{800} \times \dfrac{1}{\underset{1}{3}} \times \dfrac{1}{\underset{\underset{1}{2}}{6}} = 80\,(\text{cm}^2)$

18 (어떤 수)$=81$의 $\dfrac{4}{9}$ ➡ $\overset{9}{81} \times \dfrac{4}{\underset{1}{9}} = 36$

따라서 어떤 수의 $1\dfrac{3}{8}$배는

$\overset{9}{36} \times 1\dfrac{3}{8} = \overset{9}{36} \times \dfrac{11}{\underset{2}{8}} = \dfrac{99}{2} = 49\dfrac{1}{2}$입니다.

> **다른 풀이**
>
> $81 \times \dfrac{4}{9} \times 1\dfrac{3}{8} = \overset{9}{81} \times \dfrac{\overset{1}{4}}{\underset{1}{9}} \times \dfrac{11}{\underset{2}{8}} = \dfrac{99}{2} = 49\dfrac{1}{2}$

19 $\dfrac{1}{\boxed{} \times 11} > \dfrac{1}{40}$이므로 $\boxed{} \times 11 < 40$입니다.

따라서 ☐ 안에 들어갈 수 있는 자연수는 1, 2, 3이 므로 합은 $1+2+3=6$입니다.

20 (색칠한 부분의 가로)$=4\dfrac{3}{4} - 2\dfrac{3}{8} = 4\dfrac{6}{8} - 2\dfrac{3}{8}$

$\qquad\qquad\qquad\quad = 2\dfrac{3}{8}\,(\text{cm})$

(색칠한 부분의 넓이)$=2\dfrac{3}{8} \times 2\dfrac{2}{5} = \dfrac{19}{\underset{2}{8}} \times \dfrac{\overset{3}{12}}{5}$

$\qquad\qquad\qquad\qquad = \dfrac{57}{10} = 5\dfrac{7}{10}\,(\text{cm}^2)$

21 (수첩을 산 금액)$=\overset{1500}{6000} \times \dfrac{1}{\underset{1}{4}} = 1500\,(\text{원})$

(수첩을 사고 남은 금액)$=6000 - 1500$

$\qquad\qquad\qquad\qquad\quad = 4500\,(\text{원})$

(저금한 돈)$=\overset{900}{4500} \times \dfrac{3}{\underset{1}{5}} = 2700\,(\text{원})$

> **다른 풀이**
>
> (저금한 돈)$=6000 \times \left(1 - \dfrac{1}{4}\right) \times \dfrac{3}{5}$
>
> $\qquad\quad = \overset{\overset{300}{1500}}{6000} \times \dfrac{3}{\underset{1}{4}} \times \dfrac{3}{\underset{1}{5}} = 2700\,(\text{원})$

서술형

22 (사용한 물의 양)

$= 3\dfrac{3}{4} \times \dfrac{2}{5} = \dfrac{\overset{3}{15}}{\underset{2}{4}} \times \dfrac{\overset{1}{2}}{\underset{1}{5}} = \dfrac{3}{2} = 1\dfrac{1}{2}\,(\text{L})$

따라서 남은 물은

$3\dfrac{3}{4} - 1\dfrac{1}{2} = 3\dfrac{3}{4} - 1\dfrac{2}{4} = 2\dfrac{1}{4}\,(\text{L})$입니다.

23 $8 \times 4\dfrac{5}{6} = 8 \times \dfrac{29}{\underset{3}{6}}^{\,\overset{4}{}} = \dfrac{116}{3} = 38\dfrac{2}{3}$

$9 \times 4\dfrac{7}{12} = \overset{3}{9} \times \dfrac{55}{\underset{4}{12}} = \dfrac{165}{4} = 41\dfrac{1}{4}$

따라서 $38\dfrac{2}{3} < \boxed{} < 41\dfrac{1}{4}$에서 ☐ 안에 들어갈 수 있는 자연수는 39, 40, 41로 모두 3개입니다.

24 (방법1) 앞에서부터 두 분수씩 차례로 계산합니다.

$$6\frac{1}{9} \times \frac{14}{33} \times 1\frac{2}{7} = \left(\frac{\overset{5}{\cancel{55}}}{9} \times \frac{14}{\underset{3}{\cancel{33}}}\right) \times 1\frac{2}{7}$$

$$= \frac{\overset{10}{\cancel{70}}}{\underset{3}{\cancel{27}}} \times \frac{\overset{1}{\cancel{9}}}{\underset{1}{\cancel{7}}} = \frac{10}{3} = 3\frac{1}{3}$$

(방법2) 세 분수를 한꺼번에 곱하여 계산합니다.

$$6\frac{1}{9} \times \frac{14}{33} \times 1\frac{2}{7} = \frac{\overset{5}{\cancel{55}}}{\underset{1}{9}} \times \frac{\overset{2}{\cancel{14}}}{\underset{3}{\cancel{33}}} \times \frac{\overset{1}{\cancel{9}}}{\underset{1}{\cancel{7}}} = \frac{10}{3} = 3\frac{1}{3}$$

25 (5일 동안 늦어지는 시간)

$$= 2\frac{2}{5} \times 5 = \frac{12}{\underset{1}{\cancel{5}}} \times \cancel{5}^{1} = 12(분)$$

따라서 이 시계가 나타내는 시각은
12시−12분=11시 48분입니다.

75~76쪽

생활 속의 (수학)

10 kg

탐구 수학

74쪽

1 450 cm²

2~4 풀이 참조

5 450, $\frac{2}{3}$, $\frac{4}{5}$, $\frac{1}{2}$, 120

1 $30 \times 15 = 450(\text{cm}^2)$

2~4 예

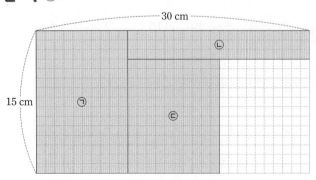

3 합동과 대칭

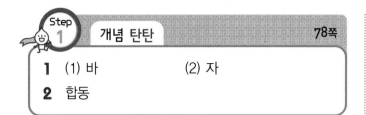

1 (1) 바　　　　　(2) 자
2 합동

1 뒤집거나 돌려서 완전히 겹쳐지는지 확인합니다.

1 모양, 크기　　　**2** 다
3 (1) 아　　　　　(2) 바
　　(3) 차
4 다와 마
5 (1) ×　　　　　(2) ○
6 (예)

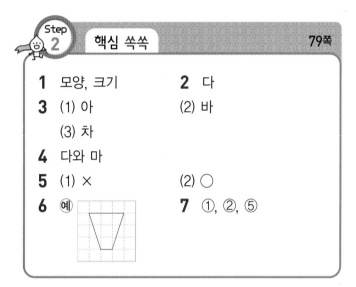

7 ①, ②, ⑤

2 모눈의 칸 수를 세어 모양과 크기가 같은 도형을 찾으면 다입니다.

3 (1) 도형 나의 본을 떠서 포개어 보면 도형 아와 완전히 겹쳐집니다.

5 (1) 모양은 같지만 크기가 다른 도형은 합동이 아닙니다.

7 잘라 만들어진 두 도형을 뒤집거나 돌려서 완전히 겹쳐지는지 확인해야 합니다.

1 대응점, 대응변, 대응각
2 (1) 점 ㄹ, 점 ㅁ, 점 ㅂ
　　(2) 변 ㄹㅁ, 변 ㅁㅂ, 변 ㅂㄹ
　　(3) 각 ㄹㅁㅂ, 각 ㅁㅂㄹ, 각 ㅂㄹㅁ

(4) 3쌍, 3쌍, 3쌍
(5) 같습니다.　　　　**(6)** 같습니다.

1 대응점, 대응변, 대응각
2 점 ㅁ, 점 ㅂ, 점 ㅅ, 점 ㅇ
3

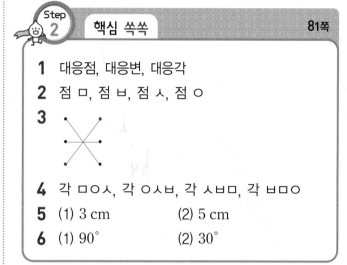

4 각 ㅁㅇㅅ, 각 ㅇㅅㅂ, 각 ㅅㅂㅁ, 각 ㅂㅁㅇ
5 (1) 3 cm　　　　(2) 5 cm
6 (1) 90°　　　　(2) 30°

1 합동인 두 도형을 완전히 포개었을 때 겹쳐지는 점을 대응점, 겹쳐지는 변을 대응변, 겹쳐지는 각을 대응각이라고 합니다.

2 두 도형을 완전히 포개었을 때, 겹쳐지는 점을 찾습니다.

3 두 도형을 완전히 포개었을 때, 겹쳐지는 변을 찾습니다.

4 두 도형을 완전히 포개었을 때, 겹쳐지는 각을 찾습니다.

5 합동인 두 도형에서 대응변의 길이는 서로 같습니다.
(1) 변 ㄱㄴ의 길이는 변 ㄹㅂ의 길이와 같으므로 3 cm입니다.
(2) 변 ㅁㅂ의 길이는 변 ㄷㄴ의 길이와 같으므로 5 cm입니다.

6 합동인 두 도형에서 대응각의 크기는 서로 같습니다.
(1) 각 ㄴㄷㄱ의 크기는 각 ㅁㄹㅂ의 크기와 같으므로 90°입니다.
(2) 각 ㅁㅂㄹ의 크기는 각 ㄴㄱㄷ의 크기와 같으므로 30°입니다.

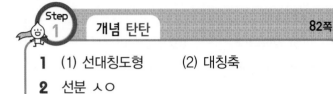

Step 1 개념 탄탄 82쪽

1 (1) 선대칭도형 (2) 대칭축

2 선분 ㅅㅇ

Step 2 핵심 쏙쏙 83쪽

1 선대칭도형, 대칭축

2 (1) ㅁㅂ (2) 선대칭

(3) ㅁㅂ, 대칭축

3 ㉠, ㉡, ㉥ 4 대칭축

5 ③, ⑤

6 (1)

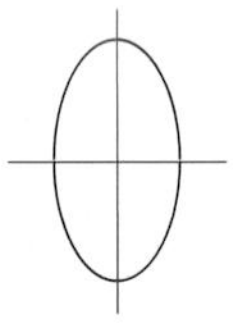

(2)

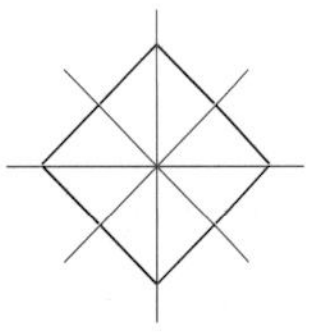

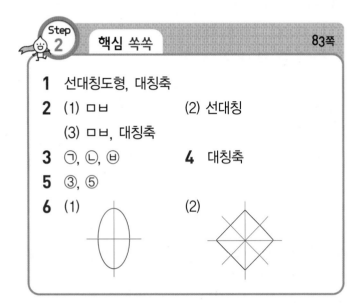

3

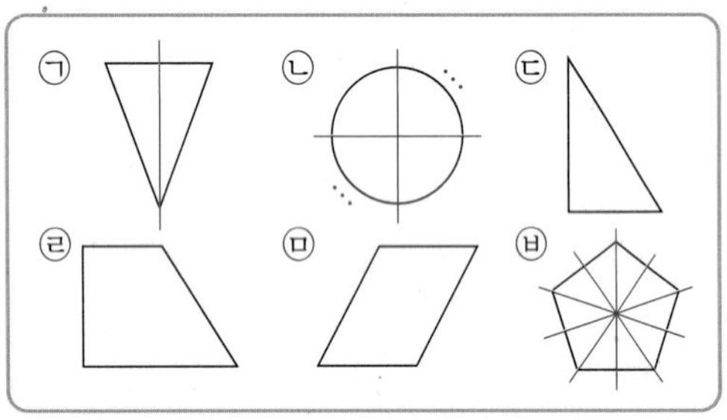

4 직선을 따라 접으면 각 도형은 완전히 겹쳐지므로 직선은 대칭축이 됩니다.

5 ①

②

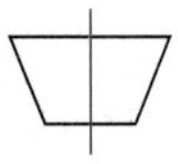

④

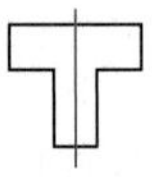

Step 1 개념 탄탄 84쪽

1 (1) ㅂ, ㅁ (2) ㄱㅂ, ㅂㅁ, ㅁㄹ

(3) ㄱㅂㅁ, ㅂㅁㄹ (4) 90, ㅂㅅ

Step 2 핵심 쏙쏙 85쪽

1 (1) 점 ㄹ (2) 변 ㄱㅁ

(3) 각 ㅁㄹㅂ

2 (1) 변 ㅁㄹ (2) 각 ㄱㅂㅁ

(3) 90° (4) 선분 ㅁㅇ

3 (1), (2)

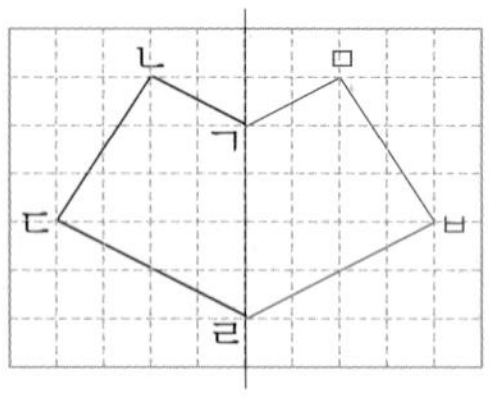

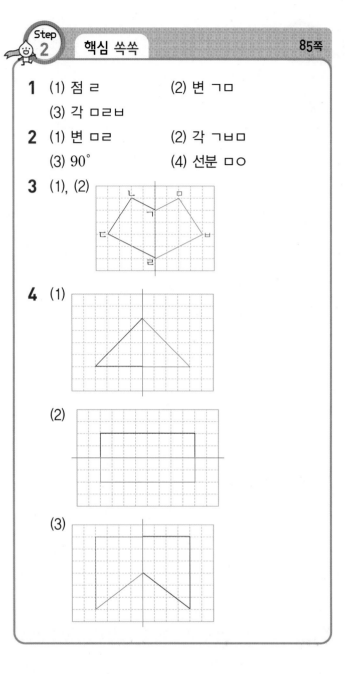

4 (1)

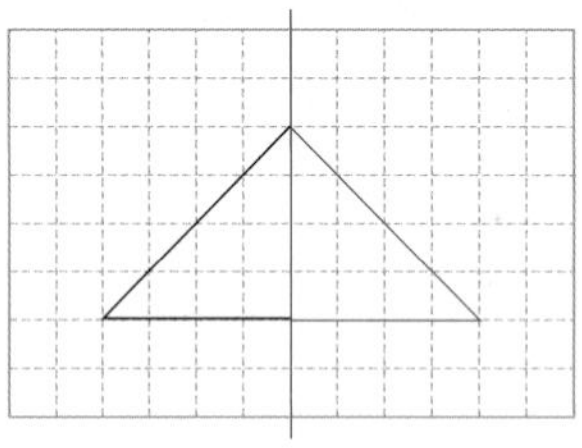

(2)

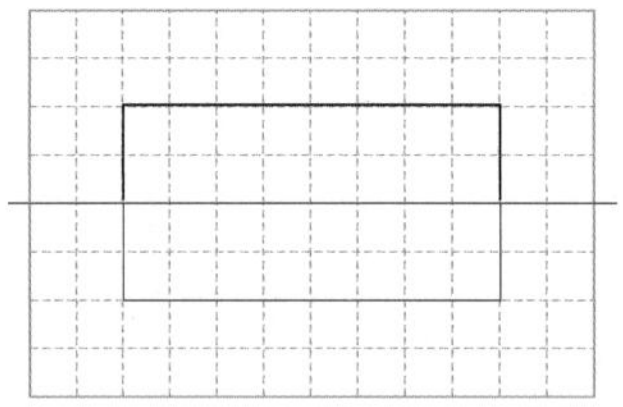

(3)

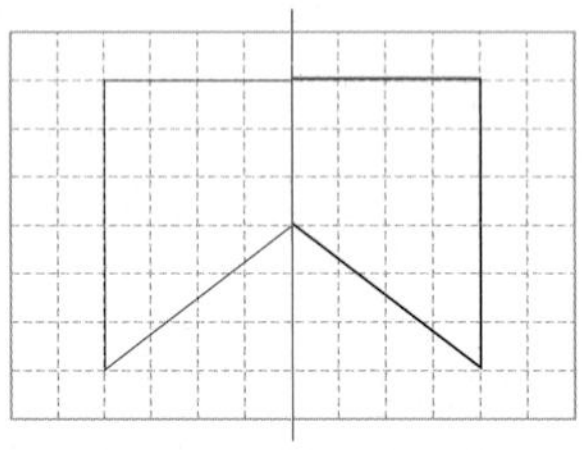

Step 1 개념 탄탄 86쪽

1 (1) 점대칭도형 (2) 대칭의 중심

2 ㉡

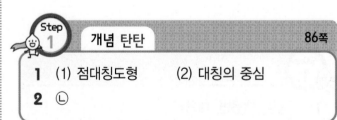

Step 2 핵심 쏙쏙 — 87쪽

1 점대칭도형, 대칭의 중심

2 (1) ㅁ   (2) 점대칭
  (3) ㅁ, 대칭의 중심

3 (   ) (○) (   )

4 ㄴ, ㄹ   5 ㄷ

6 (1)   (2)

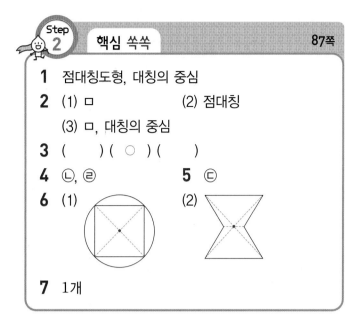

7 1개

3 한 점을 중심으로 180° 돌렸을 때 처음 도형과 완전히 겹쳐지는 도형을 점대칭도형이라고 합니다.

4 ㉠, ㉢ 선대칭도형
  ㉡, ㉣ 선대칭도형이면서 점대칭도형

7 참고
  점대칭도형에서 대칭의 중심은 항상 1개입니다.

Step 1 개념 탄탄 — 88쪽

1 (1) ㄹ, ㄱ   (2) ㄷㄹ, ㄹㄱ
  (3) ㄹㄱㄴ

2 (1) ㄹㄱ, ㄱㄴ   (2) ㄷㄹㄱ, ㄹㄱㄴ
  (3) ㄱㄷ, ㄴㄹ

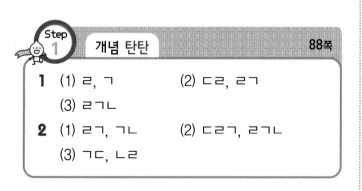

Step 2 핵심 쏙쏙 — 89쪽

1 (1) 점 ㅂ   (2) 변 ㄱㄴ
  (3) 각 ㄹㄷㄴ

2 (1) 점 ㅅ   (2) 변 ㅁㅂ
  (3) 선분 ㄴㅅ   (4) 각 ㅂㄱㄴ

3 (1), (2)

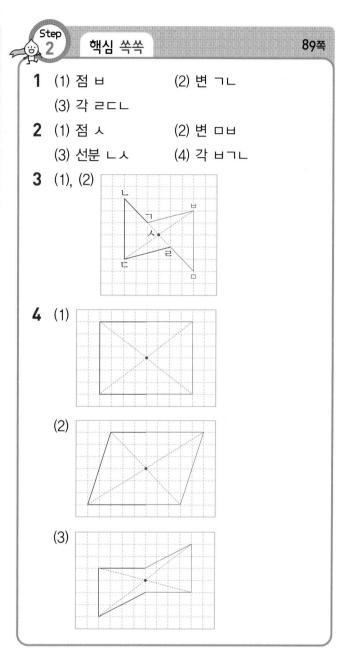

4 (1)

(2)

(3)

2 (1) 대응점을 이은 선분들이 만나는 점이 대칭의 중심입니다.

Step 3 유형 콕콕 — 90~95쪽

1-1 나와 아, 다와 마   1-2 가, 라

1-3 ㉡, ㉢

2-1 (1) 9 cm   (2) 50°

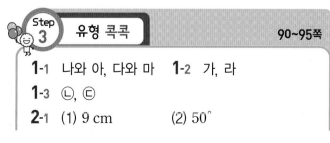

2-2 110, 8, 4   **2-3** 75°

3-1

3-2 ④

3-3 선분 ㄱㄴ, 선분 ㄷㄹ

3-4

3-5 ⑤   **3-6** ㉠, ㉢, ㉤

4-1 점 ㄴ, 변 ㄱㅂ, 각 ㄱㅂㅁ

4-2 점 ㄹ, 변 ㅁㅂ, 각 ㅂㄹㄹ

4-3 (1) 120, 6, 7   (2) 12, 80

4-4 (1) 5.5 cm   (2) 6 cm
(3) 40°

4-5 (1) 3.5 cm   (2) 10 cm
(3) 90°

4-6 (1)

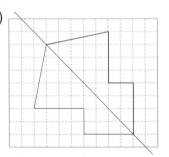

(2)

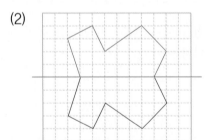

5-1 (   ) (○) (   )

5-2 ⑤

5-3 (1)

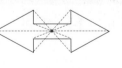

(2)

5-4

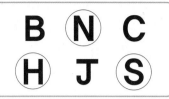

5-5 ㉢

6-1 점 ㄹ, 변 ㄹㄷ, 각 ㄹㄷㅅ

6-2 점 ㄷ, 변 ㄷㄹ, 각 ㄷㄹㅁ

6-3 (1) 9, 130   (2) 7, 60

6-4 (1) 7 cm   (2) 9 cm
(3) 75°   (4) 80°
(5) 7.5 cm

6-5 선분 ㄹㅇ, 선분 ㅁㅇ, 선분 ㅂㅇ

6-6 65°

6-7

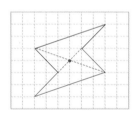

1-1 모양과 크기가 같은 도형을 찾으면 나와 아, 다와 마입니다.

1-3
> 정다각형이나 원은 도형의 둘레나 넓이가 같으면 항상 합동입니다.

2-1 (1) (변 ㄹㅁ)=(변 ㄱㄴ)=9 cm
(2) (각 ㄱㄷㄴ)=(각 ㄹㅂㅁ)=50°

2-2 합동인 두 도형은 대응변의 길이와 대응각의 크기가 각각 같습니다.

2-3 (각 ㅁㄴㄷ)=(각 ㅁㄷㄴ)
    =(180°−116°)÷2=32°
(각 ㄴㄱㄷ)=(각 ㄷㄹㄴ)
    =180°−(32°+73°)=75°

3-2 ① 2개 ② 5개 ③ 4개 ④ 8개 ⑤ 6개

3-4 원은 셀 수 없이 많은 대칭축이 있습니다. 그러나 원 안의 정삼각형 때문에 대칭축은 3개만 그릴 수 있습니다.

4-4 (1) (변 ㄱㄴ)=(변 ㅂㅁ)=5.5 cm
(2) (변 ㄹㅁ)=(변 ㄷㄴ)=6 cm
(3) (각 ㅁㄹㅇ)=(각 ㄴㄷㅇ)=40°

4-5 (1) (변 ㅇㅅ)=(변 ㅇㄱ)=3.5 cm
(2) (선분 ㄴㅈ)=(선분 ㅂㅈ)=5 cm이므로
(선분 ㄴㅂ)=5+5=10(cm)입니다.
(3) 대응점을 이은 선분은 대칭축과 수직으로 만납니다.

5-2 ①, ③, ④ 선대칭도형
⑤ 선대칭도형이면서 점대칭도형

6-4 (1) (변 ㅁㅂ)=(변 ㄴㄷ)=7 cm
(2) (변 ㄹㅁ)=(변 ㄱㄴ)=9 cm
(3) (각 ㄴㄱㅂ)=(각 ㅁㄹㄷ)=75°
(4) (각 ㄱㄴㄷ)=(각 ㄹㅁㅂ)=80°
(5) (선분 ㅁㅅ)=(선분 ㄴㅅ)=7.5 cm

6-6 (각 ㄱㄴㄷ)=(각 ㄹㅁㅂ)
  =360°−110°−95°−90°
  =65°

Step 4 실력 팍팍

96~99쪽

1 3쌍   **2** ③

3 ⑩ 모양은 같지만 크기가 다르므로 합동이 아닙니다.

4 7개   **5** 4쌍

6 24 cm   **7** 16 cm

8 5 cm   **9** 105 m

10 3개

11 (1) 2개   (2) 5개

12 ④   **13** 30 cm

14 (1) 20, 12   (2) 7, 5, 130

15 58 cm   **16** 15

17 ③   **18** ③

19
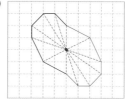

20 130°

21 (1) 18, 130   (2) 14, 60

22 6 cm   **23** 42 cm

24 36 cm

1 나와 라, 다와 바, 마와 아 ➡ 3쌍

4 삼각형 ㄱㅂㅁ과 합동인 삼각형은 삼각형 ㅈㅁㅂ, 삼각형 ㅈㅁㅇ, 삼각형 ㄹㅇㅁ, 삼각형 ㄴㅂㅅ, 삼각형 ㅈㅂㅂ, 삼각형 ㅈㅅㅇ, 삼각형 ㄷㅇㅅ입니다.

5 삼각형 ㄱㄴㅁ과 삼각형 ㄷㄹㅁ
삼각형 ㄱㅁㄹ과 삼각형 ㄷㅁㄴ
삼각형 ㄱㄴㄹ과 삼각형 ㄷㄹㄴ
삼각형 ㄱㄴㄷ과 삼각형 ㄷㄹㄱ
➡ 4쌍

6 8+6+10=24(cm)

7 변 ㄱㄹ의 대응변은 변 ㄱㄴ이므로 변 ㄱㄹ은 5 cm입니다.
변 ㄹㄷ의 대응변은 변 ㄴㄷ이므로 변 ㄹㄷ은 3 cm입니다.
따라서 삼각형 ㄱㄴㄹ의 둘레는
5+3+3+5=16(cm)
입니다.

8 (변 ㄱㄴ)=(변 ㅇㅅ)=14 cm,
(변 ㄱㄹ)=(변 ㅇㅁ)=18 cm이므로
(변 ㄷㄹ)=47−(14+18+10)=5(cm)
입니다.

9 (변 ㄱㄴ)=(변 ㅁㄷ)=10 m,
(변 ㄷㄹ)=(변 ㄴㅁ)=24 m이므로
울타리를 쳐야 하는 길이는
10+24+10+24+37=105(m)입니다.

11 (1) (2)

12 ① ➡ 1개 ② ➡ 5개

③ ➡ 2개 ④ 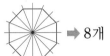 ➡ 8개

⑤ ➡ 무수히 많습니다.

13 (변 ㄱㄷ)=(변 ㄱㄴ)=10 cm
(변 ㄴㄷ)=5×2=10(cm)
➡ (삼각형 ㄱㄴㄷ의 둘레)=10+10+10
=30(cm)

15 (변 ㄱㄴ)=(변 ㅂㅁ)=5 cm,
(변 ㄷㅇ)=(변 ㄹㅇ)=8 cm이므로
도형의 둘레는 (6+5+10+8)×2=58(cm)
입니다.

16 주어진 도형을 펼쳤을 때의
모양은 오른쪽 그림과 같습
니다.
둘레의 길이는
12+□+6+12+□+6
=66(cm)이므로
□×2+36=66, □×2=30,
□=15(cm)입니다.

17 선대칭도형 : ①, ③, ⑤
점대칭도형 : ②, ③

18 ①, ②, ④, ⑤ 선대칭도형
③ 점대칭도형

20 (각 ㄱㄴㄷ)=(각 ㄷㄹㄱ)=50°
(각 ㄴㄷㄹ)+(각 ㄹㄱㄴ)
=360°−50°−50°=260°이고
(각 ㄴㄷㄹ)=(각 ㄹㄱㄴ)이므로
(각 ㄴㄷㄹ)=130°입니다.

22 (선분 ㄷㅇ)=(선분 ㄱㅇ)=4 cm
(선분 ㄴㄹ)=20−(4+4)=12(cm)
(선분 ㄴㅇ)=12÷2=6(cm)

23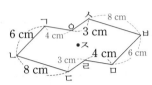
(도형의 둘레)=6+8+3+4+6+8+3+4
=42(cm)

24 대칭의 중심에서 대응점까지의 거리가 같으므로
(선분 ㅇㄷ)=(선분 ㅇㅂ)=6 cm입니다.
따라서 (변 ㄷㅁ)=(변 ㅂㄴ)=24−6−6=12(cm)
이므로 (선분 ㄴㅁ)=24+12=36(cm)입니다.

서술 유형 익히기 100~101쪽

1 7, 7, 105 / 105

1-1 풀이 참조, 32 cm

2 25, 25, 35, 35, 35, 110 / 110

2-1 풀이 참조, 90°

3 80, 90, 80, 130 / 130

3-1 풀이 참조, 110°

4 2, 2, 15, 10, 2, 230 / 230

4-1 풀이 참조, 300 cm²

1-1 합동인 도형에서 대응변의 길이는 같으므로
(변 ㅇㅅ)=(변 ㄹㄷ)=11 cm입니다.
따라서 직사각형 ㅁㅂㅅㅇ의 둘레는
(11+5)×2=32(cm)입니다.

2-1 (각 ㄹㅁㄷ)=(각 ㄴㄱㄷ)=20°이므로
(각 ㄱㄷㄴ)=(각 ㅁㄷㄹ)=180°−115°−20°
                        =45°입니다.
따라서 각 ㄱㄷㅁ의 크기는
180°−(45°+45°)=90°입니다.

3-1 선대칭도형에서 대응각의 크기는 같으므로
(각 ㅂㄱㄴ)=(각 ㅂㄹㄷ)=70°입니다.
사각형 ㄱㄴㄷㅂ의 네 각의 크기의 합은 360°이므
로 (각 ㄱㅂㄷ)=360°−90°−90°−70°=110°
입니다.

4-1 완성한 점대칭도형의 넓이는 주어진 도형의 넓이의
2배입니다.
(완성한 점대칭도형의 넓이)
=(주어진 삼각형의 넓이)×2이므로
20×15÷2×2=300(cm²)입니다.

102~105쪽

🎈 단원 평가

1 가와 사, 나와 라, 마와 아
2 점 ㄹ
3 변 ㅂㅁ
4 각 ㄱㄷㄴ
5 ②, ⑤
6 (1) 4 cm
(2) 75°
7 37°
8 ⓛ, ⓒ
9 3쌍
10 50°
11 36 cm, 50 cm
12

ㅋ	ⓜ	ㄷ
ㄹ	ⓗ	ⓝ

13 ⓛ, ⓔ
14 4개
15 변 ㄱㅁ, 변 ㄹㄷ
16 70, 4

17 ③, ④
18 (1)   (2)
19 ③
20 6 cm
21
22 풀이 참조, 40 cm
23 풀이 참조
24 풀이 참조, 8 cm
25 풀이 참조, 65°

2 합동인 두 도형을 완전히 포개었을 때 겹쳐지는 점
을 대응점이라고 합니다.

3 합동인 두 도형을 완전히 포개었을 때 겹쳐지는 변
을 대응변이라고 합니다.

4 합동인 두 도형을 완전히 포개었을 때 겹쳐지는 각
을 대응각이라고 합니다.

7 각 ㅁㅂㄹ의 대응각은 각 ㄱㄷㄴ이므로 각 ㅁㅂㄹ
의 크기는 180°−(81°+62°)=37°입니다.

8 ⓞ 가로와 세로가 (4 cm, 6 cm), (5 cm, 5 cm)
인 두 직사각형의 둘레는 20 cm로 같지만 모양
과 크기는 다릅니다.

9 삼각형 ㄱㄴㄷ과 삼각형 ㄹㄷㄴ,
삼각형 ㄱㄴㄹ과 삼각형 ㄹㄷㄱ,
삼각형 ㄱㄴㅁ과 삼각형 ㄹㄷㅁ
➡ 3쌍

10 (각 ㄷㄹㄴ)=(각 ㄴㄱㄷ)=50°
(각 ㄴㄷㄹ)=180°−(50°+25°)=105°
(각 ㄹㄷㅁ)=105°−25°=80°
➡ (각 ㄹㅁㄷ)=180°−(50°+80°)=50°

11 변 ㄱㄴ의 대응변은 변 ㅁㅂ이므로 13 cm입니다.
(변 ㄱㄷ)=30−(13+5)=12(cm)

두 삼각형으로 만들 수 있는 이등변삼각형은 다음과 같습니다.

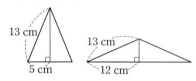

따라서 둘레는 13＋5＋5＋13＝36(cm), 13＋12＋12＋13＝50(cm)입니다.

19 ①, ②, ③, ④ 선대칭도형
③, ⑤ 점대칭도형

20 (변 ㄷㄹ)＝(변 ㅂㄱ)＝6 cm

서술형

22 변 ㄱㄴ의 대응변은 변 ㅂㄹ이고 변 ㄴㄷ의 대응변은 변 ㄹㅁ입니다. 두 도형이 합동일 때, 대응변의 길이는 서로 같으므로 변 ㄱㄴ은 8 cm, 변 ㄴㄷ은 15 cm입니다.
따라서 삼각형 ㄱㄴㄷ의 둘레는
17＋8＋15＝40(cm)입니다.

23 예 어떤 점을 중심으로 180° 돌렸을 때 처음 도형과 완전히 겹쳐지지 않으므로 점대칭도형이 아닙니다.

24 (변 ㄱㄴ)＝(변 ㄷㄹ), (변 ㄱㄹ)＝(변 ㄷㄴ)이므로
(변 ㄱㄴ)＋(변 ㄱㄹ)＝28÷2＝14(cm)입니다.
따라서 (변 ㄱㄹ)＝14－6＝8(cm)입니다.

25 점대칭도형에서 대응변의 길이는 같으므로
(변 ㄴㅇ)＝(변 ㄹㅇ), (변 ㄱㄴ)＝(변 ㄷㄹ)인데
(변 ㄱㄴ)＝(변 ㄹㅇ)이라고 했으므로
삼각형 ㄱㄴㅇ은 이등변삼각형입니다.
(각 ㄴㄱㅇ)＝(각 ㄴㅇㄱ)
＝(180°－50°)÷2＝65°
따라서 (각 ㄹㅇㄷ)＝(각 ㄴㅇㄱ)＝65°입니다.

탐구 수학 106쪽

1 (1) , ㄷ
(2) , ㅁ
(3) , ㅂ

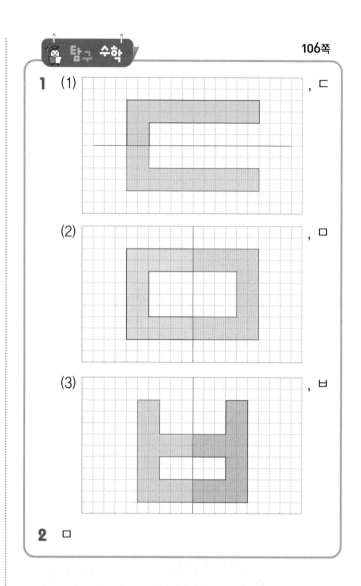

2 ㅁ

생활 속의 수학 107~108쪽

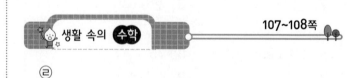

㉡

4 소수의 곱셈

Step 1 개념 탄탄 110쪽

1 (1) 1.6　　　　(2) 1.6
　　(3) 1.6
2 (1) 4, 32, 3.2　　(2) 3, 21, 2.1

2 (소수)×(자연수)에서 소수 한 자리 수는 분모가 10인 분수로 고쳐서 계산합니다.

Step 2 핵심 쏙쏙 111쪽

1 (1) 0.6, 0.6, 0.6, 1.8
　　(2) 0.7, 0.7, 0.7, 0.7, 2.8

2 / 1.2

3 (1) $0.9 \times 4 = \dfrac{9}{10} \times 4 = \dfrac{36}{10} = 3.6$

　　(2) $0.7 \times 3 = \dfrac{7}{10} \times 3 = \dfrac{21}{10} = 2.1$

4 (1) 8, 8, 56, 5.6　　(2) 6, 6, 54, 5.4
5 (1) 1.6　　　　(2) 2.4
　　(3) 2.5　　　　(4) 4.2
6 (1) 5.4　　　　(2) 5.2

6 (1) $0.9 \times 6 = \dfrac{9}{10} \times 6 = \dfrac{54}{10} = 5.4$

　　(2) $0.4 \times 13 = \dfrac{4}{10} \times 13 = \dfrac{52}{10} = 5.2$

Step 1 개념 탄탄 112쪽

1 (1) 4.8　　　　(2) 4.8
　　(3) 4.8
2 (1) 13, 13, 52, 5.2
　　(2) 143, 143, 715, 7.15

2 (2) (소수)×(자연수)에서 소수 두 자리 수는 분모가 100인 분수로 고쳐서 계산합니다.

Step 2 핵심 쏙쏙 113쪽

1 1.4, 1.4, 2.8
2 (1) 1.5×5=1.5+1.5+1.5+1.5+1.5=7.5
　　(2) 1.8×4=1.8+1.8+1.8+1.8=7.2
　　(3) 4.2×3=4.2+4.2+4.2=12.6
3 (1) 32, 256, 25.6　　(2) 13, 91, 9.1
　　(3) 262, 1048, 10.48
4 (1) 48, 48, 336, 33.6
　　(2) 36, 36, 324, 32.4
　　(3) 172, 172, 1032, 10.32
5 (1) 18.4　　　　(2) 16.4
　　(3) 18.63　　　　(4) 26.1
6 (1) 20.4　　　　(2) 23.55

6 (1) $3.4 \times 6 = \dfrac{34}{10} \times 6 = \dfrac{204}{10} = 20.4$

　　(2) $4.71 \times 5 = \dfrac{471}{100} \times 5 = \dfrac{2355}{100} = 23.55$

Step 1 개념 탄탄 114쪽

1 (1)
0 ────────── 1 ────────── 2

　　(2) 8, 16, 1.6　　(3) 16, 1.6
2 65, 6.5, $\dfrac{1}{10}$

Step 2 핵심 쏙쏙 115쪽

1  , 3.2

2 (1) 7, 21, 2.1　　(2) 3, 36, 3.6

　 (3) 12, 168, 1.68

3 (1) 133, 13.3

　 (2) 312, 156, 1872 / 18.72

4 (1) $9 \times 0.7 = 9 \times \dfrac{7}{10} = \dfrac{63}{10} = 6.3$

　 (2) $21 \times 0.4 = 21 \times \dfrac{4}{10} = \dfrac{84}{10} = 8.4$

5 (1) 3.5　　　　　(2) 7.2

　 (3) 10.5　　　　(4) 2.99

6 (1) 8.1, 8.1　　(2) 1.15, 1.15

7 7.56

1 4를 10등분 한 다음 8칸을 색칠합니다.
한 칸의 크기가 0.4이므로 색칠한 부분은 3.2입니다.

7 $36 \times 21 = 756$ ➡ $36 \times 0.21 = 7.56$

Step 1 개념 탄탄 116쪽

1 (1) 14, 14, 56, 5.6

　 (2) 56, 5.6

2 276, 27.6, $\dfrac{1}{10}$ / $\dfrac{1}{10}$, $\dfrac{1}{10}$

Step 2 핵심 쏙쏙 117쪽

1 17, 17, 34, 3.4

2 (1) 25, 600, 60　　(2) 124, 1612, 16.12

3 (1) 45, 9, 135 / 13.5

　 (2) 105, 70, 805 / 80.5

---

4 (1) $11 \times 4.2 = 11 \times \dfrac{42}{10} = \dfrac{462}{10} = 46.2$

　 (2) $10 \times 1.34 = 10 \times \dfrac{134}{100} = \dfrac{1340}{100} = 13.4$

5 (1) 9.6　　　　　(2) 18

　 (3) 154.5　　　　(4) 57.46

6 29.4 cm²

6 $7 \times 4.2 = 29.4 (\text{cm}^2)$

Step 3 유형 콕콕 118~121쪽

1-1 (1) $0.8 \times 4 = \dfrac{8}{10} \times 4 = \dfrac{32}{10} = 3.2$

　　 (2) $0.3 \times 9 = \dfrac{3}{10} \times 9 = \dfrac{27}{10} = 2.7$

1-2 (1) 1.8　　　　(2) 1.8

　　 (3) 3.5　　　　(4) 7.2

1-3 3.6　　　　**1-4** ㉡

1-5 3.5 m　　　**1-6** 4.8 L

1-7 5.6 m

2-1 (1) $1.8 \times 4 = \dfrac{18}{10} \times 4 = \dfrac{72}{10} = 7.2$

　　 (2) $3.7 \times 3 = \dfrac{37}{10} \times 3 = \dfrac{111}{10} = 11.1$

2-2 ·——·　　　　**2-3** ③

　　 ·　·
　　 ✕
　　 ·　·

2-4 75.36　　　**2-5** 18.9 g

2-6 74.7 m²　　**3-1** 7, 14, 1.4

3-2 $5 \times 0.23 = 5 \times \dfrac{23}{100} = \dfrac{115}{100} = 1.15$

3-3 (1) 4.2　　　　(2) 16

　　 (3) 8.32　　　(4) 39.48

3-4 2.47, 20.41　　**3-5** ㉠

3-6 24 m **3-7** 1.7 kg

4-1 (1) $11 \times 2.8 = 11 \times \dfrac{28}{10} = \dfrac{308}{10} = 30.8$

(2) $20 \times 2.52 = 20 \times \dfrac{252}{100} = \dfrac{5040}{100} = 50.4$

4-2 (1) 45, $\dfrac{1}{10}$, 4.5 (2) 744, $\dfrac{1}{100}$, 7.44

4-3 (1) 31.5 (2) 54.6

(3) 30.24 (4) 211.26

4-4 < **4-5** 144.2 cm²

4-6 558.62 km

1-4 ㉠ 1.6 ㉡ 3.6 ㉢ 1.5 ㉣ 3.2

1-5 $0.7 \times 5 = 3.5$(m)

1-6 $0.6 \times 8 = 4.8$(L)

1-7 $0.8 \times 7 = 5.6$(m)

2-2 $2.3 \times 6 = 13.8$
$1.5 \times 9 = 13.5$
$3.3 \times 5 = 16.5$

2-3 ③ $9.2 \times 7 = 64.4$

2-4 $9.42 \times 8 = \dfrac{942}{100} \times 8 = \dfrac{7536}{100} = 75.36$

2-5 $2.7 \times 7 = 18.9$(g)

2-6 $8.3 \times 9 = 74.7$(m²)

3-4 $19 \times 0.13 = 2.47$
$157 \times 0.13 = 20.41$

3-5 ㉠ 12.42 ㉡ 12.09

3-6 $30 \times 0.8 = 24$(m)

3-7 $2 \times 0.85 = 1.7$(kg)

4-4 $19 \times 15.8 = 300.2$
$210 \times 1.51 = 317.1$

4-5 (평행사변형의 넓이)=(밑변)×(높이)
$= 14 \times 10.3 = 144.2$(cm²)

4-6 $17 \times 32.86 = 558.62$(km)

Step 1 개념 탄탄 122쪽

1 (1) 0.01 m² (2) 56개
(3) 0.56 m² (4) 0.56

2 (1) 6, 8, 48, 0.48
(2) 5, 7, 35, 0.035

1 (1) $0.1 \times 0.1 = 0.01$(m²)

Step 2 핵심 쏙쏙 123쪽

1 6, 9, 54, 0.54

2 (1) $0.8 \times 0.8 = \dfrac{8}{10} \times \dfrac{8}{10} = \dfrac{64}{100} = 0.64$

(2) $0.7 \times 0.04 = \dfrac{7}{10} \times \dfrac{4}{100} = \dfrac{28}{1000} = 0.028$

(3) $0.06 \times 0.3 = \dfrac{6}{100} \times \dfrac{3}{10} = \dfrac{18}{1000} = 0.018$

3 (1) 0.3 (2) 0.32
(3) 0.427 (4) 0.084
(5) 0.048 (6) 0.075

4 $0.41 \times 0.3 = \dfrac{41}{100} \times \dfrac{3}{10} = \dfrac{123}{1000} = 0.123$

5 35, $\dfrac{1}{100}$, 0.35

6 (1) 0.15, 0.0035, 0.015, 0.035
(2) 0.068, 0.208, 0.136, 0.104

4 소수 한 자리 수는 분모가 10인 분수로, 소수 두 자리 수는 분모가 100인 분수로 고칩니다.

4. 소수의 곱셈 **37**

Step 1 개념 탄탄   124쪽

1 15, 12, 180, 1.8

2 (1) 34, 18, 612, 6.12
   (2) 16, 124, 1984, 1.984

Step 2 핵심 쏙쏙   125쪽

1 (1) 312, 24, 7488, 7.488

   (2) $\dfrac{1}{1000}$, 7.488

2 (1) $2.3 \times 3.8 = \dfrac{23}{10} \times \dfrac{38}{10} = \dfrac{874}{100} = 8.74$

   (2) $2.8 \times 4.5 = \dfrac{28}{10} \times \dfrac{45}{10} = \dfrac{1260}{100} = 12.6$

   (3) $1.06 \times 2.5 = \dfrac{106}{100} \times \dfrac{25}{10} = \dfrac{2650}{1000} = 2.65$

3   **4** (1) 18.33   (2) 16.848

               (3) 200.88 (4) 6.4985

5 (1) 46.02   (2) 97.44

6 (1) (○) (   ) (2) (   ) (○)

6 (1) $21.3 \times 7.1 = 151.23$
      $21.3 \times 0.71 = 15.123$
   (2) $9.35 \times 17.2 = 160.82$
      $93.5 \times 17.2 = 1608.2$

Step 1 개념 탄탄   126쪽

1 (1) 246, 2460, 24.6
   (2) 246, 24600, 246
   (3) 246, 246000, 2460

2 (1) 10, 10, 49.5   (2) 100, 100, 4.95
   (3) 1000, 1000, 0.495

Step 2 핵심 쏙쏙   127쪽

1 (1) 4.8, 48, 480
   (2) 12.63, 126.3, 1263

2 (1) 17.2, 1.72, 0.172
   (2) 35.6, 3.56, 0.356

3 (1) 27.4   (2) 425
   (3) 6132

4 (1) 52.8   (2) 0.63
   (3) 0.029

5 (1) 29.3, 293, 2930
   (2) 67, 6.7, 0.67

6 (1) 7.36   (2) 0.736
   (3) 0.0736

3 (1) 소수점이 오른쪽으로 한 칸 옮겨집니다.
   (2) 소수점이 오른쪽으로 두 칸 옮겨집니다.
   (3) 소수점이 오른쪽으로 세 칸 옮겨집니다.

4 (1) 소수점이 왼쪽으로 한 칸 옮겨집니다.
   (2) 소수점이 왼쪽으로 두 칸 옮겨집니다.
   (3) 소수점이 왼쪽으로 세 칸 옮겨집니다.

Step 3 유형 콕콕   128~131쪽

5-1 (1) $0.7 \times 0.6 = \dfrac{7}{10} \times \dfrac{6}{10} = \dfrac{42}{100} = 0.42$

     (2) $0.3 \times 0.17 = \dfrac{3}{10} \times \dfrac{17}{100} = \dfrac{51}{1000} = 0.051$

     (3) $0.47 \times 0.4 = \dfrac{47}{100} \times \dfrac{4}{10} = \dfrac{188}{1000} = 0.188$

5-2 $\dfrac{1}{10}$, $\dfrac{1}{100}$, 0.21

5-3 (1) 0.45   (2) 0.094
    (3) 0.115   (4) 0.1558

5-4 0.318, 0.4615, 0.3763, 0.39

5-5 (1) >   (2) <

5-6 (1) 0.664 (2) 0.045
5-7 0.1681 m² **5-8** ㉠
5-9 0.288 kg **5-10** 0.056 kg
5-11 0.0858 kg

6-1 $3.15 \times 1.2 = \dfrac{315}{100} \times \dfrac{12}{10} = \dfrac{3780}{1000} = 3.78$

6-2 $\dfrac{1}{10}$, $\dfrac{1}{100}$, 2.85

6-3 (1) 5.13 (2) 3.78
  (3) 7.412 (4) 7.2846
6-4 24.066 **6-5** 2.898, 9.246
6-6 ㉠, ㉢, ㉡, ㉣ **6-7** 26.46 cm²
6-8 < **6-9** 24.3 kg
6-10 18.375 L **6-11** 47.75 kg
7-1 (1) 28.7, 2870 (2) 34, 0.34
7-2 ③
7-3 (1) 168.35 (2) 16.835
  (3) 16.835
7-4 41.275
7-5 (1) 100 (2) 1000
  (3) 0.1 (4) 0.001
7-6 ② **7-7** ㉣, ㉠, ㉢, ㉡

5-5 (1) $0.67 \times 0.3 = 0.201$, $0.22 \times 0.9 = 0.198$
  (2) $0.5 \times 0.83 = 0.415$, $0.8 \times 0.52 = 0.416$

5-6 (1) $0.83 \times 0.8 = 0.664$
  (2) $0.9 \times 0.05 = 0.045$

5-7 $0.41 \times 0.41 = 0.1681 (\text{m}^2)$

5-8 ㉠ $0.3 \times 0.9 = 0.27$
  ㉡ $0.42 \times 0.5 = 0.21$
  ㉢ $0.82 \times 0.25 = 0.205$

5-9 $0.48 \times 0.6 = 0.288 (\text{kg})$

5-10 $0.07 \times 0.8 = 0.056 (\text{kg})$

5-11 노란색 철사 : $0.078 \times 0.6 = 0.0468 (\text{kg})$
  초록색 철사 : $0.13 \times 0.3 = 0.039 (\text{kg})$
  ➡ $0.0468 + 0.039 = 0.0858 (\text{kg})$

6-4 가장 큰 수 : 6.3, 가장 작은 수 : 3.82
  ➡ $6.3 \times 3.82 = 24.066$

6-6 ㉠ 8.96 ㉡ 7.79 ㉢ 8.51 ㉣ 6.63

6-7 $6.3 \times 4.2 = 26.46 (\text{cm}^2)$

6-8 $2.74 \times 3.1 = 8.494$
  $2.8 \times 3.71 = 10.388$

6-9 $5.4 \times 4.5 = 24.3 (\text{kg})$

6-10 (받은 물의 양)
  = (1분에 나오는 물의 양) × (물을 받는 시간)
  = $5.25 \times 3.5 = 18.375 (\text{L})$

6-11 (어머니의 몸무게) = (동민이의 몸무게) × 1.25
  = $38.2 \times 1.25 = 47.75 (\text{kg})$

7-2 ③ $450 \times 0.1 = 45.0$

7-6 (소수 두 자리 수) × (소수 두 자리 수)
  ➡ (소수 네 자리 수)

7-7 ㉠ 2.4 ㉡ 0.024 ㉢ 0.24 ㉣ 24

Step 4 실력 팍팍
132~135쪽

1 70 L
2 지혜 / 예 48과 6의 곱은 약 300이니까 0.48 과 6의 곱은 3정도가 돼.
3 2개
4 레알 / 예 어림하면 6.04 × 5는 약 30, 3.55 × 5 는 약 20이므로 3.55 × 5가 20에 더 가깝기 때문입니다.
5 122.4 **6** 37.5 L

7 없습니다. / ⑳ 250×8.8=2200이므로 과자 값은 2000원보다 비싸기 때문입니다.

8 24 cm

9 35.5 cm

10 23.85 kg

11 약 70.74억 달러

12 388마리

13 0.6 kg

14 8.5, 0.4 / 0.85, 4

15 4.352 / ⑳ 1.36×3.2는 1.4의 3배 정도로 어림할 수 있으므로 4.2보다 조금 큰 값이 되기 때문입니다.

16 2.88 cm²

17 127.5 km

18 (1) 14.7 m, 12.9 m

(2) 189.63 m²

19 33.75

20 ④

21 (1) 10, 0.01

(2) 1000배

22 ㉣, ㉢, ㉠, ㉡

23 ⑳ 1.5는 1보다 큰 수니까 8.6×1.5는 8.6보다 큰 값이어야 돼.

24 웅이

---

1 4주일은 28일입니다. 따라서 4주일 동안 가영이네 집에 배달되는 생수는 2.5×28=70(L)입니다.

3 5일 동안 신영이는 우유를 0.6×3=1.8(L)를 마시므로 1 L짜리 우유를 적어도 2개 사야 합니다.

5 어떤 수를 □라고 하면
□÷12=0.85, □=0.85×12=10.2입니다.
따라서 바르게 계산한 값은 10.2×12=122.4입니다.

6 250×0.15=37.5(L)

8 1.5 m=150 cm입니다.
(공이 땅에 한 번 닿았다가 튀어 올랐을 때의 높이)
=150×0.4=60(cm)
(공이 땅에 두 번 닿았다가 튀어 올랐을 때의 높이)
=60×0.4=24(cm)

9 (아버지의 키)=142×1.25=177.5(cm)
➡ 177.5−142=35.5(cm)

다른 풀이

영수의 키를 1이라 하면 아버지의 키는 1.25이므로 두 사람의 키의 차는 영수의 키의
1.25−1=0.25(배)입니다.
➡ 142×0.25=35.5(cm)

10 (수성에서 잰 몸무게)=45×0.38=17.1(kg)
(금성에서 잰 몸무게)=45×0.91=40.95(kg)
➡ 40.95−17.1=23.85(kg)

11 54×1.31=70.74이므로 약 70.74억 달러입니다.

12 48분=$\frac{48}{60}$시간=$\frac{8}{10}$시간=0.8시간
➡ 485×0.8=388(마리)

13 0.8×0.75=0.6(kg)

14 잘못 누른 수가 0.85인 경우 : 8.5×0.4=3.4
잘못 누른 수가 0.4인 경우 : 0.85×4=3.4

16 색칠한 마름모의 넓이는 정사각형의 넓이의 반이므로
(색칠한 마름모의 넓이)=(정사각형의 넓이)×0.5
입니다. ➡ 2.4×2.4×0.5=2.88(cm²)

17 3시간 24분=$3\frac{24}{60}$시간=$3\frac{4}{10}$시간=3.4시간
(기차가 간 거리)=92.5×3.4=314.5(km)
(남은 거리)=442−314.5=127.5(km)

18 (1) (가로)=9.8×1.5=14.7(m)
(세로)=8.6×1.5=12.9(m)
(2) (넓이)=14.7×12.9=189.63(m²)

19 만들 수 있는 가장 큰 소수 한 자리 수는 7.5이고, 가장 작은 소수 한 자리 수은 4.5입니다.
➡ 7.5×4.5=33.75

20 ① 소수 세 자리 수 ② 소수 세 자리 수
③ 소수 세 자리 수 ④ 소수 두 자리 수
⑤ 소수 세 자리 수

21 (1) 42.5×10=425이므로 ㉠=10입니다.
425×0.01=4.25이므로 ㉡=0.01입니다.
(2) 10은 0.01의 1000배입니다.

22 곱하는 두 소수의 소수점 아래 자릿수의 합을 알아보고 곱의 소수점 아래 마지막 숫자가 0인지 확인합니다.
ㄱ 소수 두 자리 수 ㄴ 소수 세 자리 수
ㄷ 소수 한 자리 수 ㄹ 소수 네 자리 수

> **주의**
> 곱의 크기를 비교하는 것이 아니고 곱의 소수점 아래 자릿수를 비교해야 합니다.

24 웅이가 키우는 식물의 키를 cm 단위로 나타내면
$0.489 \times 100 = 48.9(cm)$입니다.
따라서 웅이가 키우는 식물의 키가 더 큽니다.

서술 유형 익히기   136~137쪽

1 3, 12.25, 3, 36.75 / 36.75

1-1 풀이 참조, 25.2 cm

2 0.52, 39, 39, 0.7, 27.3 / 27.3

2-1 풀이 참조, 28.56 kg

3 4.3, 15.48, 15.48 / 15.48

3-1 풀이 참조, 34.72

4 1, 12, 2, 0.2, 0.2, 17 / 17

4-1 풀이 참조, 156.8 km

1-1 (고등어의 몸통 길이)=(금붕어의 몸통 길이)×4
$= 6.3 \times 4 = 25.2(cm)$

2-1 내 몸무게는 어머니 몸무게의 0.64배이므로
$52.5 \times 0.64 = 33.6(kg)$입니다.
동생의 몸무게는 내 몸무게의 0.85배이므로
$33.6 \times 0.85 = 28.56(kg)$입니다.

3-1 어떤 수를 □라고 하면 □÷5.6=6.2입니다.
➡ □=6.2×5.6=34.72
따라서 어떤 수는 34.72입니다.

4-1 1시간은 60분이므로
1시간 36분$= 1\frac{36}{60}$시간$= 1\frac{6}{10}$시간
$= 1.6$시간입니다.
따라서 자동차가 1시간 36분 동안 갈 수 있는 거리는 $98 \times 1.6 = 156.8(km)$입니다.

단원 평가   138~141쪽

1 4, 1.6   **2** 134, 804, 8.04

3 6, 42, 0.42   **4** ④

5 7.2, 7.2

6 (1) 15.6   (2) 16.38
(3) 1.44   (4) 5.04

7 (1) 6.24   (2) 0.483

8 6.64 m

9   **10** ㉢, ㉡, ㉠, ㉣

11 (1) 0.1   (2) 0.01
(3) 100   (4) 1000

12 98, 9.8, 0.98   **13** ⑤

14 (1) 1140, 855, 9.69
(2) 472, 708, 236, 3.1152

15 12.8, 0.285, 4.56, 0.8

16 (1) >   (2) >

17 27

18 18.06 cm²   **19** 253.8 km

20 163.8 cm   **21** 136.757 m²

22 풀이 참조, 22.5 kg

23 풀이 참조, 23.5원

24 풀이 참조, 7.28 m²

25 풀이 참조, 72.192 kg

2 소수 두 자리 수는 분모가 100인 분수로 나타낼 수 있습니다.

4 ①, ②, ③, ⑤ 2.4
④ 0.512

7 (2) 소수점 아래의 자릿수가 모자라면 앞에 0을 더 채워 쓴 다음 소수점을 찍습니다.

8 $0.83 \times 8 = 6.64(m)$

9 $9 \times 7.8 = 70.2$, $14 \times 5.3 = 74.2$, $12 \times 6.6 = 79.2$

10 ♥에 곱하는 수가 작을수록 그 곱도 작아집니다.

11 소수점의 위치가 오른쪽으로 옮겨졌으면 10, 100, 1000, ……을 곱한 것이고, 소수점의 위치가 왼쪽으로 옮겨졌으면 0.1, 0.01, 0.001, ……을 곱한 것입니다.

12 $2.8 \times 35 = 98.\not{0}$, $0.28 \times 35 = 9.8\not{0}$,
$0.028 \times 35 = 0.98\not{0}$

13 ① 0.14 ② 0.014 ③ 0.14 ④ 0.014 ⑤ 0.0014

15 $1.6 \times 8 = 12.8$, $2.85 \times 0.1 = 0.285$,
$1.6 \times 2.85 = 4.56$, $8 \times 0.1 = 0.8$

16 (1) $8.7 \times 4.3 = 37.41$, $10.6 \times 3.2 = 33.92$
➡ $37.41 > 33.92$
(2) $11.8 \times 3.6 = 42.48$, $15.1 \times 2.5 = 37.75$
➡ $42.48 > 37.75$

17 $3.76 \times 7.2 = 27.072$이므로
$27.072 > \square$에서 $\square$ 안에 들어갈 수 있는 가장 큰 자연수는 27입니다.

18 (평행사변형의 넓이)=(밑변)×(높이)
$= 5.16 \times 3.5 = 18.06(cm^2)$

19 $63.45 \times 4 = 253.8(km)$

20 $156 \times 1.05 = 163.8(cm)$

21 $16.3 \times 8.39 = 136.757(m^2)$

서술형

22 (사과 50개의 무게)
=(사과 한 개의 무게)×(개수)
$= 0.45 \times 50$
$= 22.5(kg)$

23 (오렌지 주스 0.01 L의 값)
=(오렌지 주스 1 L의 값)×0.01
$= 2350 \times 0.01 = 23.5(원)$

24 (1 L의 페인트로 칠할 수 있는 벽의 넓이)
$= 2.6 \times 2.8 = 7.28(m^2)$

25 (영수의 몸무게)$= 23.5 \times 1.28 = 30.08(kg)$
(아버지의 몸무게)$= 30.08 \times 2.4 = 72.192(kg)$

탐구 수학   142쪽

1 0.19 t   **2** 0.38 t
3 3.8 t
4 예 음식을 먹을만큼 받습니다.
골고루 먹으려고 노력합니다. 등

1 하루에 0.038 t씩 음식을 남기므로 5번 급식을 하면 음식물 쓰레기의 양은 $0.038 \times 5 = 0.19(t)$입니다.

2 $0.038 \times 10 = 0.38(t)$이므로 10일 동안 음식물 쓰레기의 양은 0.38 t입니다.

3 $0.038 \times 100 = 3.8(t)$이므로 100일 동안 음식물 쓰레기의 양은 3.8 t입니다.

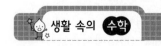 143~144쪽

403 kcal

5 직육면체

개념 탄탄   146쪽

1 마

2 (1) 면   (2) 모서리

   (3) 꼭짓점

1 직사각형 6개로 둘러싸인 도형을 직육면체라고 합니다.

핵심 쏙쏙   147쪽

1 ②, ⑤   **2**

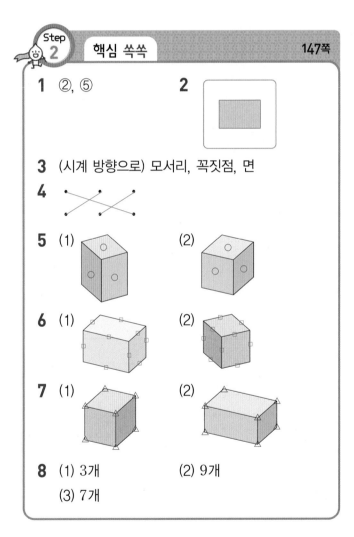

3 (시계 방향으로) 모서리, 꼭짓점, 면

4

5 (1)   (2)

6 (1)   (2)

7 (1)   (2)

8 (1) 3개   (2) 9개

   (3) 7개

1 직육면체는 직사각형 6개로 둘러싸인 도형입니다.

2 직육면체의 면은 직사각형 모양입니다.

3 선분으로 둘러싸인 부분을 면, 면과 면이 만나는 선분을 모서리, 모서리와 모서리가 만나는 점을 꼭짓점이라고 합니다.

5 면은 도형을 둘러싸고 있는 직사각형입니다.

6 모서리는 면과 면이 만나는 선분입니다.

7 꼭짓점은 모서리와 모서리가 만나는 점입니다.

개념 탄탄   148쪽

1 정육면체   **2** 가, 마

2 정사각형 6개로 둘러싸인 도형을 찾으면 가, 마입니다.

핵심 쏙쏙   149쪽

1 정사각형   **2** ①

3 (1) 정사각형   (2) 6개

   (3) 12개   (4) 8개

4 (1) 12개   (2) 같습니다.

5 (1) 있습니다.   (2) 있습니다.

6 ①, ⑤

2 정육면체는 정사각형 6개로 둘러싸인 도형입니다.

6 ① 정육면체의 면은 크기가 모두 같습니다.
   ⑤ 직육면체는 정육면체라고 할 수 없습니다.

개념 탄탄   150쪽

1 (1) 평행   (2) 밑면

   (3) 3

2 (1) 수직   (2) 옆면

   (3) 4

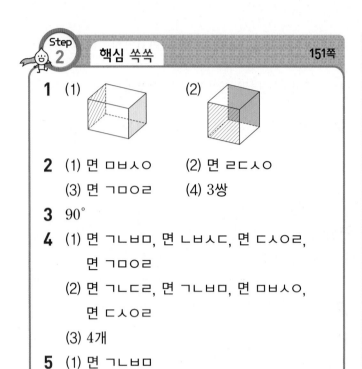

1 (1)   (2)

2 (1) 면 ㅁㅂㅅㅇ   (2) 면 ㄹㄷㅅㅇ

   (3) 면 ㄱㅁㅇㄹ   (4) 3쌍

3 90°

4 (1) 면 ㄱㄴㅂㅁ, 면 ㄴㅂㅅㄷ, 면 ㄷㅅㅇㄹ,

    면 ㄱㅁㅇㄹ

   (2) 면 ㄱㄴㄷㄹ, 면 ㄱㄴㅂㅁ, 면 ㅁㅂㅅㅇ,

    면 ㄷㅅㅇㄹ

   (3) 4개

5 (1) 면 ㄱㄴㅂㅁ

   (2) 면 ㄱㄴㄷㄹ, 면 ㄴㅂㅅㄷ, 면 ㅁㅂㅅㅇ,

    면 ㄱㅁㅇㄹ

1   마주 보고 있는 두 면은 서로 평행합니다.

3   직육면체에서 서로 만나는 두 면은 서로 수직입니다.

4   (3) 직육면체에서 서로 만나는 두 면은 항상 수직입니다.

1

	보이는 부분	보이지 않는 부분
면의 수(개)	3	3
모서리의 수(개)	9	3
꼭짓점의 수(개)	7	1

2   평행, 실선, 점선

1   실선은 보이는 모서리, 점선은 보이지 않는 모서리입니다.

1 ⑤   **2** ③, ⑤

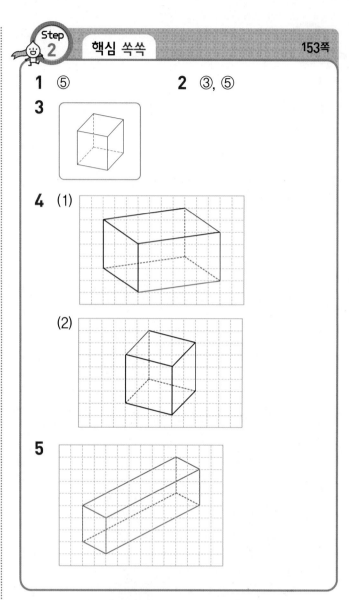

3

4 (1)

   (2)

5

1   보이는 모서리는 실선으로, 보이지 않는 모서리는 점선으로 그린 것을 찾으면 ⑤입니다.

2   ① 보이지 않는 모서리는 점선으로 그립니다.

   ② 보이는 모서리는 실선으로 그립니다.

   ④ 보이지 않는 모서리는 점선으로 그립니다.

4   그려져 있지 않은 모서리가 보이는 모서리인지, 보이지 않는 모서리인지 생각하여 알맞게 선으로 그립니다.

5   보이는 모서리는 실선으로, 보이지 않는 모서리는 점선으로 그립니다.

Step 1 개념 탄탄   154쪽

1 전개도, 점선, 실선

2 (1) 면 마   (2) 3쌍

   (3) 면 라

   (4) 면 가, 면 다, 면 마, 면 바

---

2 (2) 면 가와 면 바, 면 나와 면 라, 면 다와 면 마
   ➡ 3쌍

Step 2 핵심 쏙쏙   155쪽

1 ⑤   **2** 가, 다

3 선분 ㅈㅊ

4

5

6

7

---

1 ① 잘리지 않은 모서리는 점선으로 그려야 합니다.
  ② 전개도를 접었을 때 겹치는 면이 있습니다.
  ③ 잘리지 않은 모서리는 점선으로, 잘린 모서리는
     실선으로 그려야 합니다.
  ④ 전개도를 접었을 때 필요없는 면이 있습니다.

2 나 : 전개도를 접었을 때 서로 만나는 선분의 길이
     가 다릅니다.
  라 : 전개도를 접었을 때 겹치는 면이 있습니다.

5 색칠한 면과 만나는 면에 빗금을 긋습니다.

7 서로 만나는 선분의 길이가 같도록 모눈의 칸을 세
  어 그립니다.

Step 3 유형 콕콕   156~161쪽

1-1   **1-2**

1-3 ㉢   **1-4** ②

1-5 보이는 모서리   **2-1** ①, ④

2-2 ㉡, ㉥   **2-3** 정사각형

2-4 6, 12, 8   **2-5** ①, ⑤

2-6 ㉡   **2-7** 6, 6

2-8 44 cm   **2-9** 60 cm

2-10 7 cm

3-1 (1) 평행, 3   (2) 수직, 4

3-2 (1)   (2)

3-3 ㉡   **3-4** ②

3-5 면 ㄱㄴㅂㅁ, 면 ㄴㅂㅅㄷ, 면 ㄷㅅㅇㄹ,
    면 ㄱㅁㅇㄹ

3-6 4개 **3-7** ③

3-8 18 cm **3-9** 68 cm

3-10 (1) 6 (2) 14

4-1 (1) 실선 (2) 점선

4-2 (1) (2)

4-3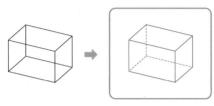

4-4 ①, ⑤

4-5 (1) × (2) ○

4-6 6개 **4-7** ⑤

5-1 ③, ④

5-2 나, 나, 다, 라, 마

5-3 (시계 방향으로) 5, 2, 3, 3

5-4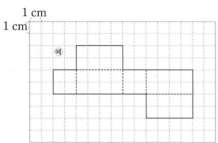

5-5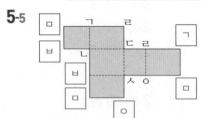

1-3 ⓒ 선분으로 둘러싸인 부분을 면이라고 합니다.

1-5 보이는 면 : 3개, 보이는 모서리 : 9개,
보이는 꼭짓점 : 7개

2-2 정육면체는 직육면체라고 할 수 있습니다.

2-5 ① 직육면체의 면의 모양은 직사각형이고 정육면체
의 면의 모양은 정사각형입니다.

② 6개로 같습니다.

③ 12개로 같습니다.

④ 8개로 같습니다.

⑤ 모서리의 길이가 직육면체는 다른 것도 있지만
정육면체는 모두 같습니다.

2-6 ㉠ 직사각형은 정사각형이라고 할 수 없으므로 직
육면체를 정육면체라고 할 수 없습니다.

ⓒ 정육면체의 면은 정사각형입니다.

㉣ 모서리의 길이에 따라 정육면체의 크기는 다릅
니다.

2-7 정육면체는 모든 모서리의 길이가 같습니다.

2-8 정육면체의 면은 정사각형이므로 색칠한 면의 둘레
는 $11 \times 4 = 44$(cm)입니다.

2-9 정육면체의 모서리는 12개이고 그 길이는 모두 같
습니다.

➡ $5 \times 12 = 60$(cm)

2-10 정육면체의 모서리는 12개이고 그 길이는 모두
같습니다. 한 모서리의 길이를 □cm라 하면
□$\times 12 = 84$, □$= 84 \div 12 = 7$입니다.
따라서 한 모서리의 길이는 7 cm입니다.

3-4 면 ㄷㅅㅇㄹ과 만나지 않는 면을 찾습니다.

3-5 한 면과 수직인 면은 4개입니다.

3-6 면 ㅁㅂㅅㅇ을 제외한 나머지 면 4개가 면 ㄱㄴㄷ
ㄹ과 직각으로 만나는 수직인 면입니다.

3-7 직육면체에서 마주 보는 면은 서로 평행하고, 서로
만나는 두 면은 수직입니다.

3-8 $5 + 4 + 5 + 4 = 18$(cm)

3-9 $(6 + 2 + 6 + 2) + (7 + 2 + 7 + 2)$
$+ (6 + 2 + 6 + 2) + (7 + 2 + 7 + 2)$
$= 16 + 18 + 16 + 18 = 68$(cm)

3-10 (1) 주사위는 평행한 두 면의 눈의 합이 7이므로
1의 눈이 그려진 면과 평행한 면의 눈의 수는
6입니다.

(2) 3의 눈이 그려진 면과 평행한 면의 눈의 수는 4이므로 수직인 면의 눈의 수는 1부터 6까지의 수 중에서 3과 4를 제외한 1, 2, 5, 6입니다. 따라서 합은 1+2+5+6=14입니다.

4-2 그려져 있지 않은 모서리가 보이는 모서리인지, 보이지 않는 모서리인지 생각하여 알맞게 실선 또는 점선으로 그립니다.

4-3 보이지 않는 모서리는 점선으로 그려야 합니다.

4-4 ① 모서리가 12개가 되도록 그립니다.
⑤ 면이 6개가 되도록 그립니다.

4-6 보이는 모서리 : 9개
보이지 않는 모서리 : 3개
➡ 9-3=6(개)

4-7 ① 3개 ② 7개 ③ 3개 ④ 3개 ⑤ 1개

5-1 ③ 면의 수가 5개입니다.
④ 전개도를 접었을 때 서로 만나는 선분의 길이가 다릅니다.

5-4 잘리지 않은 모서리는 점선으로, 잘린 모서리는 실선으로 그립니다.

5-5 전개도를 접었을 때 만나는 꼭짓점을 생각해 봅니다.

 Step 4 실력 팍팍

162~165쪽

1 4개
2 예) 직육면체는 6개의 직사각형으로 둘러싸인 도형인데 주어진 도형은 5개의 직사각형과 2개의 오각형으로 둘러싸인 도형입니다.
3 예) 정육면체는 정사각형으로만 둘러싸여 있어야 하는데 주어진 도형은 직사각형으로 둘러싸인 도형입니다.
4 ㄷ, 직육면체는 정육면체라고 할 수 없습니다.

5 (1) 6 (2) 7, 11
6 60 cm **7** ㉠, ㉢
8 지혜, 서로 평행한 두 면을 밑면이라고 해.
9 , 18 cm

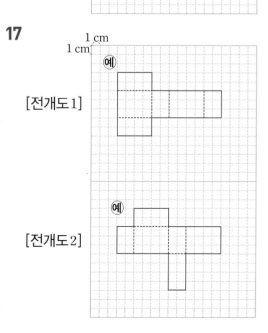

10 51 cm **11** 96 cm
12 (시계 방향으로) 3, 5, 7
13 ㉢ **14** 64 cm
15 ㉡ / 예) 점선을 따라 접으면 겹쳐지는 면이 생깁니다.
16

1 cm
1 cm

[전개도 1] 예

[전개도 2] 예

17

1 cm
1 cm

[전개도 1] 예

[전개도 2] 예

18 112 cm

19
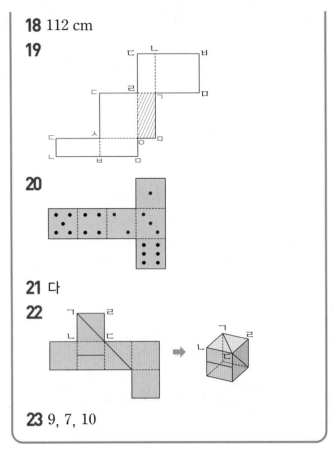

20

21 다

22

23 9, 7, 10

---

1 모서리 ㄱㄴ, 모서리 ㅁㅂ, 모서리 ㅇㅅ, 모서리 ㄹㄷ
➡ 4개

5 직육면체에서 평행한 모서리는 길이가 같습니다.

6 정육면체는 모서리의 길이가 모두 같으므로 철사는 $5 \times 12 = 60$ (cm)가 필요합니다.

7 면의 크기가 같고, 모서리의 길이가 모두 같은 것은 정육면체입니다.

9 $5 + 5 + 8 = 18$ (cm)

10 $(9 + 4 + 4) \times 3 = 51$ (cm)

11 직육면체는 길이가 같은 모서리가 4개씩 3쌍입니다.
➡ $24 \times 4 = 96$ (cm)

12 위와 앞에서 본 모양을 기준으로 전체 모양을 생각해 보면 가로 7 cm, 세로 5 cm, 높이 3 cm인 직육면체입니다.

---

13 ㉠ 3개 ㉡ 3개 ㉢ 9개 ㉣ 3개

14 • 보이는 모서리의 길이의 합 :
$15 \times 3 + 8 \times 3 + 9 \times 3 = 96$ (cm)
• 보이지 않는 모서리의 길이의 합 :
$15 + 8 + 9 = 32$ (cm)
따라서 보이는 모서리의 길이의 합과 보이지 않는 모서리의 길이의 합의 차는 $96 - 32 = 64$ (cm)입니다.

18 전개도의 둘레의 길이는 한 모서리의 길이의 14배입니다. ➡ $8 \times 14 = 112$ (cm)

19 꼭짓점이 될 부분을 전개도에서 찾아 기호를 알맞게 넣어봅니다.

21 ●, ♣, ★이 있는 면이 수직으로 만나므로 다의 전개도입니다.

23
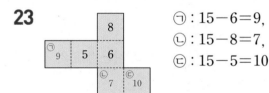
㉠ : $15 - 6 = 9$,
㉡ : $15 - 8 = 7$,
㉢ : $15 - 5 = 10$

서술 유형 익히기　　166~167쪽

1 9, 7, 9, 7, 2 / 2

1-1 풀이 참조, 4개

2 4, 10, 5, 4, 76 / 76

2-1 풀이 참조, 84 cm

3 2, 2, 4, 25, 2, 2, 4, 25, 59 / 59

3-1 풀이 참조, 116 cm

4 7, 3, 9, 7, 3, 9, 58 / 58

4-1 풀이 참조, 46 cm

1-1 정육면체에서 모서리는 12개이고, 꼭짓점은 8개입니다.

따라서 정육면체에서 모서리의 수는 꼭짓점의 수보다 12－8＝4(개) 더 많습니다.

2-1 정육면체는 모든 모서리의 길이가 같고 한 모서리의 길이가 7 cm이므로 길이가 7 cm인 모서리가 12개입니다.

따라서 정육면체의 모든 모서리의 길이의 합은
7×12＝84(cm)입니다.

3-1 사용한 끈은 길이가 10 cm인 부분이 2개, 8 cm인 부분이 2개, 15 cm인 부분이 4개, 매듭으로 사용한 부분이 20 cm입니다.

따라서 사용한 끈의 길이는 모두
10×2＋8×2＋15×4＋20＝116(cm)입니다.

4-1 (선분 ㄷㅌ)＝(선분 ㅋㅊ)＝(선분 ㄹㅁ)
＝(선분 ㅂㅈ)＝5 cm,
(선분 ㅌㅋ)＝(선분 ㅁㅂ)＝4 cm,
(선분 ㄷㄹ)＝(선분 ㅊㅈ)＝9 cm
따라서 사각형 ㄷㄹㅈㅊ의 둘레는
5×4＋4×2＋9×2＝46(cm)입니다.

단원 평가 168~171쪽

1 (시계 방향으로) 모서리, 꼭짓점, 면

2

3 (1) 나, 라   (2) 라

4 (1) 면 ㄴㅂㅅㄷ
(2) 면 ㄱㄴㄷㄹ, 면 ㄱㄴㅂㅁ, 면 ㄷㅅㅇㄹ,
면 ㅁㅂㅅㅇ

5 ③, ④

---

6 (1)   (2)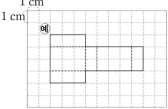

7 ②, ③

8 (시계 방향으로) 6, 3, 4

9 19개   **10** 69 cm

11 26개   **12** 108 cm

13 ㉡   **14** 46 cm

15 (1) 면 라
(2) 면 가, 면 다, 면 라, 면 마

16 (1) 점 ㅁ, 점 ㅈ   (2) 선분 ㅍㅎ

17 (시계 방향으로) 5, 13, 12

18

19 15   **20** 6 cm

21 38 cm   **22** 풀이 참조

23 풀이 참조   **24** 풀이 참조, 4 cm

25 풀이 참조, 5

---

2 그려져 있지 않은 모서리가 보이는 모서리인지, 보이지 않는 모서리인지 생각하여 알맞게 선으로 그립니다.

3 (1) 정육면체도 직육면체라고 할 수 있습니다.

5 전개도를 접었을 때 서로 만나는 선분의 길이가 같고, 겹치는 면이 없어야 합니다.

7 직육면체의 모든 면은 직사각형입니다.

8 직육면체에서 서로 평행한 모서리의 길이는 같습니다.

9 보이는 모서리 : 9개
보이는 면 : 3개
보이는 꼭짓점 : 7개
➡ 9＋3＋7＝19(개)

10 $10 \times 3 + 8 \times 3 + 5 \times 3 = 69$(cm)

11 면 : 6개, 모서리 : 12개, 꼭짓점 : 8개
➡ $6 + 12 + 8 = 26$(개)

12 $9 \times 12 = 108$(cm)

13 ⓒ 마주 보는 면은 서로 평행합니다.

14 $9 + 14 + 9 + 14 = 46$(cm)

15 전개도를 접었을 때를 생각해 봅니다.

17 전개도를 접었을 때 서로 만나는 선분을 생각해 봅니다.

18 펼쳐서 잘리지 않은 모서리는 점선으로, 잘린 모서리는 실선으로 그립니다.

19 5가 적혀 있는 면과 평행한 면의 수는 1이므로 5가 적혀 있는 면과 수직인 면의 수는 1부터 6까지의 수 중에서 1과 5를 제외한 2, 3, 4, 6입니다.
따라서 합은 $2 + 3 + 4 + 6 = 15$입니다.

20 정육면체의 모서리는 12개이고 그 길이는 모두 같습니다.
따라서 한 모서리의 길이는 $72 \div 12 = 6$(cm)입니다.

21 $(12 + 7) \times 2 = 38$(cm)

서술형

22 정육면체는 정사각형 6개로 둘러싸인 도형입니다.
정사각형으로만 둘러싸여야 하는데 주어진 도형을 둘러싼 면에는 직사각형도 있으므로 정육면체가 아닙니다.

23 직육면체의 겨냥도는 보이는 모서리는 실선으로, 보이지 않는 모서리는 점선으로 나타내야 합니다.
주어진 겨냥도는 보이지 않는 모서리를 실선으로 그렸으므로 잘못된 직육면체의 겨냥도입니다.

24 직육면체에서 길이가 같은 모서리는 각각 4개씩 있습니다.
따라서 $(8 + 4 + ㉠) \times 4 = 64$, $8 + 4 + ㉠ = 16$, $㉠ = 16 - 4 - 8 = 4$(cm)입니다.

25 전개도에서 면 ㉠과 평행한 면은 2의 눈이 있는 면입니다.
따라서 면 ㉠에 알맞은 눈의 수는 $7 - 2 = 5$입니다.

탐구 수학   172쪽

1 (시계 방향으로) 예 12, 24, 32

2
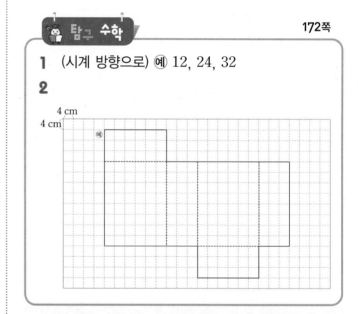

생활 속의 수학   173~174쪽
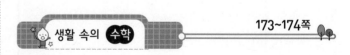

2, 2, 7

6 평균과 가능성

Step 1 개념 탄탄   176쪽

1 (1) 4명, 5명   (2) 28권, 30권

   (3) 7권, 6권

   (4) 예 자료의 값을 모두 더해 자료의 수로 나
     눕니다.

2 (3) 지혜네 모둠 평균 : 28÷4＝7(권)
     석기네 모둠 평균 : 30÷5＝6(권)

Step 2 핵심 쏙쏙   177쪽

1

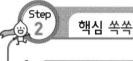

○	○	○	○
○	○	○	○
○	○	○	○
○	○	○	○
3월	4월	5월	6월

2 4개

3 100, 84, 76, 78, 430, 5, 430, 5, 86

4 (1) 120명   (2) 24명

1 3월의 칭찬 도장 2개를 5월로, 6월의 칭찬 도장 1
개를 4월로 옮겨 칭찬 도장의 수를 고르게 합니다.

2 영수가 받은 칭찬 도장의 수를 고르게 하면 4개가
되므로 영수가 받은 칭찬 도장의 평균은 4개입니
다.

4 (1) 22＋24＋23＋26＋25＝120(명)
   (2) 120÷5＝24(명)

Step 1 개념 탄탄   178쪽

1 (1) 130, 126, 130, 134, 520

   (2) $\frac{520}{4}$, 130

   (3) 126, 2, 130, 130

1 (3) 일정한 기준을 정하고 기준보다 많은 것을 부족
한 쪽으로 채워 평균을 구한 것입니다.

Step 2 핵심 쏙쏙   179쪽

1 (1) 96   (2) 96, 4, 24

   (3) 4, 1, 1, 24

2 (1) 90

   (2) (20, 70), (35, 55), (42, 48)

   (3) 90, 90, 90, 45

3 (1) 25살   (2) 130살

   (3) 30살

4 ① 79, 92, 88, 105, 96, 92

   ② 105, 88, 92

1 (1) 25＋21＋25＋25＝96(번)

3 (1) (42＋38＋12＋8)÷4＝25(살)

   (2) 평균 나이가 1살 늘어났으므로 전체 나이의 합은
     26×5＝130(살)입니다.

Step 1 개념 탄탄   180쪽

1 (1) 112명, 114명   (2) 약 3.1번, 약 2.9번

   (3) 5학년

2 규형

1 (1) 5학년 : $(115+109+113+111)÷4$
$=448÷4=112$(명)

6학년 : $(115+116+111+114)÷4$
$=456÷4=114$(명)

(2) 5학년 : $448÷144=3.11……→$ 약 3.1번,
6학년 : $456÷155=2.94……→$ 약 2.9번

2 규형이의 평균 기록 : $(7+5+8+9)÷4$
$=29÷4=7.25$(개)

지혜의 평균 기록 : $(8+6+6+7+8)÷5$
$=35÷5=7$(개)

1

일	불가능 하다.	반반이 다.	확실 하다.
(1) 계산기로 $1×1$을 누르면 1이 나올 것입니다.			○
(2) 주사위를 던졌을 때 9의 눈이 나올 것입니다.	○		
(3) 동전을 던지면 그림 면이 나올 것입니다.		○	

2

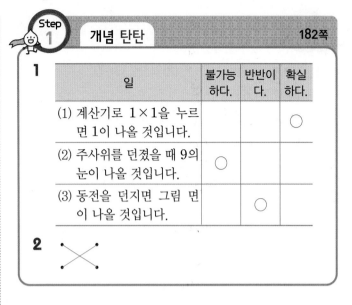

---

1 (1) 252 cm　　(2) 202 cm
2 (1) 국어, 3점　　(2) 94점
3 (1) 통과할 수 있습니다.
　　(2) 25번　　(3) 26번
4 (1) 7권　　(2) 39권

1 (1) (가영이의 평균 기록)
$=(305+222+268+213)÷4$
$=252$(cm)

(2) (예슬이의 4회 기록)
$=252×4-(276+314+216)$
$=202$(cm)

2 (1) 국어 : $(92+90+91+95)÷4=92$(점)
수학 : $(88+93+85+90)÷4=89$(점)

(2) $89+(1×5)=89+5=94$(점)

3 (3) $23×6=138$이므로 6회까지의 기록의 합이
138보다 같거나 커야 합니다.
$23+22+24+20+23+□=138$
$112+□=138, □=26$이므로 최소 26번을
넘어야 합니다.

4 (1) $(4+7+5+8+9+9)÷6=7$(권)
(2) $(7+2)×9=81$(권), $81-42=39$(권)

---

1 ③

2

일	불가능 하다.	~ 아닐 것 같다.	반반 이다.	~일 것 같다.	확실 하다.
우리 반에 11월 31일이 생일인 학생이 있을 가능성	○				
내일 결석하는 학생이 출석하는 학생보다 많을 가능성		○			
주사위를 던졌을 때 2의 배수의 눈이 나올 가능성			○		
겨울이 지나면 봄이 올 가능성					○
흰색 공 3개, 검은색 공 1개가 들어 있는 주머니에서 공을 1개 꺼낼 때 흰색 공일 가능성				○	

3 예슬　　**4** 동민
5 석기　　**6** 영수

1 ① 반반입니다.
② 2, 4, 6의 눈이 짝수이므로 반반입니다.
④ 알 수 없습니다.
⑤ 불가능합니다.

3 예슬이가 만든 회전판에는 빨간색이 없으므로 화살이 빨간색에 멈추는 것이 불가능합니다.

4 동민이가 만든 회전판에는 빨간색만 있으므로 화살이 빨간색에 멈추는 것이 확실합니다.

5 (1) 3보다 큰 수의 눈은 4, 5, 6이므로 3보다 큰 수의 눈이 나올 가능성은 '반반이다.' 입니다.
따라서 수로 나타내면 $\frac{1}{2}$입니다.

Step 1 **개념 탄탄** 184쪽

1 (1) 1 (2) 0
(3) $\frac{1}{2}$ (4) 한솔, 가영, 한별

1 (1) 한별이가 말한 일이 일어날 가능성은 '확실하다.' 입니다.
(2) 한솔이가 말한 일이 일어날 가능성은 '불가능하다.' 입니다.
(3) 가영이가 말한 일이 일어날 가능성은 '반반이다.' 입니다.

Step 2 **핵심 쏙쏙** 185쪽

1 (1) 0 (2) 1

2

3 0, $\frac{1}{2}$, 1

4 (1) $\frac{5}{10}=\frac{1}{2}$ (2) $\frac{5}{10}=\frac{1}{2}$

5 (1) $\frac{1}{2}$ (2) 0

6 (1) $\frac{1}{4}$ (2) $\frac{3}{4}$

1 (1) 포도맛 사탕은 없습니다. ➡ 0
(2) 전부 자두맛 사탕입니다. ➡ 1

Step 3 **유형 콕콕** 186~189쪽

1-1 85점

1-2 (1) 150마리 (2) 많은 편입니다.

1-3 3750개

1-4 (1) ① 28, 28, 28, ② 40, 12, 28
(2) 33살

1-5 ① 예 기준 수를 89로 정했을 때 국어는 3점 많고 수학은 3점 적으므로 수 옮기기를 하여 고르게 맞추면 평균은 89점입니다.
② 예 (92＋86＋89)÷3＝89(점)

2-1 동민이네 학교

2-2 (1) 168장 (2) 54장

2-3 90점

2-4 (1) 17살 (2) 12살

3-1

일	~일 것이다.	~ 아닐 것이다.	확실하다.
주사위를 던지면 1 이상 5 이하의 눈이 나올 것입니다.	○		
동전을 3번 던지면 모두 숫자 면이 나올 것입니다		○	
계산기로 5×0을 누르면 0이 나올 것입니다.			○
다음 주에는 일주일 내내 비가 올 것 같습니다.		○	

3-2

3-3 ③ **3-4** ⑤

3-5 (1) ㉢ (2) ㉺

4-1 (1) 반반이다.　　(2) $\dfrac{1}{2}$

4-2 (1) 0　　　　　　(2) 1

4-3 (1) 0　　　　　　(2) $\dfrac{1}{4}$

　　　(3) $\dfrac{3}{4}$

4-4 (1) 1　　　　　　(2) $\dfrac{1}{2}$

　　　(3) 0

1-1 (평균)=$(78+86+92+84)\div4=85$(점)

1-2 (1) (평균)=$(154+168+132+146)\div4$
　　　　　　　　$=150$(마리)
　　　(2) 가 농장의 가축 수가 평균 가축 수보다 많으므로 평균에 비해 많은 편입니다.

1-3 $125\times30=3750$(개)

1-4 (2) $28+5=33$(살)

2-1 규형이네 학교 : $(6+3+4+5+2)\div5=4$(명)
　　　동민이네 학교 : $(3+6+5+6+5)\div5=5$(명)

2-2 (1) $42\times4=168$(장)
　　　(2) $168-(48+30+36)=168-114=54$(장)

2-3 점수의 총합이 $85\times5=425$(점)이 되어야 합니다.
　　　(5회의 점수)=$425-(80+95+86+74)$
　　　　　　　　　$=90$(점)

2-4 (1) (평균)=$(16+19+18+15)\div4=17$(살)
　　　(2) 학생이 한 명 더 들어와서 평균 나이가 16살이 되었으므로 학생들의 나이의 합은 $16\times5=80$(살)이 되어야 합니다.
　　　　따라서 새로 온 학생의 나이는
　　　　$80-68=12$(살) 입니다.

4-2 (1) 노란색 머리핀은 없습니다. ➡ 0
　　　(2) 전부 빨간색 머리핀입니다. ➡ 1

4-3 (1) 흰색 공은 없으므로 가능성은 0 입니다.

---

　　　(2) 파란색 공은 2개이므로 가능성은 $\dfrac{2}{8}=\dfrac{1}{4}$ 입니다.

　　　(3) 빨간색 공은 6개이므로 가능성은 $\dfrac{6}{8}=\dfrac{3}{4}$ 입니다.

4-4 (1) 바구니 안의 물건은 모두 빨간색입니다.
　　　(2) 바구니 안에서 물건을 꺼내면 장갑 아니면 양말입니다.
　　　(3) 바구니 안에 모자는 없습니다.

Step **4**　실력 팍팍　　　　　　190~193쪽

1 12분　　　　　**2** 풀이 참조

3 (1) 도시 라의 초미세먼지 농도는 14 $\mu\text{g/m}^3$보다 높을 것 같습니다.
　　　(2) 도시 라의 초미세먼지 농도는 14 $\mu\text{g/m}^3$보다 낮을 것 같습니다.

4 동민이네 학교

5 가영, 한별 / 풀이 참조

6 용희　　　　　　　**7** 20살

8 (1) 5.5회, 6회　　 (2) 한별이네 모둠

9 (1) 90명　　　　　(2) 2명

10 21750명　　　　　**11** 102 cm

12 25.8번　　　　　　**13** 32

14

15 $\dfrac{1}{3}$

16 (1) $\dfrac{1}{6}$　　　　　(2) $\dfrac{1}{3}$

　　　(3) $\dfrac{1}{2}$　　　　　(4) 0

17 $\dfrac{1}{2}$

18 예 빨간색 구슬만 들어 있는 주머니에서 꺼낸
구슬은 빨간색 구슬일 것입니다.

예 1부터 2까지 쓰인 2장의 숫자 카드에서 1장
을 뽑으면 2가 나올 것입니다.

예 반 학생 중 생일이 2월 30일인 학생이 있을
것입니다.

19 ㉢, ㉱, ㉡, ㉣, ㉠

1 $(15+8+12+8+20+9)\div 6$
$=72\div 6=12(분)$

2 방법1 50분 / 수 가르기를 하면 $(40, 60)$, $(50, 50)$
이고, 수 옮기기를 해서 구한 평균 운동 시간
은 50분입니다.

방법2 $\dfrac{40+50+60+50}{4}=\dfrac{200}{4}=50(분)$

3 (2) 세 도시 가, 나, 다의 초미세먼지 농도의 평균은
$(14+16+12)\div 3=14(\mu g/m^3)$
입니다.

4 동민이네 학교 : $\dfrac{8+3+0+4+5}{5}=4(명)$

용희네 학교 : $\dfrac{1+6+2+4+2}{5}=3(명)$

5 이유 가영이처럼 단순히 각 모둠의 최고 기록만을
비교하거나 두 모둠의 인원 수가 각각 다를
수 있기 때문에 한별이처럼 기록의 총 개수만
비교하면 어느 모둠이 더 잘했는지 알 수 없
습니다.

6 (평균)$=(34.5+38+45.3+39.2)\div 4$
$=39.25(kg)$
따라서 39.25 kg보다 무거운 학생은 용희입니다.

7 (수영 동아리 회원들의 평균 나이)
$=(16+18+12+10+14)\div 5$
$=70\div 5=14(살)$
새로운 회원의 나이를 □살이라고 하면
$(16+18+12+10+14+□)\div 6=15$,
$(70+□)\div 6=15$, $□=20$
따라서 새로운 회원의 나이는 20살입니다.

8 (1) (상연이네 모둠의 평균)$=(7+4+5+6)\div 4$
$=5.5(회)$
(한별이네 모둠의 평균)$=(8+7+3)\div 3$
$=6(회)$

9 (1) $\dfrac{45+48+107+139+111}{5}=\dfrac{450}{5}=90(명)$
(2) 총 이용자 수가 10명 늘어나므로 평균 이용자
수는 $\dfrac{10}{5}=2(명)$ 많아집니다.

10 $725\times 30=21750(명)$

11 (가영이의 평균 기록)
$=(205+122+168+113)\div 4$
$=152(cm)$
(예슬이의 4회 기록)
$=152\times 4-(176+214+116)$
$=102(cm)$

12 (남학생의 윗몸 일으키기 수의 합)
$=12\times 28=336(번)$
(여학생의 윗몸 일으키기 수의 합)
$=14\times 24=336(번)$
(전체 학생들의 윗몸 일으키기 수의 합)
$=336+336=672(번)$
(전체 학생들의 윗몸 일으키기 평균 기록)
$=672\div 26=25.84\cdots(번)$

13 (A와 B의 합)$=33\times 2=66$
(B와 C의 합)$=35\times 2=70$
(A와 C의 합)$=28\times 2=56$
(A, B, C의 합)$=(66+70+56)\div 2=96$
(A, B, C의 평균)$=96\div 3=32$

14 화살이 빨간색에 멈출 가능성이 가장 높으므로 빨
간색이 차지하는 부분의 넓이가 가장 넓습니다.
화살이 노란색에 멈출 가능성이 초록색에 멈출 가
능성의 2배이므로 노란색이 차지하는 부분의 넓이
는 초록색이 차지하는 넓이의 2배입니다.

15 주사위의 눈이 1, 2, 3, 4, 5, 6으로 6개이고 이 중
3의 배수는 3과 6이므로 3의 배수가 나올 가능성
은 $\dfrac{2}{6}=\dfrac{1}{3}$입니다.

16 (1) 전체 공은 6개이고 그중 검은색 공은 1개이므로 $\frac{1}{6}$입니다.

(2) 전체 공은 6개이고 그중 빨간색 공은 2개이므로 $\frac{2}{6}=\frac{1}{3}$입니다.

(3) 전체 공은 6개이고 파란색 공은 3개이므로 $\frac{3}{6}=\frac{1}{2}$입니다.

(4) 흰색 공은 없으므로 0입니다.

17 두 동전은 (그림 면, 그림 면), (그림 면, 숫자 면), (숫자 면, 그림 면), (숫자 면, 숫자 면)이 나올 수 있으므로 그림 면과 숫자 면이 각각 한 개씩 나올 가능성은 $\frac{2}{4}=\frac{1}{2}$입니다.

19 ㉠ 0   ㉡ $\frac{1}{2}$ ㉢ 1   ㉣ $\frac{1}{4}$ ㉤ $\frac{3}{4}$

➡ ㉢>㉤>㉡>㉣>㉠

1-1 (네 농장의 가축 수의 합)
$=156+160+156+152=624$(마리)
이므로 네 농장의 가축 수의 평균은
$624\div4=156$(마리)입니다.

2-1 4회까지의 기록의 총합은
$52\times4=208$(m)입니다.
따라서 2회의 기록은
$208-(48+50+56)=54$(m)
입니다.

3-1 (웅이, 효근, 동민 세 사람의 국어 점수의 합)
$=86\times3=258$(점)
(웅이, 효근, 동민, 지혜 네 사람의 국어 점수의 합)
$=87\times4=348$(점)
따라서 지혜의 국어 점수는 $348-258=90$(점)입니다.

4-1 공은 모두 $2+5+3=10$(개)이고
그중에서 파란색 공은 5개입니다.
따라서 꺼낸 공이 파란색 공일 가능성은 $\frac{5}{10}=\frac{1}{2}$입니다.

서술 유형 익히기   194~195쪽

① 187, 240, 792, 792, 198 / 198

①-1 풀이 참조, 156마리

② 81, 324, 324, 80, 83, 76 / 76

②-1 풀이 참조, 54 m

③ 78, 234, 82, 328, 328, 234, 94 / 94

③-1 풀이 참조, 90점

④ 8, 6, 6, 3 / 3

④-1 풀이 참조, $\frac{1}{2}$

단원 평가   196~199쪽

1 180 g   **2** 9자루

3 550명   **4** 가영

5 12개, 13개   **6** 영수

7 21시간   **8** 3시간

9 신영   **10** 266쪽

11 15쪽   **12** 88자루

13 82점   **14** 35번

15

---

16 0 , $\dfrac{1}{2}$, 1

17

ⓒ ─────────────────── ⓐ
0    $\dfrac{1}{4}$ $\dfrac{1}{2}$ $\dfrac{3}{4}$ 1

18 $\dfrac{3}{4}$　　　　　　**19** $\dfrac{1}{4}$

20 0

21 (1) $\dfrac{1}{2}$　　　　　　(2) 1

22 풀이 참조, 47　　**23** 풀이 참조, 96점

24 풀이 참조, 154.72 cm

25 풀이 참조

---

1 (평균)$=(185+180+179+181+175)\div5$
$=900\div5=180$(g)

2 $(8+10+5+7+15+9)\div6=9$(자루)

3 $\dfrac{580+470+620+530}{4}=\dfrac{2200}{4}=550$(명)

4 (평균)$=(22+24+25+24)\div4=23.75$(번)

5 동민 : $84\div7=12$(개)
영수 : $104\div8=13$(개)

7 $3\times7=21$(시간)

8 $21-(3+5+2+3+5+0)=3$(시간)

9 (규형이의 평균)$=\dfrac{86+90+80+82}{4}=\dfrac{338}{4}$
$=84.5$(점)
(신영이의 평균)$=\dfrac{85+78+89+88}{4}=\dfrac{340}{4}$
$=85$(점)

10 $38\times7=266$(쪽)

11 $225\div15=15$(쪽)

12 (하루 평균 팔리는 연필의 수)
$=616\div7=88$(자루)

13 수학 점수가 69점이므로 국어 점수는
$69+12=81$(점),
사회 점수는 $81+15=96$(점)입니다.
따라서 세 과목의 점수의 합이
$69+81+96=246$(점)이므로 평균은
$246\div3=82$(점)입니다.

14 평균 기록이 30번이 되려면 6회까지의 총합은
$30\times6=180$(번)이어야 합니다.
따라서 $180-(26+33+30+28+28)=35$이
므로 35번을 넘어야 합니다.

15 한 명의 아이가 태어날 때 남자 아이이거나 여자 아
이이므로 가능성은 반반입니다.

18 전체 공이 4개이고 그중 흰색 공이 3개이므로 흰색
공이 나올 가능성은 $\dfrac{3}{4}$입니다.

19 전체 공은 4개이고 그중 검은색 공이 1개이므로 검
은색 공이 나올 가능성은 $\dfrac{1}{4}$입니다.

20 빨간색 공은 없으므로 가능성은 0입니다.

21 (1) 1, 2, 3이 나올 때이므로 가능성은 $\dfrac{3}{6}=\dfrac{1}{2}$입니
다.
(2) 주사위의 눈의 수는 모두 10보다 작은 수이므
로 가능성은 1입니다.

서술형

22 5개의 수의 총합은 $48\times5=240$입니다.
따라서 □$=240-(38+45+60+50)=47$입
니다.

23 평균을 95점이라고 하면 3월과 4월은 각각 3점, 7
점이 모자라고, 5월, 6월, 9월은 1점, 3점, 5점이
많으므로 10월은 95점보다 1점이 많아야 합니다.
따라서 10월에는 최소한 $95+1=96$(점)을 받아야
합니다.

24 (남학생의 키의 합)$=18×156.2=2811.6$(cm)
(여학생의 키의 합)$=12×152.5=1830$(cm)
(전체 학생들의 평균 키)
$=(2811.6+1830)÷(18+12)$
$=4641.6÷30=154.72$(cm)

25 머리핀이 3개, 옷핀이 3개이므로
전체는 $3+3=6$(개)이고,
그중 1개를 꺼낼 때 머리핀을 꺼낼 가능성은 3개이므로 $\frac{3}{6}=\frac{1}{2}$입니다.
따라서 가능성은 $\frac{1}{2}$입니다.

200쪽

1 영수		**2** 석기	
3 놀이3			

1 화살이 동물 이름에 멈출 가능성이 채소 이름에 멈출 가능성보다 더 높으므로 영수에게 더 유리한 놀이입니다.

2 화살이 노란색에 멈출 가능성이 초록색에 멈출 가능성보다 더 높으므로 석기에게 더 유리한 놀이입니다.

3 〈놀이3〉은 각각의 일이 일어날 가능성이 같으므로 공정한 놀이가 됩니다.

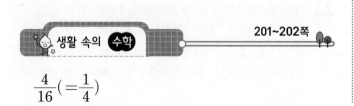

201~202쪽

$\frac{4}{16}\left(=\frac{1}{4}\right)$

동영상 강의 QR 코드

1. 수의 범위와 어림하기

1

2

3

4

5

6

7

8

9

10

11

12

13

14

15

16

17

18

19

20

21

22

23

동영상 강의 QR 코드

2. 분수의 곱셈

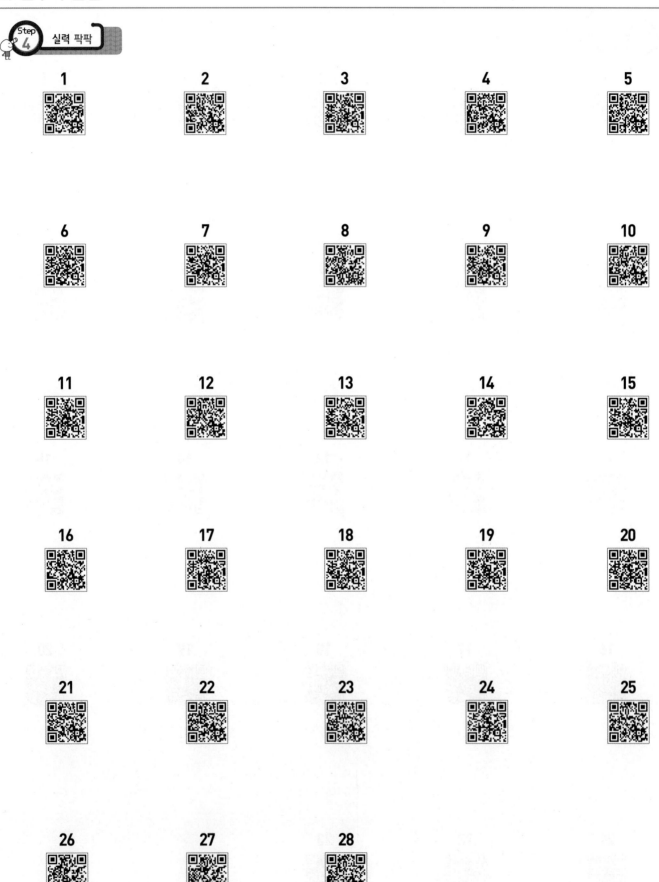

Step 4 실력 팍팍

1 2 3 4 5

6 7 8 9 10

11 12 13 14 15

16 17 18 19 20

21 22 23 24 25

26 27 28

동영상 강의 QR 코드

3. 합동과 대칭

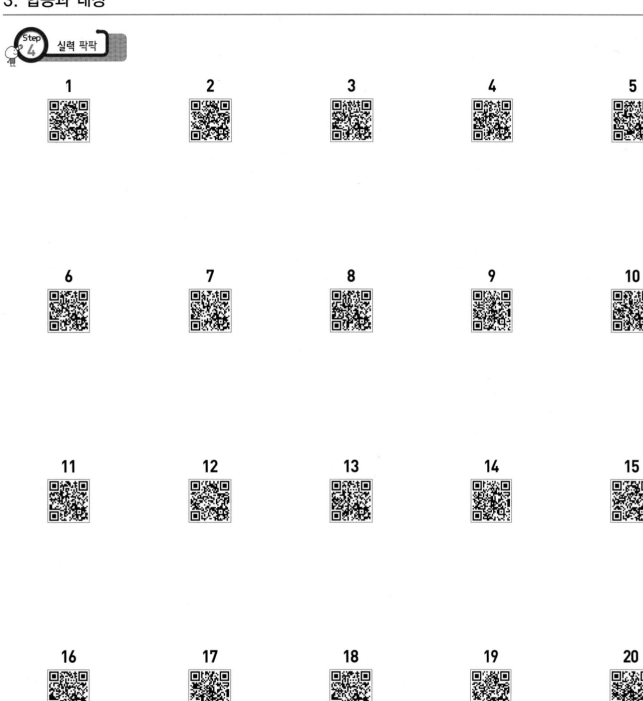

동영상 강의 QR 코드

4. 소수의 곱셈

1

2

3

4

5

6

7

8

9

10

11

12

13

14

15

16

17

18

19

20

21

22

23

24

동영상 강의 QR 코드

5. 직육면체

실력 팍팍

1	2	3	4	5

6	7	8	9	10

11	12	13	14	15

16	17	18	19	20

21	22	23

6. 평균과 가능성

 실력 팍팍

1

2

3

4

5

6

7

8

9

10

11

12

13

14

15

16

17

18

19